# 中国美学研究

## 第十二辑

朱志荣　主编

华东师范大学中文系　编
华东师范大学美学与艺术理论研究中心

**图书在版编目(CIP)数据**

中国美学研究.第12辑/朱志荣主编.—北京：
商务印书馆，2018
ISBN 978-7-100-16908-0

Ⅰ.①中… Ⅱ.①朱… Ⅲ.①美学-中国-文集
Ⅳ.①B83-53

中国版本图书馆 CIP 数据核字(2018)第 273346 号

权利保留，侵权必究。

中国美学研究（第十二辑）
朱志荣　主编

商 务 印 书 馆 出 版
（北京王府井大街36号　邮政编码100710）
商 务 印 书 馆 发 行
苏州市越洋印刷有限公司印刷
ISBN 978-7-100-16908-0

2018年12月第1版　　开本 710×1000　1/16
2018年12月第1次印刷　　印张 19.5
定价：66.00元

### 顾问（以拼音为序）

陈望衡　李泽厚　刘纲纪　阎国忠　杨春时
叶　朗　曾繁仁　张玉能　朱立元

### 编委会（以拼音为序）（待补）

蔡宗齐　程相占　高建平　刘成纪　韩德民　陆　扬　毛宣国
潘立勇　祁志祥　陶水平　王德胜　王建疆　徐碧辉　薛富兴
张　法　张　晶　张节末　周　宪　朱良志　朱志荣　邹元江

# 目 录

【古典美学】

《周易》"贲"卦对中国美学的启示 …………… 阳志辉　骆　彤（ 1 ）

周秦乐教管窥：从"三月不知肉味"之辨看 …………… 王顺然（ 10 ）
"听之以气"的美学内涵及话语形态
　　——"尚声"传统阐释之一 …………… 徐丽鹃（ 24 ）

名士文化的三大思想来源 …………… 林朝霞（ 36 ）

论杜甫以真为贵的文艺美学观 …………… 李祥林（ 51 ）

知觉的美学：李清照词中的身体与物体及其闺阁 …………… 杨　挺（ 66 ）

美学视域下李渔的家居生活：以茶、酒为研究对象 …………… 赵洪涛（ 78 ）

【现代美学】

从学习西学到自创新论
　　——王国维形式论研究 …………… 刘强强（ 95 ）

戴岳：中国现代早期美学史上的一个特别样本 …………… 简圣宇（108）

汪裕雄"审美意象学"的理论创构 …………… 夏兴才（124）

"文以载道"与民谣的"观风知政"
　　——论中国口头歌谣的诗学审美话语与"载道写实精神" …张文杰（136）

representation 中译名之争与当代汉语文论 …………… 徐　亮（147）

现代性视阈下的生存与毁灭
　　——读《百鸟朝凤》…………… 赵　臻（157）

【审美理论】

论后现代语境下审美的价值性维度
　　——兼论日常生活审美化之"美"的价值 …………… 孟姝芳（165）

身体美学及艺术原发点的审美人类学阐释……………………张利群（175）
"琴心剑胆"：论《溪山琴况》审美范畴
　　对古典兵学思想的接受…………………………………………王　婧（188）

【美学范畴】

论中华美学精神核心范畴"中"的哲学原点…………………黄石明（197）
生命"无"境：庄子哲学"本无论"文本的解释学阅读
　　——简论《庄子》一书以"无"为核心的概念系统…史鸿文　史丽晴（202）
"空"字的文化阐释……………………………………黄卫星　张玉能（216）
俱融·传神·感通
　　——胡应麟"兴象"观研究……………………………………田婧媛（230）

【美学评论】

马克思主义实践美学与深层审美心理学
　　——《深层审美心理学》书评……………………………………袁　梅（238）
理论的"幻象"：评罗钢《跨文化语境中的王国维诗学》………潘海军（244）

【美学译文】

神经美学：一门日臻成熟的学科
　　……………………………………［美］安简·查特吉　著　蒋芳芳　译（265）
中国当代艺术：城市化与全球化的挑战
　　……………………………………［美］柯蒂斯·L.卡特　著　安　静　译（285）

稿　约……………………………………………………………………（301）

# CONTENTS

**[Classical Aesthetics]**

The Enlightenment of *Zhou Yi*'s Hexagram "Bi" to Chinese Aesthetics
................................................ Yang Zhihui & Luo Tong ( 1 )

A Look on Music Education of Zhou and Qin Dynasties:
From the Perspective of the Argument on "March Does
not Know the Taste of Meat" ............................ Wang Shunran ( 10 )

The Aesthetic Connotation and Discourse Form of "Listening through Qi"
— One of the Traditional Interpretations of "Advocating the Sound"
................................................................ Xu Lijuan ( 24 )

The Three Spiritual Prototypes of the Celebrity Culture ...... Lin Zhaoxia ( 36 )

DuFu's theory of aesthetics values truth .................... Li XiangLi ( 51 )

The Aesthetics of Perception: The Bodies, Objects and Boudoirs
in Li Qingzhao's Ci-Poetry ................................... Yang Ting ( 66 )

Li Yu's Everyday Domestic Life in the Sight of Aesthetics:
Taking Tea and Wine as the Object of the Research ...... Zhao Hongtao ( 78 )

**[Modern Aesthetics]**

From Learning Western knowledge to Self-innovating New Theory
— A Study of Wang Guowei's View on Formalism ...... Liu Qiangqiang ( 95 )

Dai Yue: A Unique Sample in the History of Early Modern Chinese
Aesthetics ................................................... Jian Shengyu ( 108 )

The Theoretical Creation of Wang Yuxiong's "Aesthetic Imagology"
................................................................ Xia Xingcai ( 124 )

"Writings Are for Conveying Truth" and the folks' "Viewing the Wind to Know Politics" — On the Poetic Aesthetic Discourse and "Conveying Truth" Spirit of Criticism of Chinese Oral Ballad ················· Zhang Wenjie ( 136 )

The Dispute on Chinese Translations of "Representation" and Contemporary Chinese literary Theory ················· Xu Liang ( 147 )

The Concept of Survival and Destruction From The Modernity — Comments on *Bai niao chao feng* ················· Zhao Zhen ( 157 )

[Aesthetic Theory]

On the Value Dimensions of Aesthetics in the Postmodern Context ················· Meng Shufang ( 165 )

An Aesthetic Anthropology Explanation of Somaesthetics and the Art Orig ················· Zhang Liqun ( 175 )

"Having the Soul of A Musician and the Courage of A Warrior" — On the Acceptance of Classical Military Thoughts in the Aesthetic Category of *Xi Shan Qin Kuang* ················· Wang Jing ( 188 )

[Aesthetic Category]

On the Philosophical Origin of the Central Category "Zhong" of the Spirit of Chinese Aesthetics ················· Huang Shiming ( 197 )

Life is Nonbeing: the Hermeneutic Analysis of Zhuangzi's "Original Nothing Theory" — On the Concept System based on "Nonbeing" in *Zhuangzi* ················· Shi Hongwen & Shi Liqing ( 202 )

The cultural interpretation of "Kōng" ( Kòng ) ················· Huang Weixing & Zhang Yuneng ( 216 )

"Ju-Rong" · "Chuan-shen" · "Gan-tong" — A Study of Hu ying-lin's "Xing-xiang" ················· Tian Jingyuan ( 230 )

## [Aesthetic Reviews]

A Magnificent Work Which Uncovers the Deep Mystery of Aesthetic
Psychology — Comments on Professor Zhang Yuneng's Book
*Deeper Aesthetic Psychology* ·················································· Yuan Mei ( 238 )

The Paranoid Extremity of Criticism: Comments on Luo Gang's Book *Wang
Guowei's Poetics in Transcultural Context* ···················· Pan Haijun ( 244 )

## [Translated Text of Aesthetics]

Neuroaesthetics: A Coming of Age Story
···················· [ America ] Anjan Chatterjee & Jiang Fangfang ( Tr. ) ( 265 )

Chinese Contemporary Art: The Challenges of Urbanization and
Globalization ············ [ America ] Curtis L. Carter & An Jing ( Tr. ) ( 285 )

**Notice to Contributors** ·································································· ( 301 )

# 《周易》"贲"卦对中国美学的启示

阳志辉　骆　彤

（南宁师范大学美术设计学院、音乐舞蹈学院　530023）

**摘　要**：《周易》蕴含丰富的美学思想，对后世的中国美学的理论和实践有很大的启示作用，其中的"贲"卦就包含文和质的关系，以及审美和艺术境界的重大的美学命题，实开了以平淡、自然为最高追求的中国传统艺术境界观的先河。

**关键词**："贲"卦　文质　平淡美　自然美　朴素美

《周易》之所以流传久远，几千年来始终为人们津津乐道，不仅在于它以特殊的近乎神秘的表征模式蕴含着丰富的哲理，而且在于它的思想具有广泛的包容性。故而，学者们可以从不同角度对《周易》这部素有"群经之首"美称的传统经典进行研究。从美学视角看，《周易》也是寓意深远的。在这方面已经有学者撰写了专著，例如刘纲纪先生的《〈周易〉美学》，就是很有深度的学术力作。此外，有不少论文对《周易》的审美情趣做了考察。这些论著为《周易》的美学思想研究奠定了很好的基础。不过，整体而言，有关《周易》的美学思想的探讨尚有进一步深化的需要。鉴于此，本文拟以该书"贲"卦为切入点，探讨其美学意蕴，并且结合传统文艺美学的相关历史资料，追溯这部旷世名著的深远影响。

## 一、"贲"卦的美学思想底蕴

"贲"卦为《周易》第二十二卦，卦象为"下离上艮"。在八卦中，"离"代表火，"艮"代表山。"贲"卦的卦象为"山下有火"。

"贲"含义,《说文解字》:"贲,饰也。从贝卉声,彼义切。"①《尚书·汤诰》:"天命弗僭,贲若草木。"②《注》云:"贲,饰也。"③《诗经·小雅·白驹》:"皎皎白驹,贲然来思。"④"贲"亦有饰之义。"贲"卦以"文饰"为象征,为历代学者的共识。

"贲"卦首先涉及文与质的问题,即内容与形式的关系问题。"贲"卦内离外艮,"离"代表火。《象传·离》:"离,丽也。日月丽乎天,百谷草木丽乎土。"⑤"离"就是艳丽、华美而富于文采的意思。"艮"象征山,山是由土石构成的隆起部分,所以质木无文,朴实无华。如果说,山下有火着重突出了文的文采的话,那么火上有山则强调了质的朴素。"贲"卦集中阐释了"文饰"的意义:世间万物通过文饰,可致亨通,质朴者经过适当的文饰,则必然会增显其美;刚柔相济,是为天象。

"贲"卦的爻辞:"贲其趾",先文饰其双脚;"贲其须",次而文饰其头部和面部;"贲如,濡如",文饰得如此温润、俊美而风度潇洒;"贲如,皤如,白马翰如",文饰自己所骑的白马,白马如飞,纯洁而没有杂色;"贲于丘园",文饰居住的园林住所;最后一爻之爻辞:"白贲。"此卦六条爻辞以文饰人的住、行有关事物为贯穿线。"贲"卦六爻呈现由淡而浓,最后到淡的变化趋势。陈梦雷《周易浅述》卷三谓:

> 全卦以贲饰为义。华美外饰,世趋所必至也。然无所止,则奢而至于伪,故文明而有所止,乃可以为"贲"也。内卦文明渐盛,故由趾而须。至于濡如则极矣,故戒以贞。文明而知永贞,则反本之渐也。故四之皤如犹求相应以成贲也。五之丘园则返朴,上之白贲则无色矣。由文返质,所谓有所止也。六爻以三阴三阳、刚柔交错而为"贲",如锦绣藻绘,间杂成章。凡物有以相应而成贲者,则初、四是也。有相比而成贲者,则二、三是也。有相比而渐归淡朴以为贲者,则五、上是也。盖文质相须者,天地自然之数。"贲"之所以成势,而质为本、文为末,质为主、文为辅。务使

---

① 许慎著,段玉裁注:《说文解字注》,上海古籍出版社1988年版,第279—280页。
②③ 《尚书正义》,李学勤主编《十三经注疏》,北京大学出版社1999年版,第200页。
④ 《毛诗正义》,李学勤主编《十三经注疏》,第674页。
⑤ 《周易正义》,李学勤主编《十三经注疏》,第134页。

返朴淳。①

他不仅说明了各爻之间的互饰互比和"贲"卦的文饰之义,而且指出了"贲"卦的文饰由质而文,又返质的过程,即先"由趾而须"的朴素之美,到"濡如则极矣"的绚丽之美,再到"无贲则无色"的绚烂之极而返的平淡之美,体现了"质为本、文为末,质为主、文为辅。务使返朴淳"。

这里,"贲"卦表达了另一个重要的美学观点,即认为最高的文饰就是无饰。"素以为绚",是审美的最高境界。第六爻的爻辞曰:"上九,白贲,无咎",象曰:"'白贲无咎',上得志也。"上九已至艮止之终,"文明以止"至此已达最后阶段。这个阶段的文饰表现为"白贲",即无所文饰。不过,说是无饰,实际上不是无饰,而是以无饰为饰,以质素为文饰。《杂卦传》说:"贲无色",说的就是"贲"卦的这个特点。

## 二、"贲"卦与古典美学精神

《周易》以简淡自然、朴素明净之境为艺术的最高境界,强调"白贲"之美的本色无饰,追求由低层次的华彩美、文饰美上升到的高层次的朴素美、本色美,"贲"卦所揭示的这一美学原则,对我国古典美学产生了深远持久的影响。

《论语·八佾》:"子夏问曰:'巧笑倩兮,美目盼兮,素以为绚兮。何谓也?'子曰:'绘事后素。'曰:'礼后乎?'子曰:'起予者商也!始可与言诗已矣。'"② 这里的"绘事后素"说明,美女之"绚"以她的"本色美""自然美"为基础,没有这个基础,她的神韵美就无所依着,无所附丽。就好比绘画,绘画先布众色,然后以素白之粉施以其间。

道家思想的创始人老子对朴素美、自然美更为推崇。他的思想的核心就是"道"。他认为,"道"是世界万物的本源,是宇宙万物发生、发展和运行的规律,而"道"最本质的特征就是朴素、自然。老子说:"道生一,一生二,二生三,三生万物。""道之尊,德之贵,夫莫之命而常自然。"

---

① 王明居:《叩寂寞而求音——周易美学》,安徽大学出版社1999年版,第67页。
② 《论语注疏》,李学勤主编《十三经注疏》,第32—33页。

老子的哲学正是以"道"为本体,建立了道家的宇宙本体论。"道"作为自然本体,无所不在,既超于物之上,又体现在物之中。其本质特征是无为而无不为,既处于自然状态,又无所不至。老子说:"道常无为而无不为。"

在个人修养上,老子认为,过分的声色对人是有危害的,他说:"五色令人目盲,五音令人耳聋,五味令人口爽。"他的最高修身原则就是"见朴抱素""少私寡欲"。相应的,在生活上,老子崇尚"为腹不为目""归真反璞"的平淡生活方式,他说:"道出言,淡无味。视不足见,听不足闻,用不足既。"还有,"为无为,事无事,味无味"。

老子认为,"道"从口里说出来是淡淡的,没有什么滋味,要看看不见,要听听不到,要闻也闻不出气味。"无味"是"道"的特征之一。"无味"并不等于没有味,在老子看来,无味本身就是味,名之曰"无味之味"。这种无味之味,又称为"恬淡"。他极力称赞恬淡,说:"恬淡为上,胜而不美。"

庄子主张顺从天道,他也认为道法自然,自然无为而无不为。形而上者谓之道,"道"是宇宙万物的本源。"自然规律",即"道"之基本法则。庄子自然观的核心为遵循规律,顺应自然。宇宙万物存在即合理,但并非一成不变。人与自然相辅相成,违背事物发展规律,必然会受到大自然的惩罚。

庄子在《齐物论》中把美的声音分为"天籁""地籁"和"人籁"。"人籁"指人造的乐器吹奏的声音,"与人和者,谓之人乐";"地籁"指风吹自然万物和各种洞窍所产生的声音;"天籁"则是自然界众窍自鸣的声音,"与天和者,谓之天乐"。他认为,"天籁"是宇宙自然的心声,"地籁"与之相比次之,而"人籁"又不及"地籁"。个人用心去聆听、感悟,达到天人合一的境界,自然会领略到大音无声的天籁之美。

庄子崇尚大自然,把大自然的美看作最高的美。庄子认为,"道"是现实世界之美的根源,世间万物都是"道"的体现,但它们只是局部的"道"而非整体的"道",整体的"道"只能体现在大自然,即天地上。天地是最大的美、最高的美。他说:"天地有大美而不言,四时有明法而不议,万物有成理而不说。圣人者,原天地之美而达万物之理,是故至人无为,大圣不作,观于天地之谓也。"

总之,以老、庄为代表的道家之所以推重朴素、自然,正是着眼于朴素意味着事物的天然、本然状态。素朴之美就是自然之美、本色之美。老庄提倡

"返璞归真",崇尚"自然美""朴素美",与"贲"卦中"白贲"的要义"处饰之终,饰终反素,故任其质素,而不劳文饰"的思想是相通的。

## 三、"贲"卦与艺术创作审美情趣

宗白华先生曾提出"错彩镂金的美"和"芙蓉出水的美",并认为二者"可以说是代表了中国美学史上两种不同的美感或美的理想"。[①]一种是华丽繁复的人工雕琢美,一种是平淡素净的天然美;这两种美的对立在"贲"卦中已有体现。《周易》更为重视的是芙蓉出水之美,即绚丽复归于平淡的"白贲"之美。

艺术创造重"白贲"的思想,贯穿在六朝以来的艺术创造理论和实践中,而其中最显著的代表就是盛唐诗人李白。李白的诗歌根本创作思想就是反对绮丽,提倡清真。他这种美学观在他的诗《古风·丑女来效颦》里得到了体现:

> 丑女来效颦,还家惊四邻。
> 寿陵失本步,笑杀邯郸人。
> 一曲斐然子,雕虫丧天真。
> 棘刺造沐猴,三年费精神。
> 功成无所用,楚楚且华身。
> 大雅思文王,颂声久崩沦。
> 安得郢中质,一挥成风斤。

他在诗中通过典故,辛辣地批评了那种只懂模仿他人,缺失自身本色的艺术创造。东施矫揉造作,虚假效仿,本来或许并不丑的她只能是更显其丑。西施那不是人工雕饰的自然本色却尽显其美。他在诗中就肯定了"建安风骨"深刻反映社会现实的面向以及雄健悲凉的艺术风格,强烈反对齐梁间彩丽竞繁的浮艳文风,提倡"垂衣贵清真""清水出芙蓉,天然去雕饰"的创作原则。

李白的诗歌豪迈奔放、清新飘逸,不拘于格律,不雕琢字句,一切统一于

---

① 宗白华:《美学散步》,上海人民出版社1981年版,第21页。

自然。他的诗歌创造不仅是唐代的诗歌艺术,也是中国古典诗歌艺术的高峰。他将自己的创作主张贯穿在自己的诗歌创作实践中。他在《经乱离后天恩流夜郎忆旧游书怀赠江夏韦太守良宰》中称誉别人的作品"清水出芙蓉,天然去雕饰",正好可用来说明诗人自己的语言风格,如"桃花潭水深千尺,不及汪伦送我情""青天有月来几时,我今停杯一问之""小时不识月,呼作白玉盘""举头望明月,低头思故乡""一回一叫肠一断,三春三月忆三巴"。

应当指出的是,李白诗歌豪迈奔放、清新飘逸、语言轻快。他打破了诗歌创作的固有形式,随性变幻,但这并不违背艺术规律,也不是不讲艺术的雕琢和凝练。从根本上讲,诗中的自然美,是一种在艺术上达到炉火纯青境界以后的自然美。李白追求自然之美,他的诗歌多用质朴无华的语言来讴歌祖国的秀丽山河。因此,其口语化语言的形式,本身就体现着浑厚的情感力量与无穷的诗意韵味。郑振铎先生评价他的诗歌:

> 纵横驰骋,若天马行空,无迹可寻;若燕子追逐于水面上,倏忽西东,不能羁系。有时极无理,像"白发三千丈",有时又似极幼稚可笑,像"愿餐金光草,寿与天齐倾",但都无害与他的诗的纯美。他的诗如游丝,如落花,轻隽之极,却不是言之无物;如飞鸟,如流星,自由之极,却不是没有轨辙;如侠少的狂歌,农工的高唱,豪放之极,却不是没有腔调。他是蓄储着过多的天才的。随笔挥写下来,便是晶光莹然的珠玉。在音调的铿锵上,他似尤有特长。他的诗篇几乎没有一首不是"掷地作金石声"的。尤其是他的长歌,几乎个个字都如"大珠小珠落玉盘",吟之使口齿爽畅,若不可中止。①

到了宋代,艺术创作讲究"平淡美""本色美"。"平淡"成为艺术创作的最高境界。宋初诗坛,继承了晚唐轻佻婉弱的诗风,其后的"西昆体"更加讲究辞藻的粉饰,片面追求形式的华丽。最早反对和扭转这种风气的是梅尧臣和欧阳修。梅尧臣《读邵不疑学士诗卷》就有"作诗无古今,惟造平淡难"的句子。这里的平淡并不意味着平庸和浅显,正好相反,而是以极其朴素的语言和高度

---

① 郑振铎:《插图本中国文学史》(第2册),作家出版社1957年版,第319页。

的技巧来表达思想感情。欧阳修《六一诗话》就记载了梅尧臣的话可以证实他的诗学主张："诗家虽率意，而造语亦难，若意新语工，得前人所未道者，斯为善也。必能状难写之景如在目前，含不尽之意见于言外，然后为至矣。"①他认为，诗歌创作应以自己独特的语言直接、具体而又鲜明生动地描写事物的本色，这样创作出来的诗作才有感人的艺术魅力。

宋代主张诗歌创作追求平淡，并运用到诗歌创作中，最典型的例子就是苏轼，其《书黄子思诗集后》中评价韦应物、柳宗元的诗歌："韦应物、柳宗元发纤浓于简古，寄至于澹泊，非余子所及也。"②其《评韩柳诗》云："柳子厚诗，在陶渊明下，韦苏州上。退之豪放奇险则过之，而温丽靖深不及也。所贵乎枯淡者，谓其外枯而中膏，似淡而实美，渊明、子厚之流是也。若中边皆枯淡，亦何足道，佛云'如人食蜜，中边皆甜'。人食五味，知甘苦者皆是，而分别其中边者，百无一二也。"③

苏轼认为，"平淡"不是贫枯，不是简陋，不是粗疏。它"外枯而中膏，似淡实美"。"枯"与"膏"、"淡"与"美"是一对矛盾，然而在高超的艺术家的手下，它们构成了统一，而且正是因为它们的统一是对立的统一，所以焕发出非同寻常的艺术魅力。苏轼熟谙艺术辩证法，他多处谈到了不同艺术风格之间对立而又统一的辩证关系。苏轼认为，不仅诗的艺术风格最好不要单一，而要由对立的风格辩证统一而成，而且书法、绘画的风格也最好如此。他在《和子由论书》中说："吾虽不善书，晓书莫如我。苟能通其意，常谓不学可。貌妍容有矉，璧美何妨椭。端庄杂流丽，刚健含婀娜。"④

明朝书画大家董其昌不仅曾在政治上官至礼部尚书，而且集文人、学者、艺术家的身份于一身，在中国书画史上是一位开宗立派的巨匠。他所创立的平淡婉约的书法风格曾笼罩清初书坛数十年之久。他一生的书画美学主张和实践都离不开"平淡"。

董其昌也非常推崇"平淡天真"的艺术境界，"余谓张旭之有怀素，犹董源之有巨然，衣钵相承，无复余恨，皆以平淡天真为旨"。他甚至认为，艺术作

---

① 王大鹏等编：《中国历代诗话选》（第2册），岳麓书社1985年版，第154页。
② 《苏轼文集》，中华书局1986年版，第2124页。
③ 同上书，第2109页。
④ 《苏轼诗集》，中华书局1982年版，第210页。

品是否体现"平淡"是其能否流传后世的重要条件:"作书与作文,同一关捩,在淡与不淡耳。"① 他说:"诗文书画,少而工,老而淡,淡胜工,不工亦何能淡。"② 这句话蕴含两层意思:一是工是淡的基础,二是淡在艺术境界上较工更胜一筹。他还说:"画与字各有门庭,字可生,画不可熟,字须熟后生,画须熟外熟。"③ 他指出了学习书法和绘画在过程和技巧上的不同要求:书法要求在掌握熟练的技巧后回到原来那种生的状态,绘画则要求熟练之后再熟练。尽管如此,他所说的"熟后生"的"生"与"熟后熟"的后一个"熟",均指经过一段时间的训练后所达到的一种境界,而这种境界的获得必须以掌握熟练的技巧为前提。我们也就可以理解,他所谓的"平淡"不是白开水,一览无余,而是渐老渐熟后的平淡,是绚烂之极的平淡。

董其昌曾与赵文敏以生熟两次相比,说:"赵书因熟得俗态,吾书因生得秀色。赵书无弗作意,吾书往往率意;当吾作意,赵书亦输一筹。"④ 他将自己的"生"解释成秀色,意谓在其作品中加入了自己的真性情。也就是说,与"熟"有相通之处,即技巧的熟练可以通过自己的努力得到,但是没有个性的熟练则显俗气,即艺术作品的高低必须看其是否表现作者的才情和个性。而"熟后求生"得到"生",则超越了"熟"的阶段,从中脱胎出来的"淡",才是真正的出自个人天骨、性情。正如清代画家郑板桥在其《题画竹》中提到的,"画到生时是熟时"。我们不妨把董其昌与郑板桥所说的"熟"看成学习前人的精神,而把"生"看成汇集前人与自身特性的"自我风格"。所以他说:"淡乃天骨带来,非学可及。内典所谓无师智,画家谓之气韵也。"⑤

董其昌在绘画上,有"文人画""山水画分南北宗"论。他用禅宗北宗的"渐修"和南宗的"顿悟"来区分历史上的山水画派。他崇尚以王维、米芾为代表的南宗画派,因为南宗文人画的风格取向就是平淡、率真。董其昌在书法上也是一生追求平淡,可以说,他书法实践的核心即"平淡"。在书法结字上,他讲求紧密、精微且求势;在章法上,他模仿杨凝,讲究分行布局,疏朗匀称,奠

---

① 董其昌:《容台别集》,《四库全书存目丛书》集部 171 册,齐鲁书社 1997 年版,第 670 页。
② 同上书,第 742 页。
③ 同上书,第 241—242 页。
④ 同上书,第 675 页。
⑤ 同上书,第 701 页。

定疏朗空灵的基调。用行距的空白与结字的美产生有与无的对比，因而创造一种萧散简远的意趣。除了在用笔、结字、章法中追求淡远意境，他反常地用墨大胆。经过仔细研读古帖，他得出的结论是："用墨需用其润，不可使其枯燥，尤忌浓肥，肥则大恶道矣。"① 在墨法上，他喜欢用淡墨，枯湿浓淡，尽得其妙，给人以强烈的视觉冲击。董其昌在用笔、结字、章法以及用墨的实践中，用笔虚而骨力内蕴，章法疏朗而气韵贯通，用墨淡而神韵不减，充分体现了他所追求的淡雅、秀润的审美取向和书法风格。

中国传统艺术中，"平淡"的基本要素就是除去外在的一切修饰，还原事物的本来面目，这种平淡已经是超越很多人为和不必要的加工和纹饰，而成为一种艺术家普遍追求的境界。这种境界在本质上是和《周易》"白贲"的思想一脉相承的。

## 四、结　语

以上我们分析了《周易》"贲"卦所蕴含的美学意义和它在历史中的发展和变化，可以得到的结论就是，"白贲"思想的要义在于："处饰之终，饰终反素，不劳文饰，而任其质素。"其实质是推崇"归真反璞"的朴素美、自然美、平淡美和本色美。"白贲"本身蕴含着极其深刻的美学意蕴，经过历代艺术家、艺术理论家的发展和开拓，其美学内涵不断得到深化和拓展。唐宋艺术家和理论家们普遍自觉地追求《周易》所倡导的清新、自然和朴素的审美境界，并渐渐形成主流。当然，我们需要指出的是，唐宋时平淡、自然和朴素的境界已经不仅仅局限于体现"贲"卦与儒家的"文质彬彬"的观点；这个时期形成中国特色的禅宗思想又是儒、释、道三家思想的融合，因此在许多方面掺入了道家、禅宗的思想，使平淡朴素美更加走向深入。刘熙载说："白贲占于贲之上爻，乃知品居极上之文，只是本色。"② 实质上，中国文艺美学讲究"返璞归真"的朴素美、平淡美和本色美的倾向，其渊源都可以追溯到"白贲"。

---

① 董其昌：《画禅室随笔》，《历代书法论文选》，上海书画出版社1979年版，第542页。
② 薛正兴点校：《刘熙载文集》，江苏古籍出版社2001年版，第90页。

# 周秦乐教管窥：从"三月不知肉味"之辨看

王顺然[*]

（深圳大学饶宗颐文化研究院　518000）

**摘　要**：《论语·述而》有言："子在齐闻《韶》，三月不知肉味。曰：'不图为乐之至于斯也！'"这段脍炙人口的文字看似浅显直白，却因其所隐含之丰富的语境，使得历代注疏家对这段话的解释存在着不小的争议。这一争议一直延续至今。通观来看，解释这段文字主要有两个难点：第一，如何说明"三月"之期的时间意义；第二，"不知肉味"究竟表示圣人何种心理状态？当然，如果再联系到《史记·孔子世家》所增"学之"二字，那么孔子究竟"学了什么"也需要解释清楚。有鉴于此，本文在疏通历来争论的基础上，优先解决"学之"的问题，看看孔子"三月"之期究竟在学什么，由此基础，再来探讨孔子以"三月不知肉味"的状态学习究竟值不值得，亦即处理前面提及的两个问题。当然，我们还能在回应"三月不知肉味"之辨的基础上，进一步看到周秦乐教的特质与价值。

**关键词**：三月不知肉味　乐教　德性修养

## 一、"三月不知肉味"之辨疏解

《论语·述而》曰："子在齐闻《韶》，三月不知肉味。曰：'不图为乐之至于斯也！'"这是《论语》中的名篇，说孔子在齐国听到《韶》乐章，三个月[①]尝

---

[*] 作者简介：王顺然，香港中文大学哲学博士，深圳大学饶宗颐文化研究院助理教授、特聘副研究员。

① 一般来说，"三月"为数月之泛指，对于本文讨论而言，并无太大影响，下文亦用"三月之期"特指此段文本内容。

不出肉味，感叹道："想不到乐竟有如此之感染力！"① 其实，若单独拿出"在齐闻《韶》"一段独立来看，我们说孔子"沉浸"于《韶》之中而"不知肉味"并没有什么解释的困难。但若将此段放入《论语》之中，用以记录圣人的言行，这样的直译就出现了解释的困难：其一，就我们日常经验而言，因"闻《韶》"而"三月"感觉不到肉味②似过分夸张，这不符合《论语》一贯平实的表述方式；其二，如《大学》云"心不在焉，食而不知其味"，儒家向来强调"求放心"而不堕于物欲，圣人之心岂能因偶闻《韶》乐华章，便三月滞于其中？

为了避免以上两个问题，历代不乏学者欲将视角抽离段落文本之局限，转而寻求其他出路，以满足解释之通顺。其中，以"不知肉味"指孔子"生活困难以致无肉可吃"便是其中一种。有见其言曰："孔子在齐闻《韶》前后，生活窘迫，竟至于'三月不知肉味'。"③持此论者，多引《史记·孔子世家》为证，见曰：

> 孔子年三十五，而季平子与郈昭伯以斗鸡故得罪鲁昭公，昭公率师击平子，平子与孟氏、叔孙氏三家共攻昭公，昭公师败，奔于齐，齐处昭公干侯。其后顷之，鲁乱。孔子适齐，为高昭子家臣，欲以通乎景公。与齐太师语乐，闻《韶》音，学之，三月不知肉味，齐人称之。

国乱、君逃④、寄人篱下的情景若衬之"饥寒交迫""三月无肉可食"，岂不更符合孔子一生奔波如"丧家犬"的形象？然而，这种解释在传统文献中似乎难以找到其他材料佐证。且不论高昭子是否是"（与孔子）一见如故、礼待上宾"⑤，单说"与齐太师语乐""景公问政孔子""景公说（悦），将欲以尼溪田封孔子"（皆见于《史记·孔子世家》），等等，足见孔子在齐并非默默无闻、举步维艰之辈。

---

① 译文参见杨伯峻《论语译注》（有改动），见氏著《论语译注》，中华书局1980年版，第74页。
② 已有学者撰文说明孔子所在的时代，"肉"是一种珍贵的美味，又以孔子"食不厌精脍不厌细"的观念来看，孔子亦看重、欣赏美味。参见苗金海：《质疑"三月不知肉味"新解》，《中国音乐学（季刊）》2011年第1期。
③ 周苇风：《质疑孔子"三月不知肉味"的音乐审美意义》，《孔子研究》2012年第5期。
④ 鲁昭公昏庸无道以致"八佾舞于庭"、君臣之礼废。"君不君臣不臣"的鲁国动乱，昭公被逐于齐。孔子随之适齐，被高昭子纳为家臣，时三十五岁。《史记·孔子世家》记曰："孔子年四十二，鲁昭公卒于干侯，定公立。"鲁昭公终客死他乡。
⑤ 王福银：《孔子在齐闻"韶"稽考》，《管子学刊》2010年第1期。

又如《说苑·修文》记曰：

> 孔子至齐郭门之外，遇一婴儿挈一壶，相与俱行，其视精，其心正，其行端，孔子谓御曰："趣驱之，趣驱之。"《韶》乐方作，孔子至彼，闻《韶》三月不知肉味。

孔子在齐做家臣是有车驾随行的。按《战国策·齐四·冯谖客孟尝君》①所记之情形，"车客"便有鱼可食，而孔子上可见齐君，出可会大（乐）师、晏婴之徒，即使景公后来疏远孔子亦以"以季孟之间待之"②，孔子又怎能三月无肉可食？故而，孔子随鲁昭公适齐而三月不得肉食的说法是不成立的。

"三月不得肉食"的解法虽误，将视角抽离文段本身之局限以解"三月不知肉味"或有其他出路，这便出现了"忧心忡忡"以致三月不知肉味的说法。"忧心说"又有两种变化，两种皆以皇侃《论语集解义疏》为依，其曰：

> 《韶》，舜乐名也，尽善尽美者也。孔子至齐，闻齐君奏于《韶》乐之盛，而为心伤痛，故口忘肉味至于一时乃止。何以然也？齐是无道之君，而滥奏圣王之乐，器存人乖，所以伤慨也。

"齐是无道之君，而滥奏圣王之乐"，诸侯演天子乐，僭越周之大礼。这里产生了第一种解法，即"孔子见齐之僭越而心忧之三月"。③进一步加上《史记·孔子世家》提供的背景，鲁国之乱亦起于"僭越"，则产生了修订后的第二种解法，即"孔子见齐之僭越而想到鲁国之乱，故心忧之三月"。④

"忧心"之说很符合孔子历来"忧国忧民""克己复礼"的形象，加之《孔子世家》记"景公问政孔子"中孔子向齐景公劝谏之言便是"君君，臣臣，父父，

---

① "左右以君贱之也，食以草具。居有顷，倚柱弹其剑，歌曰：'长铗归来乎！食无鱼。'左右以告。孟尝君曰：'食之，比门下之客。'居有顷，复弹其铗，歌曰：'长铗归来乎！出无车。'左右皆笑之，以告。孟尝君曰：'为之驾，比门下之车客。'"（《战国策·齐四·冯谖客孟尝君》）
② 见《史记·孔子世家》记："景公止孔子曰：'奉子以季氏，吾不能。'以季孟之间待之。"齐景公欲用上卿之礼贵待孔子而不得，只能用上卿季孙氏、下卿孟孙氏相当的待遇给孔子，此亦是受迫近臣压力。而即便是"下卿"，待遇亦高于"上士"，又怎能无肉可食。
③ 曲正言：《孔子闻"韶"三月不知肉味之我见》，《交响——西安音乐学院学报》1991年第4期。
④ 王福银：《孔子在齐闻韶稽考》，《管子学刊》2010年第1期。

子子"的"克己复礼"之道,更添说服力。但是,如果以"忧心说"解孔子不知肉味的"三月"之期便有些说不通,我们原是因为"闻《韶》"以致"三月不知肉味"太过夸张,但如果将"三月"解为孔子在齐"忧心"于齐鲁"僭越""违礼"之现状便实在太短,孔子一生践行"克己复礼"之道,其忧心于此道岂止三月。当然,"忧心说"还有一个直接的问题,就是与前文的"在齐闻《韶》"和后文的"不图为乐之至于斯"没有必然的关联,这种解释从文本上看太过突兀。

将视角抽离文段本身所形成之语境,未能寻到解释"三月不知肉味"原因的一个好出路,我们还是要继续寻找正面解释"三月"之期的时间意义和"不知肉味"所代表圣人的心理状态这两大问题的方法。

## 二、孔子在齐闻《韶》与"学之"

事实上,不同文献对"孔子在齐闻《韶》"一事表达的差异之中也有线索可循:

> 子在齐闻《韶》,三月不知肉味。曰:"不图为乐之至于斯也!"(《论语·述而》)

> 故孔子悯王路废而邪道兴,于是论次诗书,修起礼乐。适齐闻《韶》,三月不知肉味。自卫返鲁,然后乐正,雅颂各得其所。(《史记·儒林列传》)

> 孔子至齐郭门之外,遇一婴儿挈一壶,相与俱行,其视精,其心正,其行端。孔子谓御曰:"趣驱之,趣驱之。"《韶》乐方作,孔子至彼,闻《韶》三月不知肉味。故乐非独以自乐也,又以乐人;非独以自正也,又以正人矣哉!于此乐者,不图为乐至于此。(《说苑·修文》)

> 与齐太师语乐,闻《韶》音,学之,三月不知肉味,齐人称之。(《史记·孔子世家》)

在《儒林列传》的引文中,司马迁做了一个总结,他说:"孔子担忧王道废弛邪道兴起,于是删定诗书、复兴礼乐。"其后,他又摘引《论语》"子在齐闻《韶》,三月不知肉味。曰:'不图为乐之至于斯也!'(《述而》)"及"子曰:'吾自卫反鲁,然后乐正,雅颂各得其所。'(《子罕》)"两节以做补充,此两节不只是孔子"删定诗书、复兴礼乐"之证据,亦可谓孔子之"自证"。换言之,《论语》中孔子所说的这两段话是孔子针对身体力行地"复兴礼乐"的一种自我肯认。此一点亦说明"不图为乐之至于斯也!"能够表达出孔子正面的、积极的态度。值得注意的是,孔子"在齐闻《韶》"时年(约)三十五岁①,"自卫反鲁"已是六十九岁,司马迁摘选此两段若有所指的涵盖了孔子"复兴礼乐"的一生。我们可以推说,自十五"有志于学"始,至三十五岁"在齐闻《韶》"期间,孔子对"复兴礼乐"还停留在理论阶段。凭其"在齐闻《韶》"之慨叹而言,鲁国政治文化气氛大概不足以给孔子提供完善的条件,让他亲身感受如此高水平的乐教熏陶,而"在齐闻《韶》"于孔子而言,可以算作一个从"理论知识"转向"亲身体知"的契机。这个转折,我们在《说苑·修文》的引文中也能看到,其文大意是说:

> 孔子到齐国的城门之外,遇到一小儿拿一酒器,发现那小儿目光纯洁,心神纯正,举止严谨。孔子对驾车的人说:"快一点,快一点(《韶》乐就要开始了)。"孔子到那里,《韶》乐刚刚开始表演,听到的《韶》的乐曲,孔子"三月不知肉味"。感叹道:乐不仅仅让自己愉悦,还可以愉悦他人;不仅仅端正自己的品行,更能教化他人啊!(从前没)欣赏到了这个(《韶》)乐,不知道"乐"的修习竟能达致如此境界。

不难感觉到,《修文》的文本表达出了孔子的一种惊奇、感叹的心情。这种心情从孔子见到小童的举止开始,"一婴儿挈一壶,相与俱行,其视精,其心正,其行端"。孔子偶遇之小童不过是齐国演奏《韶》之地的门外随机过往的"执壶"小童,孔子发现"他"行动之中有一股正气,"难道齐国之教化已经到了如此境地吗?"此是孔子一惊奇。"《韶》乐方作,孔子至彼",是说孔子到了目的地,正好赶上《韶》乐开始,也说明《韶》乐在齐之演奏乃历来就有,并非专为孔子而奏。以孔子知礼、践礼的习惯,《韶》乐已经开始演奏,便不会再大摇大摆地走

---

① 年龄考证皆以《史记·孔子世家》记录为依据:其一,"孔子年三十五,……其后顷之,鲁乱。孔子适齐,……与齐太师语乐,闻韶音,学之,三月不知肉味,齐人称之"。其二,"定公十四年,孔子年五十六,……孔子遂适卫……孔子之去鲁凡十四岁而反乎鲁"。

上席前正面观赏《韶》乐，故而用"闻"不用"观"①，强调其"闻"《韶》音在侧。"闻《韶》音"又令孔子产生两种感叹：其一，"乐可自乐乐人、自正正他"；其二，（闻《韶》之前）不知"为乐至于此（斯）"。孔子幼时在鲁国生活，虽常以礼器嬉戏，却不曾亲见过如此高水平的《韶》乐；及其年长，又为生计而奔波，更无机会专门研习乐教。②齐国对乐的重视、对乐的投入③令孔子产生了一种震动，带来了一丝明悟，这标志着孔子从旧时对"乐""乐教"理论上的了解，开始转为生命实践的一种切身体会，标志着孔子真切地感受到"乐教"愉悦人情、"移风易俗"的实际效果，故谓："乐非独以自乐也，又以乐人；非独以自正也，又以正人矣哉！"

由此，转入前文所列《史记·孔子世家》的一段引文："与齐太师语乐，闻《韶》音，学之，三月不知肉味，齐人称之。"此一段比《论语》所记特意多出"学之""齐人称之"二句，这便引发了新的问题。孔子闻《韶》音（"乐曲"）④后，究竟"学"了什么？是习得《韶》之"乐曲"的演奏技巧，还是另有所指？

认为孔子用三月时间习得《韶》之"乐曲"的演奏技巧者，常以孔子六十岁时"学鼓琴师襄子"为证，文见：

> 孔子学鼓琴师襄子，十日不进。师襄子曰："可以益矣。"孔子曰："丘已习其曲矣，未得其数也。"有间，曰："已习其数，可以益矣。"孔子曰："丘未得其志也。"有间，曰："已习其志，可以益矣。"孔子曰："丘未得其为人也。"有间，曰："有所穆然深思焉，有所怡然高望而远志焉。"曰："丘得其为人，黯然而黑，几然而长，眼如望羊，如王四国，非文王其谁能为此

---

① 就像我们去参加公演活动，如果迟到亦会弓腰轻步快速就坐，甚至入门后就近就坐。亦比照《史记·孔子世家》一段，司马迁用字准确，先说"语乐"后说"闻《韶》音"，暗指"声""音""乐"概念之别，详见下文论述。又，文中用"闻"即"听到、听见"，强调利用听觉来感受《韶》，而非一般使用的"观"，如郭店出土之《性自命出》篇言："观《赉》《武》，则齐如斯作。观《韶》《夏》，则勉如也斯俭。""观"强调以视觉为主为全方位感受。参见李零：《郭店楚简校读记》，中国人民大学出版社2007年版，第137页。
② 《论语·子罕》记子曰："吾少也贱，故多能鄙事。"《孔子世家》亦记："孔子为儿嬉戏，常陈俎豆，设礼容。……孔子贫且贱。及长，尝为季氏史，料量平；尝为司职吏而畜蕃息。"
③ 《墨子·非乐》记曰："昔者齐康公，兴乐万，万人不可衣短褐，不可食糠糟，曰：'食饮不美，面目颜色，不足视也；衣服不美，身体从容丑嬴不足观也。'是以食必粱肉，衣必文绣。"齐康公（景公后人）为了保持武舞演员能充分表现出乐舞的气氛，对其衣着、饮食等方面投入了大量的物力、财力。
④ 参见王顺然：《从"曲"到"戏"：先秦"乐教"考察路径的转换》，《哲学动态》2017年第5期。

也!"师襄子辟席再拜,曰:"师盖云《文王操》也。"

据此段所记,孔子习古琴曲《文王操》数十天,终于以"曲"见"人",对《文王操》的领会令乐师师襄子都拜服。孔子六十岁习一段琴曲尚需数十天,其三十五岁时学《韶》乐之曲花费三个月亦不足为奇。①

此种解法虽然简便,但还是留下三个问题令人存疑。

其一,《文王操》与《韶》从形式而言并非同一类型的艺术形式。"《韶》乐是大乐舞,不同于一般的器乐曲(如《文王操》),包括诗歌、舞蹈、音乐、配器等不同艺术形式。"②《尚书·益稷》有文为证:

> 夔曰:"戛击鸣球、搏拊、琴、瑟、以咏。"祖考来格,虞宾在位,群后德让。下管鼗鼓,合止柷敔,笙镛以闲。鸟兽跄跄;《箫韶》九成,凤凰来仪。夔曰:"於!予击石拊石,百兽率舞,庶尹允谐。"

引文所记,正是舜之乐师夔创制《韶》的过程,其中所描述场景、乐器、乐舞、乐曲等内容,印证了《韶》乃"是大乐舞而不仅仅是器乐曲"的说法。相较之下,"孔子学鼓琴师襄子"所学的内容很明确,就是一首叫作《文王操》的琴曲,而这首琴曲显然是纯旋律音乐。

其二,所谓"《韶》,继也""帝舜乃命质修《九韶》《六列》《六英》以明帝德"等,是说《韶》是以情景剧、大乐舞的形式歌颂帝尧圣德功绩、表达帝舜继承帝尧之志。其情节、思想等,是通过舞台表演,如所谓"百兽率舞,庶尹允谐",客观而直接地传递给观众。与此相较,《文王操》传递的情景、情节,乃是依靠个人修养境界感悟而来的,具有很明显的模糊性。如孔子谓:"丘得其为人,黯然而黑,几然而长,眼如望羊,如王四国,非文王其谁能为此也!"这并非人人可以得见的景象,与孔子个人修养直接相关,具有极强的主观色彩。由此对照,亦可知"在齐闻《韶》"和"学鼓琴师襄子"两例不能直接比较。

其三,以学"琴曲"见人乃是传统"乐教"教化的一种升华方式,应是在

---

① 参见王虹霞:《"三月不知肉味"辨正》,《交响——西安音乐学院学报》2013年第2期。
② 曲正言:《孔子闻"韶"三月不知肉味之我见》,《交响——西安音乐学院学报》1991年第4期。

精研"乐教"之基础上获得的能力。而《孔子世家》所谓"学之",并未强调对《韶》乐中"诗辞""乐曲""舞蹈"等某种艺术形式的学习,"不图为乐之至于斯也!"更不应是落在技能习得层面的感叹。从这一点看,孔子修习《文王操》还是经历了"习其曲""得其数"两步技术层面的学习、掌握,这也是关键的不同之处。

《韶》与《文王操》在艺术形式、教化方式、为学内容等三方面的不同,体现出以孔子六十岁时"学鼓琴师襄子"之例对照"孔子用三月时间习得《韶》之乐曲"的做法并不可行。[①] 孔子"三月"学《韶》,其所学之内容应不是落于乐曲技巧、诗辞背诵等枝节小技之上,若只是学此类技巧而三月不知肉味,圣人还是有"堕于物欲"之虞,故而,"学之"的问题还是应该回归到《韶》乐本身,找到可以与其类比的文段来对照解读。

## 三、从《乐记·宾牟贾》篇看孔子赏乐之方

《韶》乐与《文王操》不可类比,但同为"四代乐"的大乐舞《武》却可以与《韶》对照。我们以《武》乐做参照来解释孔子闻《韶》所学,其主要原因有三:首先,《春秋繁露·楚庄王》有直接证明,曰:"舜时,民乐其昭尧之业也,故《韶》。《韶》者,昭也。……文王之时,民乐其同师征伐也,故《武》。《武》者,伐也。……作乐之法,必反本之所乐。所乐不同事,乐安得不世异?是故舜作《韶》而禹作《夏》,汤作《濩》而文王作《武》。"换言之,《韶》《武》同为"四代乐"之范畴,其差别只是"所乐不同事",昭示之内容有差别,《武》言武王伐纣建周,而《韶》言帝尧化育万邦之功德,是帝舜作乐以继承、昭示"尧之道";其次,孔子本人就将二者进行比较,《论语·八佾》篇记曰:"子谓《韶》'尽美矣,又尽善也。'谓《武》'尽美矣,未尽善也'。"此足见两乐在孔子看来是同一性质的乐舞;其三,《乐记·宾牟贾》篇专门记载了孔子指导弟子宾牟贾赏《武》乐、感悟《武》乐之教化的过程,这也是最重要的一点,我们希望能从孔子(指点弟子)赏《武》的过程中看到他学《韶》的心理感受。

---

① 同时,以孔子修习《韶》之乐曲来解释"三月"之期还是要面对"圣人堕于物欲"的质疑。研习技艺并不是主要内容,获得德性滋养的教化才是其中的关键。参见王顺然:《周秦时期具有"戏剧"性质的"乐"如何承担道德教化》,《中国哲学史》2018年第5期。

形象地说，《武》乐就是一部名为《武王克商建周》的历史剧，其情节如《尚书·武成》记曰："（武王克商）乃偃武修文，归马于华山之阳，放牛于桃林之野，示天下弗服。丁未，祀于周庙，邦甸、侯、卫骏奔走，执豆笾。越三日庚戌，柴望，大告武成。"武王克商后，周公所作《武》乐纪念，是后来《大武》的雏形。而周秦之际所流传的《大武》已是几经磨砺的作品，这一情况与《韶》乐相同。① 虽然《大武》乐之乐曲佚失，但依文献可考部分所涉及之诗诵、舞蹈，便可窥见其艺术设计构思之严谨、寓意之巧妙、气势之恢宏，以其位列"四代乐"之中亦可看出，孔子谓之"尽美"并无夸大。② 同时，《大武》乐虽因武力"伐纣"而被孔子批评为"未尽善"，但即便是"未尽善"，《大武》的情节亦表现出了武王极高的德行。这就引出了《乐记·宾牟贾》篇中孔子对体贴、领会《武》乐教化的指点：

> 子曰："居！吾语汝。夫乐者，象成者也；总干而山立，武王之事也；发扬蹈厉，大公之志也。《武》乱皆坐，周、召之治也。且夫《武》，始而北出，再成而灭商。三成而南，四成而南国是疆，五成而分周公左、召公右，六成复缀以崇。天子夹振之而驷伐，盛威于中国也。分夹而进，事早济也，久立于缀，以待诸侯之至也。且女独未闻牧野之语乎？武王克殷反商。未及下车而封黄帝之后于蓟，封帝尧之后于祝，封帝舜之后于陈。下车而封夏后氏之后于杞，投殷之后于宋。封王子比干之墓，释箕子之囚，使之行商容而复其位。庶民弛政，庶士倍禄。济河而西，马散之华山之阳，而弗复乘；牛散之桃林之野，而弗复服。车甲衅而藏之府库，而弗复用。倒载干戈，包之以虎皮；将帅之士，使为诸侯；名之曰'建櫜'。然后天下知武王之不复用兵也。散军而郊射，左射狸首，右射驺虞，而贯革之射息也。裨冕搢笏，而虎贲之士说剑也。祀乎明堂而民知孝。朝觐，然后诸侯知所以臣，耕藉，然后诸侯知所以敬。五者，天下之大教也。食三老，五更于大学，天子袒而割牲，执酱而馈，执爵而酳，冕而总干，所以教诸侯之弟也。若此则周道四达，礼乐交通。则夫《武》之迟久，不亦宜乎！"

---

① 按《竹书纪年》所载，古《韶乐》约产生于虞舜时代，其后因朝代更迭、别有创新而产生《大韶》《九韶》《大招》《箫韶》《韶箾》等变化，到孔子"在齐闻韶"期间流传约一千七百年。

② 参见王顺然：《从〈大武〉"乐"看戏剧教化人心之能效》，《戏曲研究》2018年第1期。

所以称之为指点,乃就《乐记·宾牟贾》篇所记,孔子只是针对宾牟贾领会有误之处加以纠治,而非对《武》乐的通篇解读。宾牟贾是孔子弟子之中,擅长赏乐的代表,从其对《武》乐意涵之误读中,也能看到领悟乐教教化之难。在孔子看来,要理解《大武》之"乐"、接受其中的教化,就要回归历史情境、体贴人物之处境与思考,领会"乐"中呈现出的场域意义。比如,为了体现出武王无心于"贪商",《武》描述了分封的情形①;为了表现出武王息战之心,《武》展示了武王收拾兵戈、止息战争的行为与措施②;还有武王对天下施以教化,要求"天子在明堂祭祀祖先""诸侯定期朝觐天子""天子亲自耕种藉田",等等,旨在令民众懂得孝道、诸侯懂得如何做臣下、天下兴起敬天敬祖的风俗,这些举措都寓意深远,表现在《武》乐之中,就是"迟而又久"乐曲声。

由此可见,《武》乐在情节的铺陈、展示中反映出"武王"之"善",无论是对"正义"的坚持、对战争的反对,还是教化、育养天下之仁政,包括在复杂境况下极具智慧的行事方式,都可以令观众认真反思,并且回味无穷。这些寓意深远的情节通过舞台上的生动表演,配合恰如其分的音响效果,能令观众记忆深刻,不断地体贴涵咏。观众每每反思都有进益与明悟,每有醍醐灌顶之时,又是一番欣喜和愉悦。

以此类推,《韶》乐虽不可详考,但既然《韶》乐所展示的是帝尧的功绩,夫子又有言曰:"大哉尧之为君也!巍巍乎,唯天为大,唯尧则之。荡荡乎,民无能名焉。巍巍乎,其有成功也。焕乎,其有文章。"(《论语·泰伯》)可以想象,《韶》乐之内涵更为深邃,其"尽善"之名必能给人带来更多的明悟和愉悦。由此我们也可以说,夫子自谓"不图为乐之至于斯"的感叹,代表着其学得《韶》乐神髓,对着不断明悟与长进的欣喜,而非堕于物欲的放纵之情。

既然孔子在齐闻《韶》乃是领悟《韶》乐之教化而无堕于物欲之虞,那么孔

---

① 武王战胜了殷纣王,来到了殷都,未等下车,就把黄帝的后代封于蓟,把帝尧的后代封于祝,把帝舜的后代封于陈。下车以后,又封夏禹的后代于杞,把商汤的后代安置于宋,整修了王子比干的墓,把箕子从牢中释放出来,让他去寻访商代的礼乐之官并且官复原位。

② 为民众废除了殷纣的苛捐杂税,为一般士人成倍地增加俸禄。然后渡过黄河向西,把驾车的马放牧于华山南面,表示不再用它们拉战车;把牛放牧于桃林的原野,表示不再役使它们;把兵车铠甲盖好、包好以后收藏到府库里,表示不再使用它们。把干戈等武器倒放,用虎皮包裹起来,就是把干戈束之高阁。把带兵的将帅封为诸侯,战场上那种穿透铠甲的射箭停止了。大家都穿上了礼服,戴着礼帽,腰插笏板,而勇士也不身带佩剑了。

子"学之（《韶》乐）"的"三月"之期又有何意义，做何解释？这就需要我们对周秦时期乐教的基本形式做一个简要说明。

## 四、学《韶》"三月"之期与周秦"大学"之教

"学之"是对《韶》乐带来的教化而言，"三月"之期则代表着孔子"敏而好学"，以三月之期便可领会《韶》的基本意蕴，这与《孔子世家》选段中的"齐人称之"是相应的。圣人既能够专注地学习，又能够领会准确、进境神速，齐人由是称之。我们可以通过对照周秦"学校"教育的一般过程，将这"三月"之期所体现的圣人之"敏而好学"解释清楚。

周秦时期的"乐教"是以"乐"为载体、教化士人的过程。从前文对《韶》《武》二乐的简单解释可以看出，"乐"最终落在了某种思想、观念的体现和表达①，而"教"字则是在传授"乐"中不同艺术形式之过程中，对士子进行身心知识之培训，尤其强调以"乐"中的思想、观念来熏染、培育周秦士子。这个过程落实在周秦时期的"学校"制度中。

一般来说，周秦"学校"制度从教学内容上看，可分"童蒙""小学"和"大学"三个阶段，而乐教的展开是从"小学"阶段开始的。②《礼记·内则第十二》见：

> 十有三年学乐，诵诗，舞勺。成童，舞象，学射御。二十而冠，始学礼，可以衣裘帛，舞大夏，惇行孝弟，博学不教，内而不出。③

经过六岁到十岁的辨识器物、识字读书等训练之后，士子在十三岁左右开始正式接触"乐"，也标志他们正式开始"小学"学习。④在"小学"学习过程中，"乐"是各种学习内容的重要载体；"乐"之不同组成部分，如诗、乐（曲）、舞等，成为小童身心教养的主要科目。以"乐舞"为例，儿童时学习"勺舞"、青

---

① 参见许兆昌：《先秦乐文化考论》，黑龙江人民出版社2010年版，第16页。
② 参见马宗荣：《中国古代教育史》，文通书局1942年版，第47、48页。
③ 《礼记正义》，北京大学出版社2000年版，第1013页上栏。
④ "小学在公宫南之左"，参见马宗荣：《中国古代教育史》，第47、48页。

春期时学习"象舞",待到二十岁左右才能开始学习"大夏舞"。"大夏舞"作为"四代乐"之一,与《韶》《武》二乐齐名,《白虎通·礼乐》记:"禹曰《大夏》者,言禹能顺二圣之道而行之,故曰《大夏》也。"学习《夏》乐,也是士子从"小学"阶段向"大学"阶段的一个过渡。开始由研习技艺转向德性修养是"小学"向"大学"过渡的重要表现。学会在修习技艺之时体会《夏》乐中透显出的"孝悌"之德行,是"乐教"之"教",借用"乐"中的思想、观念来熏染、培育士子之功能的表现。

在"大学"教育中,"技艺"已经成为基础,"乐教"对士子"道德"的培养更为系统,并加以强化。到了这个阶段,"四代乐"就成为士子学习的主要内容,《韶》乐自然是其中必不可少的经典。《周礼·春官宗伯》记曰:

> 大司乐……以乐德教国子,中、和、祗、庸、孝、友;以乐语教国子,兴、道、讽、诵、言、语;以乐舞教国子,舞云门、大卷、大咸、大韶、大夏、大濩、大武。……

乐官之长"大司乐"作为国家掌管教育的最高负责人,负责整个"学校"制度的安排与运行。引文强调,"大司乐"要注重用"乐德""乐语""乐舞"教育士子,这其中"四代乐"《韶》《夏》《濩》《武》均有出现,并成为"大学"学习的主要载体,而"乐德""乐语""乐舞",其实都和领会"乐"的深层意蕴紧密关联。比如,"比喻""引用""讽刺"等技巧,是士子心智成熟后才能深刻理解的"乐"之语言意义,而"忠诚""恭敬""孝悌""正直"等德行修养,更是要士子长期浸润"乐"中才能体贴获得的乐教精髓。

整个"大学"阶段的学习就是在传授乐之不同艺术形式中,不断地强化士子的技艺,提升士子的德性修养,这也应与孔子在齐"三月"学《韶》的经历相似。同时,研习技艺只是领会教化的手段,《说苑·建本》曰:"成人有德,小子有造,大学之教也。"以乐修德,如由《大夏》之乐见"孝悌"之德,才是"大学"教育的重心。如此一来,一部《韶》乐的学习领会,可能需要那些经过"小学"数年之系统培养而选拔进入"大学"学习的俊士,再经历数年的研习、揣摩,才能有所进益。由是,若以这些入选"大学"学习之俊士修习《韶》乐的时间来比较孔子的三(数)月之期,则孔子对《韶》乐领会之速不能不令人称奇。

值得说明的是，对《韶》乐教化之领会，并非有一个尽头，孔子在齐学《韶》亦非是对《韶》达致完满无缺的理解。"大学"教育传授《韶》乐，乃至其他古乐，所达到的标准只能算作一个基本要求。这就是说，士子通过对关键文本、乐舞的掌握与熟悉，对自身的工夫修养产生了一定的影响，这种影响还远非融会贯通、圆满无碍。孔子以"三月"之期在齐学《韶》并获得齐人之称赞，也对应于这一基本要求。而在《论语》等典籍中记录的孔子在不同场合、不同时间提及《韶》乐之情境，更能反映出他对《韶》乐的不断反思与领会。

事实上，《乐记》有谓"清庙之瑟，朱弦而疏越，一倡而三叹，有遗音者矣"，就是说，对乐的领会还要靠日用平常间的不断吟咏、反思，不断地产生新的领会，不断地将明悟拉进生命之中。当然，乐教还有不同于其他教化之处，就是在我们观赏不同场合的表演时，心中总会浮现过往观赏的精彩内容，进行一番比较。这种重现与比较，进一步促进了观众对"乐"的理解，更使得乐教成为一种有内在生命力的教育。随着个体生命的发展，涵咏、领会的加深，乐教所具备的生命力不断展现，使得这种同时满足技能培养的基础教育具备了不断引导个人修养工夫的效力。

## 五、结 论

"子在齐闻《韶》，三月不知肉味。曰：'不图为乐之至于斯也！'"《论语·述而》这段脍炙人口的文字看似浅显直白，却因其所隐含之丰富的语境，使得历代注疏家对这段话的解释存在不小的争议，这一争议也一直延续至今。

基于对不同解释方式的分类疏通，本文认为，只有直接回应"不知肉味"所代表的圣人之心理状态，给出"三月"之期恰当的时间意义，才能找到"三月不知肉味"所传递出的真实意图，而通过曲解回避这两个问题所得到的解释始终令人心存疑虑。由此，本文首先通过对读"三月不知肉味"的相关文本，找出孔子"在齐闻《韶》"的事件背景及其心理状态，认为时年三十五岁的孔子在齐闻《韶》虽有忧国忧君之思，却也未妨碍他慨叹《韶》乐熏陶之效力、感悟《韶》乐教化之方式的心境。进而，通过比照《乐记·宾牟贾》篇孔子对观赏《武》乐之指点，本文认为"三月不知肉味"所代表的，是圣人沉浸于《韶》乐带来之生命感悟之中，这种醍醐灌顶的愉悦使圣人有了"不图为乐之至于斯"的感叹，而这种愉悦自然不是沉溺娱乐之欲的表现。最后，本文借梳理周秦乐教的基本形式，解释了"三月"之期不但不长，还因其时间之短显示出孔子"敏而好学"的天赋与性格，"大学"教育花费数年来掌握的《韶》乐，孔子凭借其积累，仅用"三月"便达到令"齐人称之"的程度。总而言之，"子在齐闻《韶》，三月不知肉味"一段所展现孔子初次亲身修习《韶》乐的状态，合情合理、意蕴深长。

当然，我们更需要注意的是，周秦时期的乐教在整个教育制度中具有特殊的地位：一来，乐教提供了学子、士子最基本的技艺和道德培养，具有基础教育的意义；二来，乐教以其特殊的教化方式，萦绕人心间，在不断地熏养、滋润的过程中，起到了对个体生命工夫修养引导的作用。

# "听之以气"的美学内涵及话语形态

## ——"尚声"传统阐释之一*

徐丽鹃

（江西师范大学 330027）

**摘 要**：声音作为听觉符号的表征，是中国早期历史、伦理、政治、美学和文化实践活动的产物，它对早期文艺的生成和发展产生一定影响。《礼记·郊特牲》载"殷人尚声"。"尚声"理论不仅在神学领域得到体现，在后世的哲学、美学、诗学等领域还得到进一步扩展衍生。"气"是"声"之通变的前提。"听之以气"这一中枢整体性概念将"声"与"气"融合为一，体现出中华宇宙万物一体观和美学的生命精神。日后，学界可进一步从声音理论出发，挖掘中国古代"尚声"传统，从而使之成为文艺美学的重要理论基础，实现中华美学精神在艺术实践中的传承。

**关键词**：声音 气 美学 话语

为推动中华民族传统文化研究，传承与弘扬中华美学精神成为当代美学研究的一个重要理论课题。探讨美学精神，离不开对审美活动的理解。审美活动一方面基于人的感性存在，另一方面又超越感性存在。当前，在视觉审美主导的文化中，对"听"的关注，逐渐成为美学研究的一种新趋势。美国民谣歌手鲍勃·迪伦获"诺贝尔文学奖"，更体现了听觉美学在艺术领域的价值和传播。迪伦"在美国歌曲的伟大传统中开创了新的诗性表达"，他创新了听觉艺术和文学之路，对当代文艺表达方式及美学产生了重要的启发意义。德国美学家贝

---

\* 基金项目：国家社会科学重点项目"听觉叙事研究"（编号：13AZW003）；国家社会科学基金重大项目"中西叙事传统比较研究"（编号：16ZDA195）。

伦特《第三只耳朵：论听世界》就将听觉视为一种相对独立的、自由的、创造性的表意元素。法国韦尔施在《重构美学》中明确提出走向听觉文化的观点。米歇尔·希翁《视听：幻觉的构建》《声音》则重点考察了声音在视听媒体中的地位及聆听模式。①

相对西方，中国更注重听觉与声音，中国人是"偏重耳朵的人"，是"听觉人"。②从甲骨卜辞、铜器铭文、"五经"到春秋史传、谏语等各类"礼文"，再到战国诸子，最初都经历了声文传播阶段。《尚书·尧典》《诗大序》《论语》《文子》《礼记》《文心雕龙》等古代文论和美学也饱含乐、音、声等丰富的听觉理论。儒家、道家更从哲学角度对声音进行研究，强调以听蕴视，提出"听之以气""听道"等范畴。"声"与"气"，适合用来理解早期中国文艺的诗性特征。然而，中国学界长久以来对此的研究重视不够。本文从"尚声"传统角度出发，并以中国古代气论美学为基石，进一步挖掘中华美学的生命精神和话语形式。

## 一、"声"与"尚声"

在非文字著录的文本诞生以前，世界文化的传承与传播不是借助阅读和书籍文化，而是通过"耳朵"来完成的。王小盾教授认为，上古中国存在听觉范式优先的文化，它要早于视觉范式优先的文化，"用耳之道"成为理解中国音乐、中国思想、中国文化传统的重要角度。③

"声"字形属耳部。繁体字写作"聲"，篆文"𤭢"，甲骨文字形"𦕒"。甲骨文字形包含了三个部分："殸"（击磬奏乐）、"𠙵"（口，说、唱）、"耳"（耳，听）；篆文省去了甲骨文字形中的"𠙵"（口）。可见，"声"包括乐音、话语以及耳朵

---

① 以上研究可参考：马歇尔·麦克卢汉著，何道宽译：《理解媒介——论人的延伸》，商务印书馆2000年版；沃尔夫冈·韦尔施著，陆扬、张岩冰译：《重构美学》，上海译文出版社2002年版；Joachim-Ernst Berendt, *The third ear—on Listening to the World*, First owl Book/American Edition-1992；耿幼壮：《倾听——后形而上学时代的感知方式》，北京大学出版社2013年版；米歇尔·希翁：《视听：幻觉的构建》，北京联合出版公司2014年版。
② 埃里克·麦克卢汉著，何道宽译：《麦克卢汉精粹》，南京大学出版社2000年版，第185页。
③ 王小盾：《上古中国人的用耳之道——兼论若干音乐学概念和哲学概念的起源》，《中国社会科学》2017年第4期。

能辨别的所有听觉信息。

传说神农造琴,教先民崇尚音乐,声音作为音乐存在的主体,传递着先民们内心的激情。舜早就命夔用乐声教育来传播思想,《尚书》记载:"帝曰:'夔!命汝典乐,教胄子,直而温,宽而栗,刚而无虐,简而无傲。诗言志,歌永言,声依永,律和声。八音克谐,无相夺伦,神人以和。'"① "声依永,律和声","声"即宫、商、角、徵、羽五声,分为清、浊、阴、阳之声。"音"为丝、竹、金、石、匏、土、革、木。"声"是听觉感知外来声音,"音"的感知更复杂,不仅仅入耳,更要表达心中之"意"。"律"乃太师所掌之六律、六吕,以此合于五声的阴阳之声,"律"为声的一部分,故被汉语诗文用来表达独特的含义。

一般而言,乐律起源于对风声(或凤鸣之声)的模仿。《国语·周语》云:"物得其常曰乐极,极之所集曰声,声应相保曰和,细大不逾曰平。如是,而铸之金,磨之石,系之丝木,越之匏竹,节之鼓而行之,以遂八风。"② 风与声相通,而气的流动使风在运动中与物摩擦撞击,产生了乐。早期中国有关"气""风""声""音""律"等概念中,都孕育了浓厚的听觉意识,其意义价值远不只体现在技巧层面。

声音在殷商时期被视作通神的媒介,商代是一个"尚声"的民族。殷商时期是"尚声"形成的关键期。关于"尚声",《礼记·郊特牲》载:"有虞氏之祭也,尚用气;血腥爓祭,用气也。殷人尚声,臭味未成,涤荡其声,乐三阕,然后出迎牲,声音之号,所以诏告于天地之间也。周人尚臭,灌用鬯臭,郁合鬯……故祭,求诸阴阳之义也。殷人先求诸阳,周人先求诸阴。"

现存于《诗经》中的《商颂》五首,都是商人祭祀祖先的乐歌。其中《那》《烈祖》着重描写"殷人尚声"的祭祀仪式及其音响舞容。《那》描写了商代盛大祭典,鼓、管、钟、磬等大量乐器齐鸣:"鞉鼓渊渊,嘒嘒管声。既和且平,依我磬声。"毛传:"嘒嘒然和也。平,正平也。依,倚也。磬,声之清者也,以象万物之成。周尚臭,殷尚声。"郑笺云:"磬,玉磬也。堂下诸县与诸管声皆和平不相夺伦,又与玉磬之声相依,亦谓和平也。玉磬尊,故异言之。"孔疏正义

---

① 李民、王健:《尚书译注》,上海古籍出版社 2004 年版,第 19 页。
② 徐元诰:《国语集解》,中华书局 2002 年版,第 111 页。

曰:"传意亦以磬为玉磬。《聘义》说玉之德云:'其声清越以长。'是玉声必清,故云'声之清者',解其别言依磬之意也。……'周尚臭,殷尚声',《郊特牲》文。言此者,以祭祀之礼有食有乐,此诗美成汤之祭先祖,不言酒食,唯论声乐,由其殷人尚声,故解之。"①

《烈祖》则描写了酒馔。辅广《诗童子问》说:"《那》与《烈祖》皆祀成汤之乐,然《那》诗则专言乐声,至《烈祖》则及于酒馔焉。商人尚声,岂始作乐之时则歌《那》,既祭而后歌《烈祖》与?"②殷人祭祀首以声乐为先,飨祭用品等要到"乐三阕"后才能登场。

"殷人尚声"传统主要在神学领域得到确立。《小雅·宾之初筵》曰:"籥舞笙鼓,乐既和奏。烝衎烈祖,以洽百礼。"郑笺云:"籥,管也。殷人先求诸阳,故祭祀先奏乐,涤荡其声也。……孔疏正义曰:……由人死有二者,故作乐扬其声音之号,使诏告天地之间,令魂气闻而以降。此求诸阳之义,阳谓魂气分散者也。又臭郁合鬯以灌,令体闻而以出,是求诸阴之义,阴谓体魄存在者也。祭者皆为此二者,但行之有先后耳。故《郊特牲》曰:'殷人尚声,臭味未成,涤荡其声,乐三阕然后出迎牲。声音之号,所以诏告于天地之间。'"③

"尚声"传统在周代得到进一步发展。周代尊崇诗乐,《周礼》中就载有很多官职,如鼓人、小胥、大师、瞽等都与声音有关。而最具代表性的就是《三百篇》,其讽诵感化全在"声音"。"尚声"不仅在神学领域得到体现,在后世的哲学、美学、诗学等领域还得到进一步扩展衍生。又《吕氏春秋》谓:"凡音者,产乎人心者也。感于心则荡乎音,音成于外而化乎内。是故闻其声而知其风,察其风而知其志,观其志而知其德。"④这里闻声而知德的逻辑结构,很明显已将"尚声"传统进一步扩展到了儒家政教领域。

## 二、"气"对"尚声"传统理论的重要意义

"气"是宇宙运动的根本属性。许慎《说文解字》对"气"的解释是:"气,

---

① 《毛诗注疏》,《十三经注疏》,上海古籍出版社2013年版,第2113—2116页。
② 方玉润:《诗经原始》,中华书局1986年版,第646页。
③ 《毛诗注疏》,《十三经注疏》,上海古籍出版社2013年版,第1265—1267页。
④ 吕不韦编:《吕氏春秋》,中州古籍出版社2010年版,第84页。

云气也。"① "气"来自自然现象，其原型可以在云、风、土等自然之物中求得，"以甲骨卜辞为资料，有表示人的气息状态的文字，天地间的风雨，和血液、呼吸这些人气，是可以联想和类想之物。天地间的气，由于呼吸活动，被人的身体吸入；原始的气，是和包括人在内的有生命的，活着的生物的生命现象有关系的"。② "气"成为宇宙万物生命的原质。追究"气"的问题，自然也就是追究天地万物本源和人类的存在。先秦思想中就将气视为身体生命的基础，如：

"有气则生，无气则死，生者以其气。"（《管子·枢言》）

"气，体之充也。"（《孟子·公孙丑上》）

"杂乎芒芴之间，变而有气，气变而有形，形变而有生。"（《庄子·至乐篇》）

"人之生，气之聚也。聚则为生，散则为死。"（《庄子·知北游》）

"多风而阳气蓄积，万物散解。"（《吕氏春秋·古乐》）……

气论由宇宙的生命样态走向生命功能，体现出宇宙生命万物一体观。《庄子》云："通天下一气耳。"（《知北游》）古人以"气"来解说宇宙，有机融合了中华民族的宇宙意识、时空意识与生命意识。它是涉及万物本源的概念。《左传》昭公二十年曰："声亦如味，一气，二体，三类，四物，五声，六律，七音，八风，九歌，以相成也。""气"亦"声"之本源。刘成纪先生认为以气为元质的世界，是以风之鼓荡形成的音乐化世界。把握了气之流动形成的韵律，也就洞悉了世界最深的隐秘。③

"气"对中华民族审美心理的形成和精神状态产生至关重要的影响。钟嵘《诗品》曰："气之动物，物之感人，故摇荡性情，形诸舞咏。"④ "气韵"生动成为中华文艺传统的重要审美标准。"气"乃诗乐的起源与构成要素，它会形成一定的韵律感。当代学者叶朗先生对"气""韵"之间关系的总结十分精

---

① 许慎：《说文解字》，中华书局2013年版，第8页。

② 小野泽精一、福永光司、山井涌编，李庆译：《气的思想——中国自然观和人的观念的发展》，上海人民出版社1990年版，第26页。

③ 刘成纪：《上古至春秋乐论中的"乐与神通"问题》，《求是学刊》2015年第2期。

④ 周振甫译注：《诗品译注》，中华书局2017年版，第15页。

辟:"'韵'是由'气'决定的,'气'是'韵'的本体和生命,没有'气'也就没有'韵','气'和'韵'相比,'气'属于更高的层次。"① "气"本为"体","韵"乃为"用",二者体用兼备。而"韵"与"声"相关。明陆时雍《诗镜总论》提出"韵生于声","韵动而气行"。"韵"在诗乐艺术中就是各种声调相互和谐的美感特征,"凡情无奇而自佳,景不丽而自妙者,韵使之也"。声、韵、情三者由外而内,递进延伸。明代李梦阳进一步挖掘通过"志"挖掘"声—气"的结构,"诗言志"乃是由于"志有通塞","至其为声也,则刚柔异而抑扬殊,何也?气使之也。"

"气"是"声"之通变前提。中华美学强调艺术审美体验活动的主客融一,重视生命体验。"气"这一关键词具有极大的包容性和渗透性。以"气"为内在逻辑的审美体系,对中华"尚声"传统理论和审美特征具有重要理论意义。

## 三、"听之以气"的审美特征及话语形态

"声"与"气"都是无形的,那又如何把握?"听"就是一个重要媒介。《庄子·人间世》云:"若一志,无听之以耳,而听之以心。无听之以心,而听之以气。听止于耳,心止于符。气也者,虚而待物者也。唯道集虚。虚者,心斋也。"② 庄子认为,"声"之状态可分通过"听之以耳""听之以心""听之以气"这三种途径去掌握。"听"与人的生命相始终。

(一)耳听是最明显的声音表征形态。原始声音通过自然、劳作之声等展现出来。《小雅·伐木》:"伐木丁丁,鸟鸣嘤嘤。"远古社会砍砸石器、敲打木棒、拍打器皿,或鸟鸣,或虎啸。崇武尚声的文化特质,更通过击壤踏足而歌展现出来,双人舞、拉手舞、环形舞、绕树舞等伴随乐器的节奏声,狂欢激昂,低吟浅唱。古人在定音高之前,有一个"以耳齐其声"的时代。东汉蔡邕《月令章句》载,上古圣人"始铸金作钟","以耳齐其声,后人不能"。"以耳齐声",在对听觉进行科学分析的基础之上,周代大司乐叩辨其声高,定准十二律。

声不仅通过"耳"来掌握,亦与"心"密切相联。《说文解字》云:"聲(声),

---

① 叶朗:《中国美学史大纲》,上海人民出版社1985年版,第220—221页。
② 陈鼓应:《庄子今注今译》,中华书局2009年版,第129页。

音也。"① "音"为何意?《说文解字》释:"音,声也。生于心,有节于外,音宫商角徵羽,声,丝、竹、金、石、匏、土、革、木,音也,从言含一。"② 许慎释"声"之本义为"音也,生于心"。《礼记·乐记》曰:"凡音之起,由人心生也。人心之动,物使之然也。感于物而动,故形于声。"声音之形态,乃源于"心",生于"心"。《礼记·乐记》又云:"乐者,心之动也。声者,乐之象也。文采节奏,声之饰也。君子动其本。"孔颖达注释:"乐者,心之动也。心动而见声,声成而为乐,乐由心动而成,故云乐者,心之动也。声者,乐之象也,乐本无体,由声而见,是声为乐之形象也。文采节奏,声之饰也者……君子动其本者,则亦心之动也。"③ 声音作为音乐存在的主体,传递的是先民们内心的激情。传说神农造琴,教先民崇尚音乐,其心必乐。故《吕氏春秋》谓:"耳之情欲声,心不乐,五音在前弗听;……心必乐,然后耳目鼻口有以欲之。故乐之务在于和心,和心在于行适。夫乐有适,心亦有适。"④ 声距离人之内心最接近,这最直接体现在内心独白中。

文字成为寻求"心声"最重要的媒介。刘勰曰:"故外听之易,弦以手定,内听之难,声与心纷:可以数求,难以辞逐。"⑤ 文字者,成为意与声之痕迹也。

盖古人通过诗歌达到性情之教。清代王夫之曾指出,"声情美"具有"穆耳协心","以声动人"的特性。⑥ "动听"之时又道"性情",圣人即"耳目启而性情贞",由此,"盖诗之为教,相求于性情,固不当容浅人以耳目荐取"(《船山全书》卷四阮籍《咏怀》之一评语)。通过耳听、心听,探寻深层作品的情趣和韵味,从而实现"听和视正""穆耳协心"的功能。

(二)耳听乃有形,依附于声音外在形态。心听,"声与心纷",实为"气"之使然。"气"是"声"之通变前提。海德格尔在《诗人何为》中引里尔克十四行诗道:"在真理中吟唱,乃另一种气息。此气息无所为。它是神灵,是风。"这种无形的气息就存在于天地之间,是"另一种道说、另一种气息"。⑦ 气已然

---

① 许慎:《说文解字》,中华书局 2013 年版,第 250 页。
② 同上书,第 52 页。
③ 《礼记注疏》,《十三经注疏》,上海古籍出版社 2008 年版,第 1507、1513 页。
④ 吕不韦:《吕氏春秋》,中州古籍出版社 2010 年版,第 71 页。
⑤ 周振甫:《文心雕龙今译》,中华书局 1986 年版,第 301 页。
⑥ 王夫之:《船山全书》第十四册,岳麓书社 1996 年版
⑦ 海德格尔著,孙周兴译:《海德格尔选集》,上海三联书店 1996 年版,第 458 页。

成为自然天地之间感人化心的一股潜在的神通力量。

物感源自"气"之运动。气听是无形相感的,以我之气与外物之气相感应,能去知而任自然。"听之以气"使人在自然、身体的胸襟里体味到宇宙的深境,显示"天人合一"的深沉境界,蕴含人与万物的和谐关系。"听之以气"所具有的生命情调不仅体现在宇宙自然中,其话语形态在中国汉语文化及诗乐艺术中得到诗性的遗存。

1. 气形于言:乐语、长言

典型的听觉艺术主要包括音乐、语言、歌、诗等多种艺术形态。其中,对文学形态而言,最核心是语言。中国听觉传统首先广泛体现在汉语文化中。中国汉语是一种富于联想的听觉符号系统,往往能闻其声而知其义、见其形。麦克卢汉注意到,中国表意汉字保留着丰富的、包容宽泛的知觉,刘勰《文心雕龙》中很多篇目就将"气"视为构建文字、语言和辞采的前提,如"气扬采飞""辞盈乎气""气往古,辞来切今""气无奇类,文乏异采""气伟而采奇""气形于言""气盛而辞断"等(见《章表》《杂文》《辨骚》《丽辞》《诸子》《才略》《檄移》等篇)。汉语文化中的感叹词、节奏、声调、韵律等从本质上来说,都是对"气"的呼应。朱谦之先生曾引入"乐语"这一概念论述中国语言的声音之美。中国言语文字有音乐的特质,"即因中国言语文字,原来是有音乐的特质,表现出来也是一种波状的形式;所以歌调之美,不但是中国语的外形,也是他的生命,所以叫做'乐语'"。[①] 中国语言天然具有听觉审美属性。《尚书·尧典》云:"诗言志,歌永言,声依永,律和声。"又《乐记》记载:"故歌之为言也,长言之也。""永言"乃"长言",朱光潜认为"长言"乃因"言之不足",故长言能在低徊往复中把诗的意味、气势和神韵咀嚼表达出来。"长言"是一种富有音乐腔调的语言,感叹词、节奏、声调、韵律等虚词亦可统称为"长言"。中华传统艺术中的"乐语""长言"就是"韵"的集中显性话语。它不仅具有独立的审美价值,同时排遣缓和了内心意气情志,气韵生动。

诗歌作为人类早期听觉艺术,是最美、最精粹的母语,它集合了艺术的诗性精神。早期诗歌中感叹虚字"猗""兮"这类表音感的词很多,诗的原始形式从歌、谣当中发展而来,"歌"之本是乐,诗之本在声。《吕氏春秋》记载:"女

---

① 朱谦之:《中国音乐文学史》,北京大学出版社1989年版,第192页。

乃作歌，歌曰：'候人兮猗。'实始作为南音。"其中"兮""猗"两个叹词都是"啊"的不同表达，通过语音韵调使得感叹变成了咏叹，从而传递主体情感的回环往复。这种"啊""哦"之类的声音，是界乎音乐与语言之间的，一声"啊"便是歌的起源。① 虽然这种声音还不能算乐舞的起源，但诗歌大体源于内在心声和情感的意动。

感叹词的运用是内心情感意动性的最明显指示。《诗经》中雅、颂诗就有很多语气词、感叹词，如《清庙》《赉》等诗的"於""斯"，《臣工》中的"嗟嗟"，《噫嘻》中的"噫嘻"，《闵予小子》《访落》中的"於乎"。此外，在风诗中也有体现，《周南·麟之趾》《召南·驺虞》的"於嗟"等。这些都反映出早期诗歌多保留咏叹特点。近代学者张亮采指出："音者，歌之所从出也。歌者，所以补言之不足也。太古之民，言语渐次发达，遂不知不觉而衍为声歌，以发抒其心意。"② 风、雅、颂诗中的感叹符号通过语气的抑扬抗坠，既还原对事物引发的感觉，同时还巧妙地抒发了内心情绪。

2. 阴阳节律，气化谐和

宇宙之气在中国艺术中呈现特别之处。"气有阴阳"。宇宙中"阴""阳"二者有节奏地相互映照，化生万物。宗白华先生认为，阴阳二气形成了宇宙的节奏和生命律动。

气之节奏韵律在人类早期活动中就具有重要作用。G. 彭斯库珀曾说，人类一生下来在心跳、吃奶、呼吸等生理层面表现出节奏感，还有学习走路、说话，甚至音乐的节奏潜能。人类生活的每一个时刻都离不开内在节奏的均匀分布。"气"有节奏性，它还蕴藏在汉语声律、节奏等听觉艺术中。汉语在听觉上的美主要体现为双声、叠韵、声调等方面所构成的语音系列。它运用独特的声律表达含义，其中音高、声调、旋律、节奏等都会发挥重要作用。刘大櫆曾明确将难以捉摸的"文气"具体化为文章的音节、字句。他在《论文偶记》中就阐释了"神"与"气"的关系："神者，气之主。""神气"通过文章音节、字句表现出来。"神气者，文之最精处也；音节者，文之稍粗处也；……盖音节者，神气之迹也；……积字成句，积句成篇，合而读之，音节见矣；歌而咏之，神气

---

① 闻一多：《神话与诗》，华东师范大学出版社1997年版，第197页。
② 张亮采：《中国风俗史》，商务印书馆1917年版，第7页。

出矣。"①

中国传统诗歌在这音节、字句的组合中,融汇辞汇、句式、结构和诗境于一体,从而达到形神兼备,神气活现。在诗歌中,诗篇、诗行和诗节包含了多个结构层次的节奏。节奏是声音艺术中的重要因素,没有节奏组合,诗歌只是呆板的堆积。长短有节,则成节奏。黑格尔《美学》中说:"只有节奏才能使时间尺度和拍子具有真正的生气。""音节和韵是诗的原始的唯一的愉悦感官的芬芳气息。"②诗中声音的抑扬顿挫,表现出了诗的节奏感。节奏随着感情的变化而变化,轻松喜悦的感情表现为明快的节奏,慷慨激昂的感情表现为急促有力的节奏,悲哀伤怀的感情又表现为舒缓低沉的节奏。诗歌音乐长短错落,节奏明快,将使感情酝酿和释放具有更大空间和更多可能,这是由于听者所费的心力和所用的心的活动随之变化,"听者心中自发生一种有节奏和音乐的节奏相平行"③。

《诗经·陈风·月出》曰:"月出皎兮。佼人僚兮。舒窈纠兮。劳心悄兮。月出皓兮。佼人懰兮。舒忧受兮。劳心慅兮。月出照兮。佼人燎兮。舒夭绍兮。劳心惨兮。"整首诗歌的意韵浓缩于诗歌语言的音律节奏之间。宋朝朱熹就认为,文学作品的外壳由音韵、文字、名物、文体等组成,"里面的骨髓"是其暗示的情趣和韵味。清人沈德潜《说诗晬语》更加明确地提出:"诗以'声'为'用'者也,其微妙在抑扬抗坠之间。读者静气按节,密咏恬吟,觉前人声中难写、响外别传之妙,一齐俱出。"④节律的抑扬顿挫,实际都由"气"暗中发挥着作用。盖古人利用"气"之贯通的功能性,使人体感官内通,最终达到身体的审美、伦理教化。

当然,从更深层次来说,诗歌音节的长短、轻重音交错而起的内在节奏,乃是与人的整个身体、精神气质共同产生的协调韵律活动。歌声与人体在劳动时的气息相对称。《诗经·周南·芣苢》:"采采芣苢,薄言采之。采采芣苢,薄言有之。采采芣苢,薄言掇之。采采芣苢,薄言捋之。采采芣苢,薄言袺之。采采芣苢,薄言襭之。"方玉润《诗经原始》注言:"夫佳诗不必尽皆征实,自明

---

① 刘大櫆:《论文偶记》,人民文学出版社1959年版,第6页。
② 黑格尔:《美学》(第三卷下),商务印书馆1984年版,第21、68页。
③ 朱光潜:《朱光潜美学文集》,上海文艺出版社1982年版,第46页。
④ 沈德潜:《说诗晬语》,人民文学出版社1979年版,第187页。

天籁。一片好音,尤足令人低回无限。若实而按之,兴会索然矣。读者试平心静气涵咏此诗,恍听田家妇女,三三五五,于平原旷野,风和日丽中,群歌互答,余音袅袅,若远若近,忽断忽续,不知情之何以移,而神之何以旷。"①平心静气,群歌环绕的身体语言,造就了词和重言的运用,回环往复,使得读者恍听到那遥远乡间天籁之音。倾听《诗经》中那遥远的自然界与人类歌声,直面人们鲜活的精神状态。故音节结构通过一阴一阳的对立、转化,形成万物生生不已的流动和节奏,这种节奏显示出了中国"气化谐和"的要义。②

## 四、结　语

声音作为听觉符号的表征,成为中国早期历史、伦理、政治、美学和文化实践活动的产物,它对早期文艺的生成和发展产生一定影响。"殷人尚声"(《礼记·郊特牲》),声音在殷商时期被视作通神的媒介。"尚声"传统不仅在神学领域得到体现,在后世的哲学、美学、诗学等领域还得到进一步扩展衍生。

庄子认为,"声"之形态可通过"耳听""心听""气听"三种途径得以把握。宗白华在《中国艺术三境界》一文中总结艺术有三种境界:"写实—传神—妙悟。"③这三境由浅入深,其理论亦深受"耳—心—气"三分法影响。它充分展现了中华美学的艺术体验及审美精神。声音的根本之"道"来自人类自身乃至外在宇宙的生命秩序,这种超越精神与"气"有极大的关系。"气"是"声"之通变前提。"听之以气"一方面可通过整个身心的和谐,将传统汉语文化和诗性艺术得以生命呈现和艺术传承;另一方面,还消除主客万象之间的界限,使得万物流注于身体气息和心灵生命中,共同感受生命的节奏律动,从而使人类精神与宇宙万象交融贯通,达到"万物为一""与天为一"的超越性境界。

概而言之,"听之以气"这一中枢整体性概念,将无形的"声"与"气"融为一体,形成一种流动的、生成的、体验的状态,显示出对宇宙万物、万象的

---

① 方玉润:《诗经原始》,中华书局1986年版,第85页。
② 于民:《气化谐和——中国古典审美意识的独特发展》,东北师范大学出版社1990年版。
③ 宗白华:《宗白华全集》第二卷,安徽教育出版社1994年版,第387页。

深层生命内涵的整体体悟,它体现了中华传统艺术的融合贯通性,具有完整的生命气息。从"听之以气"这一中枢整体性概念入手,可以深刻地把握中华美学生命精神。日后,学界可进一步从声音理论出发,挖掘中国古代"尚声"传统,使之成为文艺美学的重要理论基础,并推动中华美学精神在艺术实践中的传承。

# 名士文化的三大思想来源

林朝霞[*]

（厦门理工学院文化产业与旅游学院　361024）

**摘　要**：名士文化是求自由和超越的文化，在中华文化建构中占有一席之地。名士文化大致可分为三种类型，一是高蹈出世，二是与世抗争，三是中正平和，其思想资源分别来自庄子、屈原和柳下惠。其中，庄子开创了自然主义的艺术生存方式，屈原开创了遵从道德律令的对抗性生存方式，而柳下惠则开创了既顺从天命，又坚守本心的生存方式。

**关键词**：名士文化　存在论　道德律令

名士文化是以名士精神为旨归的文化，虽为华夏文化的支脉，但却催生了惊才绝艳的中华艺术。名士文化常被诠释为"非汤武而薄周礼""越名教而任自然"，狭隘地局限于反传统、反礼教的意义框架内。其实，名士不为反传统而反传统，只有当传统价值束缚了自由人性，或者被政治绑架了，才成为名士攻击的靶子。那么，何谓名士精神？魏晋乃名士精神彰显的时代。鲁迅称，魏晋为"人的自觉"和"文的自觉"的时代。钱穆先生认为，"魏晋南朝三百年学术思想，亦可以一言以蔽之，曰'个人自我之觉醒'是已"。[②]冯友兰也认为："真名士真风流底人，必有玄心。……真风流底人有其所以为达。其所以为达就是其有玄心。玄心可以说是超越感，晋人常说超越……超越是超过自我；超过自我，则可以无我；真风流底人必须无我，无我则个人的祸福成败，以及死生，都不足以介其意。"[③]因此，

---

[*] 作者简介：林朝霞（1977—　），莆田人，文学博士，厦门理工学院文化产业与旅游学院教授。
① 钱穆：《国学概论》，商务印书馆 2008 年版，第 167 页。
② 冯友兰：《论风流》，《哲学评论》第九卷第三期（1944 年），又见《三松堂学术论集》，北京大学出版社 1984 年版，第 609—617 页。

名士精神的本质是超越社会文化传统和主流意识形态的自由意志和独立精神。

名士文化是超越现实的文化,也是具有批判精神的文化,大致可分为高蹈离世型、顽强抗争型和中正平和型,其思想资源分别来自庄子、屈原和柳下惠。

# 一、庄 子

庄子生于战国中期,继承和发扬了老子"道法自然"思想,与老子并称。千百年来,庄子是无数名士膜拜、景仰的精神偶像和行动楷模,对后世名士言行举止、行为方式、艺术创作和思想发展影响至深。徐复观将庄子思想视为中国纯艺术的精神来源。他认为,"中国文化中的艺术精神,穷究到底,只有孔子和庄子所显出的两个典型",其中以孔子为代表的儒家追求的是"为人生而艺术",而以庄子为代表的道家则追求"为艺术而艺术","由庄子所显出的典型,彻底是纯艺术精神的性格"。①

**(一)庄子思想**

庄子秉承老子顺应自然、少私寡欲、虚静无为、绝圣去智的思想。《史记·老子韩非列传》称"老子修道德,其学以自隐无名为务","无为自化,清静自正",其学与儒学背道而驰,谓"道不同不相为谋";庄子"其学无所不窥,然其要本归于老子之言","其言洸洋自恣以适己"。庄子促进了道家哲学建构和艺术实践的结合。他的思想精髓应在与老子思想的对比中得以彰显。

1. 艺术存在论

老庄的差异是本体论和存在论的差异。老子是中国历史上追问本体的第一人,致力于寻求万事万物的内在逻辑,以"道"为亘古至今、无所不在的最高存在,从中推演出有无相生、阴阳相克和盛衰相继的宇宙规律。《老子》一书字字珠玑,充满思辨的智慧。莱布尼兹称,"老子为世界辩证法的鼻祖"。

庄子继承并发扬了老子思想,将"道法自然""见素抱朴""虚致静笃"的思想发挥到极致,认为人应该摒弃社会属性,彻底融入自然,将有限的生命放入无穷的时空中去体验和感知,追求顺应自然和绝对自由的精神存在感,即"天地与我并生,万物与我为一"的齐物观念和无所依傍的逍遥存在。庄子注重本

---

① 徐复观:《中国艺术精神》,春风文艺出版社1987年版,第5、21页。

真生命体验,与西方后世的存在论哲学有相似之处。但是,庄子齐物我,等生死,安时处顺,不以生为乐,亦不以死为悲,始终沉浸于淡然处之的生命快感中,其意识深处是没有死亡恐惧的,"夫大块载我以形,劳我以生,佚我以老,息我以死,故善吾生者,乃所以善吾死也"(《庄子·大宗师》)。而存在主义则将死亡视为人类的悲剧宿命,将其作为人类生存之思的起点,认为人应"向死而生",直面虚无、荒诞、忧虑、恐惧、苦闷等的真实境遇,做出自由选择,自我来决定自己的本质,不同于庄子坦然面对死亡的态度。《庄子》汪洋恣肆、想象奇谲、文辞华美,而《老子》则言简意赅、旨趣遥深,这与庄子偏艺术,而老子偏哲思也不无关系。

2. 无用论

老庄的差异还在于"假无为"与"真无为"的差异。老庄均讲无有之辩,但目的不同。老子的立足点在"有","有为"为目的,"无为"是手段,"无为而无不为",如"万物作焉而不辞,生而不有,为而不恃、功成而不居。夫唯弗居,是以不去"(《老子》第一章),"是以圣人后其身而身先,外其身而身存,非以其无私邪,故能成其私"(《老子》第五章),"以其不争,故天下莫能与之争"(《老子》第六十六章),"天之道,不争而善胜"(《老子》第七十七章)。老子以"上善若水"说明弱能胜强的道理,以"治大国如烹小鲜"说明无为而治的道理,故而法家学习《老子》的治世哲学,将黄老之学加以发挥,衍化出了刑名法术之学。

庄子的立足点则在"无",将"无用"视为"大用",反对一切功利目的,彻底打碎了名缰利绳、繁文缛节的束缚;打破了生死界限,生则颐养天年,死则鼓盆而歌,反对悦生恶死;绝圣去智,解放社会理性对感官心灵的压抑,追求"无名""无功""无己"的境界,让灵魂羽化飞升,从中获得当下即是永恒的自由体验。庄子无目的性生存观将道家虚静无为的思想推向了一个高峰。

因此,从两汉到魏,再到两晋,庄子的地位和影响逐步上升,成为显学,甚至居于老子之上。《晋书·庾峻传》中载,"时重庄老而轻经史"。[①]《世说新语·文学》载,诸葛宏"后看《庄》《老》,更与王(王衍)语,便足相抗衡"。[②]

---

[①] 房玄龄等:《晋书·庾峻传》卷五十,中华书局1974年版,第1392页。
[②] 刘义庆:《世说新语·文学》,中华书局1998年版,第173页。

马鹏翔认为"比如同样是说道家,两汉之世多用'黄老'一词,到了魏晋之际'黄老'一词就很少有人再用了,而代之以'老庄'一词。……'老庄'并称实始于两汉,在东汉中后期已多有应用……而在魏晋时期指称道家的,除了我们熟知的'老庄'一词外,尚有另一个通行的词'老庄'。尤其是在西晋之后'庄老'一词的出现实际上意味着魏晋玄学思潮从以'老学'为中心向以'庄学'为中心的转移,是思史上的大变化。"①

**(二)庄子的影响**

庄子重体验、重艺术的生命存在观为名士文化的诞生准备了思想基础。嵇康、阮籍、向秀、李白、苏轼……无数名士从庄子及其著作中获得无穷的思想瑞光和艺术灵感。

1. 淡泊名利

庄子视名利为束缚与枷锁,认为"至人无己,神人无功,圣人无名"(《逍遥游》),而像关龙逢、比干之类的忠臣,像尧、禹这样的明君都是好名之徒。庄子曰:"且昔者桀杀关龙逢,纣杀王子比干,是皆修其身以下伛拊人之民,以下拂其上者也,故其君因其修以挤之。是好名者也。昔者尧攻丛枝、胥、敖,禹攻有扈。国为虚厉,身为刑戮。其用兵不止,其求实无已,是皆求名实者也。"②庄子甚至借盗跖凛然正义之口骂尧、舜、汤武为乱人之徒,而孔子则为欺世盗名之人,"黄帝不能致德,与蚩尤战于涿鹿之野,流血百里。尧、舜作,立群臣,汤放其主,武王杀纣。自是之后,以强凌弱,以众暴寡。汤、武以来,皆乱人之徒也。今子修文武之道,掌天下之辩,以教后世,缝衣浅带,矫言伪行,以迷惑天下之主。而欲求富贵焉,盗莫大于子,天下何故不谓子为盗丘,而乃谓我为盗跖"。③《胠箧》则指斥儒家圣人为天下罪魁,留下了"窃钩诛,窃国者诸侯""圣人不死,大盗不止"的千古名言。

名士大多从庄子身上汲取了淡泊名利的超脱感,即便不得已身在仕途,也不以仕进、求财为务。嵇康在《与山巨源绝交书》中坦言,"又读《庄》《老》,重增其放,故使荣进之心日颓,任实之情转笃",在《幽愤诗》中又说:"托好庄

---

① 马鹏翔:《"庄老"与"老庄"考辨》,《中国人民大学复印报刊资料·中国哲学》2008年第4期。
② 王先谦:《庄子集解》卷一"人间世第四",《诸子集成》第3部,上海书店出版社1986年版,第22页。
③ 王先谦:《庄子集解》卷八"盗跖第二十九",第197页。

老,贱物贵身,志在守朴,养素全真",直述老庄思想对他的影响。① 阮籍"通易、达庄","履朝右而谈方外,羁仕宦而慕真仙"②,"行己寡欲,以庄周为模则"③,"著《达庄论》,叙无为之贵"④,可惜文佚。

2. 驳斥仁义

庄子对儒家仁义观也做了批驳,认为儒之圣人,实为道之小人。《庄子·大宗师第六》借子贡见孔子、意而子见许由、颜回见孔子等情节来阐述儒道之别,批驳仁义观的局限性,在天地大道面前不值一提。子贡见孔子,问孔子临尸而歌是礼否,而孔子自愧为"方内之人""人之戮民"。意而子见许由,许由指出"夫尧既已黥汝以仁义,而劓汝以是非矣。汝将何以游夫遥荡恣睢转徙之涂乎"⑤,认为仁义是非之观束缚了身心自由,阻碍了真正的逍遥。颜回三次见孔子,分别诉以"回忘仁义""回忘礼乐""回坐忘矣"之悟道过程,让孔子生出了改弦易辙之心。

后代名士继承和发扬了庄子的批判反思精神,以本心、天性来论仁义,固然不像庄子那样批驳一切仁义之行,但对披着仁义外衣的假仁假义给予痛斥。嵇康"非汤武而薄周孔,越名教而任自然",并非彻底地抛弃儒家经典教义,而是借古讽今,公然向晋统治者的伪善之举发难。《嵇中散集》"集中大文,诸论为高讽,养生而达庄老之旨,辨管蔡而知周公之心,其时役役司马门下者,非惟不能作,亦不能读也"。⑥ 其中,《管蔡论》《与山巨源绝交书》《难自然好学论》等立论鲜明,言辞激烈,借历史和私人关系来讽喻当朝政治,表达了与司马氏决裂的心意,为嵇康之死埋下伏笔。《管蔡论》称管、蔡二人忠于王室却遭屠戮,为管、蔡辩诬翻案。《与山巨源绝交书》则称山涛"手荐鸾刀""已嗜臭腐,养鸳雏以死鼠也",提出自己为官有"必不堪者七"和"甚不可者二",指桑骂槐,酣畅淋漓,表达不愿与假仁假义之司马氏为伍的决心。

古往今来,敢于驳斥仁义、忠孝、中庸、礼乐等儒家观念之名士大有人在,如孔融、祢衡、阮籍、嵇康、刘伶、关汉卿、李白、柳永、李贽、张岱等,都是庄

---

① 房玄龄等:《晋书·嵇康传》卷四十九,第1371—1372页。
② 张溥:《汉魏六朝百三家集题辞注》,中华书局2007年版,第116页。
③ 陈寿:《三国志》卷二十一《魏志·王卫刘傅传第二十一》,中华书局1982年版,第604页。
④ 房玄龄等:《晋书·阮籍传》卷四十九,第1361页。
⑤ 王先谦:《庄子集解》卷二"大宗师第六",第46页。
⑥ 张溥:《汉魏六朝百三家集题辞注》,第120页。

子的精神后裔。

### 3. 顺应自然

庄子延续了老子"道法自然"的思想,认为道先天地而生,"自本自根",乃为万物本源,个体养生的方法是顺应自然之道,善生善死、善始善终,摒除凡人之七情六欲,"且夫得者时也,失者顺也,安时而处顺,哀乐不能入也"(《庄子·大宗师》),而治理天下的方法是无为而治(《应帝王》),回到刀耕火种、结绳记事、乐居山林、与兽共舞的时代(《马蹄》),反对社会化。

庄子的自然观深刻影响了中国历代名士,他们把自然作为安放身体的居所、抚慰心灵的良药和艺术审美的对象。

魏晋时期,庄子的自然观得到空前的肯定,名士将庄子视为精神导师和学习典范,带动了自然主义生存论、艺术论的发展。

> 孙齐由、齐庄二人,小时诣庾公。公问齐由何字,答曰:"欲何齐邪?"曰:"齐许由。"齐庄何字,答曰:"字齐庄。"公曰:"欲何齐?"曰:"齐庄周。"①

《孙放别传》载有此事,齐庄见庾亮时年仅八岁,尚能引庄周以自诉其志,足见庄周在魏晋时期的社会影响力很大,连孩童也生出钦羡之心。

> 简文入华林园,顾谓左右曰:"会心处不必在远,翳然林水,便自有濠、濮间想也,觉鸟兽禽鱼自来亲人。"②

简文帝游华林园,喜得山林之趣,触景生情,怡然有庄子游于濠梁之上、垂钓于濮水之间的感觉。简文帝虽贵为帝王,但也有远离俗世、回归自然的理想,可见庄周思想之深入人心。

魏晋名士是自然主义风潮的领军人,不仅优游山间、寄情林壑,如孙绰"托怀玄胜,远咏《老》《庄》,萧条高寄,不与时务经怀"(《世说新语·品藻》),嵇康"游山泽,观鱼鸟,心甚乐之"(《与山巨源绝交书》),而且将自然纳入审

---

① 刘义庆:《世说新语·言语第二》,第92页。
② 同上书,第101—102页。

美范畴内,推动了山水田园诗、山水画和园林艺术的勃兴。《世说新语·言语》中留下许多赞许自然环境的微型游记,表达内心对山川之美的感悟,如"王司州至吴兴印渚中看,叹曰:'非唯使人情开涤,亦觉日月清朗。'""(袁彦伯)将别,既自凄惘,叹曰:'江山辽落,居然有万里之势!'""顾长康从会稽还,人问山川之美,顾云:'千岩竞秀,万壑争流,草木蒙茏其上,若云兴霞蔚。'""王子敬云:'从山阴道上行,山川自相映发,使人应接不暇。若秋冬之际,尤难为怀。'"①

魏晋以后,自然山水在中国艺术中的地位从未减弱过,以绘画为例,世人最为推崇山水画,显然区别于西方对人物画的尊崇。文震亨《长物志》中提到:"画,山水第一;竹、树、兰、石次之;人物、鸟兽、楼殿、屋木小者次之,大者又次之。"②

4. 诗性生存

庄子推崇无功利的诗性生存,抛却名利、地位、等级、物种等人为划定的界限,离形去智,进入天地人神浑融一体的自由境界,将艺术作为进入和把握世界的方式。他始终用艺术眼光来看待自然和体验生命,不以逻辑思考而以本质直观的方式把握和阐述宇宙真谛,"无思无虑始知道"(《知北游》)。《庄子》中鲲鹏展翅、庄周梦蝶、鼓盆而歌、濠梁之上、相濡以沫等故事比比皆是,穿越于物与我、梦境与现实、生界与死域之间,充满了浪漫的情感和瑰奇的想象。庄子通过通感和移情的方式达到物我两忘的境界。

后世名士不断践行庄子的诗性生存观。嵇康"手挥五弦,目送归鸿"、陶渊明"采菊东篱下,悠然见南山"、阮步兵"啸闻数百步"、王羲之"流觞曲水"、谢灵运"寻山陟岭"、李白"俱怀逸兴壮思飞,欲上青天揽明月",他们将现实生存艺术化,融个体于自然,纳刹那于永恒。罗宗强认为,"嵇康的意义,就在于他把庄子的理想的人生境界人间化了,把它从纯哲学的境界,变为一种实有的境界,把它从道的境界,变成诗的境界","嵇康是第一个把庄子诗化了"。③

5. 崇尚逸品

庄子受"道法自然"思想的影响,崇尚自然美甚于人格美、壮美甚于优美、

---

① 刘义庆:《世说新语·言语第二》,第117、118、122、124页。
② 文震亨:《长物志》,江苏凤凰文艺出版社2015年版,第172页。
③ 罗宗强:《玄学与魏晋士人心态》,天津教育出版社2005年版,第85、90页。

"为艺术而艺术"甚于"为人生而艺术",并在《庄子》一书中践行这种艺术观、美学观。《庄子》一书与其他诸子散文不同的是,它不以思辨、说理取胜,而以意境、诗才取胜,刘熙载《艺概·文概》中称《庄子》"意出尘外,怪生笔端"。该书描写了许多"大美而不言"的宏阔意境,"汝梦为鸟而历乎天,梦为鱼而没于渊"(《大宗师》),"任公子为大钩巨缁,五十犗以为饵,蹲乎会稽,投竿东海,旦旦而钓,期年不得鱼"(《外物》),"水击三千里,抟扶摇而上者九万里"(《逍遥游》)。同时,他也以譬喻的方式来阐述"为艺术而艺术""艺术无用"的观点,如《逍遥游》中樗树无用乃为至用、《应帝王》中混沌开七窍而死的故事。

庄子艺术观对后代名士的艺术审美产生深远影响。名士大多以"逸"作为艺术的最高境界。所谓"逸",蕴含飘逸、洒脱、风流、自然之义,即"清水出芙蓉,自然去雕饰""不著一字,尽得风流",用于形容师法自然的杰作。谢赫《古画品录》提到作画六法,认为"气韵生动"最为重要,了无人力斧凿痕迹。张彦远《历代名画记》提到,"夫失于自然而后神,失于神而后妙,失于妙而后精。精之为病也,而成谨细。自然者为上品之上,神者为上品之中,妙者为上品之下,精者为中品之上,谨而细者为中品之中"。①朱景玄《唐朝名画录》将绘画品第分为"逸、神、妙、能"四品,以能为下,以逸为上。

## 二、屈 原

屈原,名平,楚国宗室后裔,因先祖"楚武王子瑕食采于屈,因以为氏"②,"博闻强志,明于治乱,娴于辞令"③,少年得志,官至左徒,主张连齐抗秦;中年忠而见疏,贬为三闾大夫;晚年被逐,流放湘沅之间,著《离骚》《九章》;楚郢都为秦所破后,自沉汨罗江,以身殉楚。

**(一)屈子精神**

屈原是积极入世、正道直行的化身,体现了真、善、美、清、廉、义、忠、信的价值取向,也体现了不屈不挠、为正义献身的悲剧人格。《史记·屈原贾生列传》中写道:"屈平正道直行,竭忠尽智,以事其君,谗人间之,可谓穷矣。

---

① 张彦远:《历代名画记》,京华出版社 2000 年版,第 22 页。
② 王泗原:《楚辞校释》,人民教育出版社 1990 年版,第 6 页。
③ 司马迁:《史记·屈原贾生列传》,岳麓书社 2004 年版,第 691 页。

信而见疑,忠而被谤"①,但仍忠心不贰,至死不渝。

首先,屈原是有精神洁癖的人,他爱憎分明,意识深处充满了对正邪、善恶的二元对立思想。屈原作品充满善对恶、忠对奸的内在张力,一方面,开启香草美人的书写传统。《离骚》《九章》中常以外在的香草美人来隐喻内在的美操善行,"扈江离与辟芷兮,纫秋兰以为佩""惟草木之零落兮,恐美人之迟暮""朝饮木兰之坠露兮,夕餐秋菊之落英""制芰荷以为衣兮,集芙蓉以为裳"②之类的描写不乏其例。另一方面,以杂草、丑女、恶禽来比喻奸佞小人,如"众女嫉余之娥眉兮""户服艾以盈要兮,谓幽兰其不可佩""恐鹈鴂之先鸣兮,使夫百草为之不芳"之句。③故而,王逸《楚辞章句》序中有言:"《离骚》之文,依《诗》取兴,引类譬喻。故善鸟香草,以配忠贞;恶禽臭物,以比谗佞;灵修美人,以媲于君;宓妃佚女,以譬贤臣;虬龙鸾凤,以托君子;飘风云霓,以为小人。"④

其次,屈原是有顽强执念的人,任性孤行,怨怼不容,极不符合儒家的"中庸之道"。从左徒到三闾大夫再到放逐,屈原个人境遇每况愈下,但毫无妥协之心、退让之意,也不懂迂回之术,守弱以待天时,甚至以死亡作为正义的崇高献祭。《离骚》一文表达了他维护正义、九死未悔的决心,"虽不周于今之人兮,愿依彭咸之所居""亦余心之所善兮,虽九死其犹未悔""宁溘死以流亡兮,余不忍为此态也"⑤等显现了屈原义无反顾、坚忍执着的人格特点。

再次,屈原是有超越意识的人,他对至善至美的信仰使之脱离了物质欲望、普遍认识和生存本能的局限,进入了以自我道德意志来主宰生命的自由境界,在生存与死亡的扬弃中完成了人格的升华,李泽厚说:"死亡构成屈原作品和思想最为惊才绝艳的头号主题。"

屈原的超越不同于庄子的超越。屈原认为人道即天道,正义的法则才是宇宙的真谛,"天网恢恢,疏而不漏",因此执善举、行正道,超越世俗观念和生死局限,"举世皆浊我独清,众人皆醉我独醒"⑥,甚至为之舍弃生命。屈原为

---

① 司马迁:《史记·屈原贾生列传》,第 691 页。
② 王泗原:《楚辞校释》,第 15、16、23 页。
③ 同上书,第 27、55、61 页。
④ 洪兴祖撰,白化文等点校:《楚辞补注》,中华书局 1983 年版,第 2—3 页。
⑤ 王泗原:《楚辞校释》,第 25、26、28 页。
⑥ 同上书,第 295 页。

了"合目的的善""求胜意志"而舍弃了"求生意志",体现了人决胜于其他动物的自由精神。庄子则认为,天道即人道,天道无常、圣人无情,一切希冀改变天道的举动都如同螳臂当车般徒劳和可笑,因此应回归和顺应自然,以身为天下,颐养天年。庄子为了更高的自然法则而舍弃社会法则,体现了对人类族群秩序和意识的超越。

最后,屈原是有浪漫想象的人,他思接千载,视通万里,思绪如天马行空般奔腾于天地之间,周旋于人神之间,盘桓于现实与传说之间,转化为瑰奇无比的意象、惊才绝艳的辞采、哀婉动听的曲调。屈原的诗性与原始思维不无关系,打破了儒家"中正平和""温柔敦厚"的诗教传统,开创了以抒情为主的骚体。

**(二)屈原的影响**

1. 道德律令

屈原将道德律令置于生命之上。"善是对道德律令的服从,恶则是有意选择了违反道德律令的行为原则"[1],他对善、正义的信仰至死不渝,甚至可以为之让渡生命。他之生,修明法度、举贤授能、指斥佞臣,为的是实现救世理想;他之贬,坎壈咏怀、高标自举,为的是力挽狂澜;他之死,义无反顾、光彩璀璨、傲视古今,为的是彰显正道。屈原身上,"呈现出一个独立于动物性、甚至独立于全部感性世界以外的一种生命来"[2]。王国维评论屈子精神,"苟无文学之天才,其人格亦自足千古"[3]。

屈原对后代名士有人格垂范意义,尤其是他坚持正道、慷慨悲壮、恃才傲物的内在精神。汉代人更推崇屈原的忠信品质,对其生不逢时、怀才不遇深表同情,如严忌的《哀时命》、贾谊的《吊屈原赋》,"由士不遇的命运感伤而转变为忠君眷国的道德表彰"[4],但对屈原露才显己、怨怼君王的偏激言行颇有微词,如班固在《离骚序》中称屈原为"狂狷景行之士"。魏晋人则更看重屈原怨怼不容的反叛意识、任情率性的鲜明个性以及挥之不去的时代悲情,对其"宁为玉碎,不为瓦全"的高傲禀性和激烈行为十分感佩,《离骚》成为当时名士的必备

---

[1] 李泽厚:《批判哲学的批判》,安徽文艺出版社1996年版,第322页。
[2] 康德著,韩水法译:《实践理性批判》,商务印书馆1999年版,第37页。
[3] 王国维:《王国维文集》,吴无忌编《文言小说》,北京燕山出版社1997年版,第232页。
[4] 张忠智、蒋方:《两汉士人阅读屈原的价值取向探释》,《湖北大学学报》2001年第2期。

书目,尚永亮说:"对名士风流的歆羡,尤难使他们对屈赋获得深层的理解。"①

2. 纯真诗性

屈原以情为文,直抒胸臆,打破温柔敦厚、"发乎情,止于礼"的诗教传统,"感自己之所感,言自己之所言",或哀伤,或低徊,或悲戚,生命鲜活地呈现在辞作中,至真至诚,不像道学家们以理作诗,抽干生命的乳汁,只剩枯枝干叶,味如嚼蜡。王逸认为:"屈原之词,诚博远矣。自终没以来,名儒博达之士,著造词赋,莫不拟则其仪表,祖式其模范,取其要妙,窃其华藻。"② 沈约在《宋书·谢灵运传论》中把屈原、宋玉作为"诗缘情"之发端者。屈原的诗情、想象和才华深刻影响了名士,所谓"衣被词人,非一代也"。③

屈原为后代名士提供了新的书写模式和情感出口。首先,直接模仿或回应屈原诗作的作品不乏其数,如宋玉《九辩》,扬雄《反离骚》,东方朔《七谏》,刘向《九叹》,王逸《九思》,王褒《九怀》《九愍》,曹植《九咏》《九愁》,傅玄《拟天问》《拟招魂》,柳宗元《天对》,王夫之《九昭》。陆云在《九愍》序中述:"昔屈原放逐而《离骚》之辞兴,自今及古,文雅之士莫不以其情而玩其辞,而表意焉。"王夫之在《九昭》序中写道:"有明王夫之,生于屈子之乡,而遘闵戢志,有过于屈者。……聊为《九昭》,以旌三闾之志。"其次,借香草凋零、美人迟暮来感怀身世和表达壮志难酬的作品也不少,如东方朔《士不遇赋》、司马迁《悲士不遇赋》、曹植《美人赋》、王粲《登楼赋》、阮籍《咏怀诗》、陶渊明《感士不遇赋》等。阮籍《咏怀诗》表达了诗人对时代苦闷的不满、对生命无常的悲叹和徘徊于入世与处世之间的忧思,他之所以彷徨、孤独、幽愤、悲哀、无奈,原因是他骨子里未曾忘却天下大义、救世情怀,是屈原的精神后裔。清代方东树指出:"大约不深解《离骚》,不足以读阮诗。"④

## 三、柳下惠

柳下惠,生卒年约为公元前720年—前621年,早于老子和孔子,个人事

---

① 尚永亮:《庄骚传播接受史》,文化艺术出版社2000年版,第302页。
② 郭绍虞编:《中国历代文选(一)》,上海古籍出版社1979年版,第150页。
③ 范文澜注:《文心雕龙·辨骚》,人民文学出版社1958年版,第47页。
④ 陈伯君校注:《阮籍集校注》,中华书局1987年版,第274页。

迹散见于《左传》《国语》《论语》《孟子》《战国策》《史记》等书。《史记·仲尼弟子列传》中提及，孔子"数称臧文仲、柳下惠、铜鞮伯华、介山子然，孔子皆后之，不并世"①，提示柳下惠生于孔子之前，是孔子景仰之人。

柳下惠的价值观念、人格特征明显区别于庄子和屈原。庄子思想代表了中国虚静无为、高蹈出世的价值维度，推崇隐退江湖、抱朴守真的"渔父之道"；屈原思想代表了中国渴求天下为公、九死未悔的入世精神，恰恰反对自我逍遥、与世推移的渔父行径；柳下惠则介于两者之间，既不消极避世以求自保，又不一味刚直处世至死不渝，一切顺势而为。

### （一）柳下惠人格

柳下惠为春秋早期大慧大德之人，史载他仕宦浮沉，能屈能伸，与世推移，百岁而终，可谓柔中带刚，刚中带柔，刚柔并济。他居陋巷，衣悬鹑，怡然自得；仕而不喜，黜而不忧，处变不惊，"直道而事人"；不辞小官，不羞污君，不辞父母之邦，三黜亦不改其志，其夫人称其"蒙耻救民，德莫大兮"（《列女传·贤明传》）；圣洁如处子，美女坐怀，而心无挂碍，既有救世的菩萨心，又有高洁的圣徒情。

柳下惠之人格深得后世赞许。孔子赞之为"贤君"，《论语·卫灵公》载，"子曰：'臧文仲其窃位者与！知柳下惠之贤而不与立也。'"②孔子将他与连仕四朝的臧文仲相比，肯定柳下惠之贤。《左传》文公三年亦载，"仲尼曰：'臧文仲，其不仁者三，不知者三。下展禽，废六关，妾织蒲，三不仁也。作虚器，纵逆祀，祀爰居，三不知也。'"其中，"下展禽"，指的是让柳下惠居下位。孟子称之为"和圣"，与伯夷、伊尹、孔子并称"四大圣人"。《孟子·万章下》称柳下惠为"圣之和者"，"柳下惠，不羞污君，不辞小官。进不隐贤，必以其道，遗佚而不怨，阨穷而不悯。与乡人处，由由然不忍去也"。③《孟子·尽心下》又称之为"百世之师"。

### （二）柳下惠的影响

柳下惠所处年代久远，事迹大多佚不可考，没有形成自己的思想体系，不

---

① 司马迁：《史记》，岳麓书社2004年版，第565页。
② 刘宝楠：《论语正义》卷十八"卫灵公第十五"，《诸子集成》第1部，上海书店出版社1996年版，第340页。
③ 焦循：《孟子正义》卷十"万章下"，《诸子集成》第1部，第396页。

像老庄或孔孟那样在无为与有为、出世与入世之间做出明确的单一选择，而是游走于庙堂与朝野之间，既不消极避世，又不迎合时俗，在官则清正有为，在野则恬淡怡然，应该说，融合了儒道两家的智慧。他对中国名士的影响虽不及庄子，但也有很好的启迪作用。

1. 中正平和

柳下惠在朝为"清臣"，在野则为"逸民"，可谓中正平和、进退有度，"达则兼济天下，穷则独善其身""天下有道则见，无道则隐""用之则行，舍之则藏"。"清臣"，指的是为官清正、廉洁、举贤授能、惠及于民；"逸民"，指的是超脱世俗、志行高洁、避世隐居之人。"清臣"与"逸民"看似不同，实则本心一致，只因外在环境不同而形成差异。

柳下惠对待仕与隐的平和态度深刻影响了后代名士。其中，魏晋世路艰险，由仕入隐者越来越多，秦汉时期"招隐"题材作品大多突出招揽隐士、为朝廷所用的主旨，所描绘的自然环境也是幽深可怖、艰苦卓绝的，但到了魏晋"招隐"诗数量剧增，且开始表达诗人的归隐志向，可见隐逸之风日渐兴盛，柳下惠应对仕宦、致仕的态度和方法为他们提供了历史借鉴。嵇康因吕安事而下狱，狱中写下"昔惭下惠，今愧孙登"的忏悔之言，对柳下惠、孙登感佩至极，而对过往自己无法像柳下惠那样直道事人、现在又不能像孙登那样隐晦避世保全自身深表惭愧和遗憾。他在《与山巨源绝交书》中写道：

> 老子、庄周，吾之师也，亲居贱职；柳下惠、东方朔，达人也，安乎卑位，吾岂敢短之哉！……所谓达能兼善而不渝，穷则自得而无闷。以此观之，故尧、舜之君世，许由之岩栖，子房之佐汉，接舆之行歌，其揆一也。仰瞻数君，可谓能遂其志者也。①

嵇康将柳下惠、东方朔与老子、庄子并举，认为君子虽然穷达不同，但只要能"徇性而动，各附所安"，并无本质差别。

陶渊明先仕后隐，本性未移，实以柳下惠为楷模。他先有用世之心，但东晋至刘宋政权交替，世道渐颓，难申大志，故而挂冠而去、退居山林，《南

---

① 房玄龄等：《晋书·嵇康传》卷四十九，第1371页。

史·隐逸陶潜传》载:"自宋武帝王业渐隆,不复肯仕。"① 颜延年在《陶征士诔》中写道:"黔娄既没,展禽亦逝。其在先生,同尘往世。旌此靖节,加彼康惠"②,以黔娄、展禽做比,将他们的谥号"康"和"惠"赐予陶渊明,而展禽即是柳下惠。颜真卿和陶渊明其实都是柳下惠的信徒,只是时运、国运不同,彼此的选择不同罢了。"古来咏陶之作,惟颜清臣称最相知……君臣大义,蒙难愈明,仕则为清臣(注:颜真卿字),不仕则为元亮(注:陶渊明字)。"③

还有,王羲之士族出身,官至会稽内史、右将军,晚年亦有归隐之志,在《逸民帖》中直抒胸臆:"吾为逸民之怀久矣。"陆机作《招隐》,写道:"富贵苟难图,税驾从所欲",也表达了全身避祸的思想。可见,名士们并非一味地排斥入世或出世,他们的理想乃是像柳下惠坚守本心,悠游于两者之间,顺势而为,但未必人人如愿罢了。

2. 乐天知命

柳下惠虽生于儒道思想盛行之前,但已具备道家安时处顺的朴素智慧和儒家匡世救民的高尚情怀,一方面,能够从容地看待顺逆、泰否和进退问题,不强求机遇,不苛责命运,不回避环境,不刻意逆势而动,即便昏君乱世,亦能泰然处之;另一方面,能够保持自我本色和匡世理想,立足现实,一点一滴地努力加以改变,而非一味向外妥协、避世退让、不问沧桑,只求"渔父式"的个体逍遥。柳下惠试图调和"天定"与"人为"之间的矛盾,尽人力,听天命,他应对外部环境变化的心理调适能力堪为世范。柳下惠乐天知命的生存观与庄子哲学有共通之处。《庄子·齐物论》中提到:"可乎可,不可乎不可,道行之而成,物谓之而然"④,认为一切是非取决于人的内心,若内心理想坚定,可顺应环境变化而内心不为所动。

柳下惠的处世智慧对后世名士也有启示意义。王导、谢安、王羲之、孙绰、王维、苏轼等既是士大夫,又是大名士,大多并蓄儒、释、道诸家思想,过着亦官亦隐的生活。他们深谙顺其自然的道理,居庙堂之上能兼济天下,不被名利所缚,能游心物外;处江湖之远则寄情山水,不颓废自伤,能优游自如。归其

---

① 李延寿:《南史·隐逸上》卷七十五,中华书局1975年版,第1856页。
② 萧统:《文选》第六册,上海古籍出版社1986年版,第2475页。
③ 张溥:《汉魏六朝百三家集题辞注》,第206页。
④ 王先谦:《庄子集解》卷一"齐物论第二",第10页。

原因,并非因为他们内心游弋,随波逐流,而是因为他们有以不变应万变的强大内心,不论在顺境还是逆境,都能因势利导,顺势而为,自如应对人生起伏,故而左右逢源,始终保持自我与外界的平衡。以王维为例,他外儒内道,深谙"无可无不可"的道理,一切取决于内心,若内心能顺应一切外在环境,就突破它的局限和拘束,得到最大限度的自由。他在《与魏居士书》中说:"身心相离,理事俱如",认为只要身心相离,就能做到心中有净土,则处处是净土;在《漆园》中说:"偶寄一微官,婆娑数株树",借庄周任漆园小吏来自比,认为真正的隐士能够做到随缘顺化,做到身仕心隐。

总之,庄子、屈原和柳下惠给予后世名士不同的思想启迪、行动指南和人格垂范作用,铸就了名士思想和情感的丰富性。受庄子影响较深的名士倾向于避世归隐,受屈原影响较深的名士倾向于入仕救世,受柳下惠影响较深的名士则大多亦官亦隐、"朝隐"。但不管在朝或在野,名士的独立思想和自由精神都是不可或缺的,否则名士就不成其为名士了。

# 论杜甫以真为贵的文艺美学观

李祥林

(四川大学中国俗文化研究所　610064)

**摘　要**：杜甫是诗人，他的文艺美学观通过其作品透射出来。考察杜甫的文艺美学思想，不能不注意他对"真"的推重。其谈画说诗、论文品艺唯"真"是崇，强调真人、真作、真文学、真艺术，是他关于文艺的美学思考的核心范畴之一。杜甫既以"真"律己，又以"真"取人，既以"真"论人，又以"真"论艺，其话语表述中积淀着深厚的文化传统，包含着丰富的美学内涵。认真领会这位古代诗人以真为贵的文艺美学观，对于今天我们构建本土特色的中华美学体系有不容忽视的借鉴意义。

**关键词**：杜甫　真　中国　美学

## 一

杜甫是诗人，他的文艺美学观通过其作品透射出来，让人刮目相看。考察杜甫的文艺美学思想，不能不注意他对"真"的格外推重。"真"在老杜笔下出现频率颇高，其谈画说诗、论文品艺往往唯"真"是崇，强调真人、真作、真文学、真艺术，是他关于文艺的美学思考的核心范畴之一。老杜既以"真"律己，又以"真"取人，既以"真"论人，又以"真"论艺，其话语表述中积淀着深厚的文化传统，包含着丰富的美学内涵。清代文艺理论家刘熙载对此看得清楚，他指出："杜诗云：'畏人嫌我真。'又云：'直取性情真。'一自咏，一赠人，借于论诗无与，然其诗所尚可知。"(《艺概·诗概》)

翻开杜甫诗集，"真"及其衍生范畴确实运用得相当广泛，譬如："物白讳受玷，行高无污真"(《敬寄族弟唐十八使君》)、"蕴真惬所遇，落日将如何"

(《陪李北海宴历下亭》)、"剧谈怜野逸,嗜酒见天真"(《寄李十二白二十韵》)、"悲丝与急管,感激异天真"(《促织》)、"干戈少暇日,真骨老崖嶂"(《杨监又出画鹰十二扇》)、"吞声勿复道,真宰意茫茫"(《遣兴五首》)、"沧江夜来雨,真宰罪一雪"(《喜雨》)、"吾将罪真宰,意欲铲叠嶂"(《剑门》)、"终然契真如,得匪金仙术"(《写怀二首》)、"兜率知名寺,真如会法堂"(《上兜率寺》)、"神鱼今不见,福地语真传"(《秦州杂诗二十首》)、"甚愧丈人厚,甚知丈人真"(《奉赠韦左丞丈二十二韵》)、"二公化为土,嗜酒不失真"(《寄薛三郎中(据)》)、"天涯喜相见,披豁对吾真"(《奉简高三十五使君》)、"近识峨眉老,知余懒是真"(《漫成二首》)、"不爱入州府,畏人嫌我真"(《暇日小园散病将种秋菜督勒耕牛兼书触目》)、"疏懒为名误,驱驰丧我真"(《寄张十二山人彪三十韵》)、"笑接郎中评事饮,病从深酌道吾真"(《赤甲》)、"吾兄吾兄巢许伦,一生喜怒长任真"(《狂歌行赠四兄》)、"长生木瓢示真率,更调鞍马狂欢赏"(《乐游园歌》)、"神倾意豁真佳士,久客多忧今愈疾"(《相逢歌赠严二别驾》)、"稍待秋风凉冷后,高寻白帝问真源"(《望岳》)、"卿家旧赐公取之,天厩真龙此其亚"(《骢马行》)、"此鹰写真在左绵,却嗟真骨遂虚传"(《姜楚公画角鹰歌》),等等。这种尚真的美学观,老杜是一以贯之的,尤其在他传世的数十首题画论艺诗中得到鲜明体现。赏山水画,他赞叹"能事不受相促迫,王宰始肯留真迹"(《戏题王宰画山水图歌》)、"元气淋漓障犹湿,真宰上诉天应泣"(《奉先刘少府新画山水障歌》);观画马图,他称颂"斯须九重真龙出,一洗万古凡马空"(《丹青引赠曹将军霸》)、"将军得名三十载,人间又见真乘黄"(《韦讽录事宅观曹将军画马图》);论书法重瘦硬通神,他诟责世风趋肥美失真骨,写下"峄山之碑野火焚,枣木传刻肥失真"(《李潮八分小篆歌》)。①

唯真是取,此乃老杜论文观画评艺之首要审美标准。由此立场出发,只有那些技巧高超又擅长写真的文艺家及其作品,才可能得到他由衷地礼赞。杜甫广德二年(964年)在成都,与当时画马名家曹霸相遇,对后者精湛的艺术就赞不绝口,接连写下两首赞咏之作,其中屡见使用"写真""真龙""真乘黄"等字眼,因为他所高度看重的正是"腾骧磊落三万匹,皆与此图筋骨同""斯须九重真龙出,一洗万古凡马空"。曾寓居蜀地的长安画家韦偃,生世未详,画史载其

---

① 本文所引杜诗,均见仇兆鳌:《杜诗详注》,中华书局1997年版,下恕不一一注明。

工山水、松石、鞍马、人物，尤以画松、马称绝世间，其松"千枝万叶，非经岁不成，鳞文一一如真"（米芾《画史》），其马"笔力精妙，染饰真奇，甚可尚也"（《南宋馆阁续录》卷三引宋徽宗御题），因而深得杜子美欣赏，特作《戏为韦偃双松图歌》和《题壁上韦偃画马歌》为之传名。通过咏画之杜诗真切、准确、传神的描写，后人不仅得知韦氏画松师从毕宏且青出于蓝而胜于蓝（"天下几人画古松，毕宏已老韦偃少"），而且对其画中"两株惨裂苔藓皮，屈铁交错回高枝；白摧朽骨龙虎死，黑入太阴雷雨垂"的松树形象有了相当直观的认识。难怪，后来《宣和画谱》也不无感慨地写道："世唯知偃善画马，……然不止画马，而亦能工山水松石人物，皆极精妙。岂非世之所知，特以子美之诗传耶！乃如黄四娘家花，公孙大娘舞剑器，此皆因之以得名者也。"历史上，像这种因杜诗而传名者何止两三个。西蜀画家王宰，工山水，当时并无多大影响，作品见于著录也极少，多亏老杜一首千古名篇《戏题王宰画山水图歌》，方使他名扬绘画史册，成为一个引人注目的人物。正因以"真"相取，那画山水"元气淋漓"的县尉刘少府、绘苍松"承霜雪""走虬龙"的道士李尊师等不见经传之辈，也随老杜脍炙人口的诗篇得以留名至今。

值得注意的是，对"真"的推重，甚至使意在阐发其美学思想的老杜题画诗作本身也带上了"使笔如画"的风格特征，如清人方薰所言："自来题画诗，亦惟此老（指杜甫——引注）使笔如画。人谓摩诘诗中有画，未免一丘一壑耳。"（《山静居画论》）因此，王嗣奭分析《奉先刘少府新画山水障歌》，干脆以画法作论："画有六法，气韵生动第一，骨法用笔次之。杜以画法为诗法，通篇字字跳跃，天机盎然，此其气韵也。如'堂上不合生枫树'，突然而起，已而忽入'满城风雨'，已而忽入'两儿挥洒'，飞腾顿挫，不知所自来，此其骨法也。至末因貌得山僧，忽转到若耶、云门，青鞋布袜，阒然而止，总得画法经营之妙。而篇中最得画家三昧，尤在'元气淋漓障犹湿'一语。试一想象，此画至今在目。诗中有画，信然！"（《杜臆》）同理，《读杜心解》著者赏析《画鹰》一诗亦曰："'竦身''侧目'，此以真鹰拟画，又是贴身写。'堪摘''可呼'，此从画鹰见真，又是饰色写。结则竟以真鹰气概期之。"的确，从接受美学角度看，准确描述作品在接受者一方引起的以画为真的感觉，从而突出唯"真"是尚的文艺审美取向，这是创作者老杜所擅长的，例子在其诗歌中屡屡有见。如《画鹘行》，明明是在评介画中之鹘，开篇却偏偏不从绘画入手，一来就以"高堂见生鹘,飒爽动秋骨"起笔,以"无拘挛""立突兀"的雄姿让观者大为吃惊,从而活脱脱地给人以生鹘迎面袭来的强烈感受。如此风格特征,《杜诗详注》卷九注《题壁上韦偃画马歌》曾引《容斋随笔》加以概括,其曰:"江山登临之美,泉石赏玩之胜,世间佳境也,观者必曰如画,至于丹青之妙,好事君子嗟叹之不足者,则又以逼真目之。如老杜'人间又见真乘黄''时危安得真致此''悄然坐我天姥下''斯须九重真龙出''凭轩忽若无丹青''高堂见生鹘''直讶松杉冷''兼疑菱荇香'之句是也。"

这"真",在杜甫诗歌中用法多种多样,时而指人情、人品、人事,时而指物性、物态、物象;或指现实人生,或指自然造化,或指文艺作品,不一而足。不过,"真"作为审美范畴,在老杜笔下并非是随随便便使用的,自始至终,都有他的美学思想红线贯穿其中。这"真",是人生境界又是艺术理想,是创作标准又是审美法则,其关涉人品和艺品、创作与鉴赏、形象塑造与作品评价等一系列重要的文艺美学问题。尚"真"必然弃"伪",这在老杜是不言而喻的,故杜诗有云"在今气磊落,巧伪莫敢亲"(《敬寄族弟唐十八使君》)、"二年客东都,所历厌机巧"(《赠李白》)、"别裁伪体亲风雅,转益多师是汝师"(《戏为六绝句》),等等。具体地说,对杜甫文艺美学观中大力标举的"真",我们可以从物理、性情、艺术三个层面加以辨识和把握。

## 二

文艺是人类精神的结晶体,是人类生活的对应物,现实世界的广阔,心灵世界的深邃,人生阅历的丰富,决定了与之呼应的文学艺术王国的多姿多彩。文艺创作涉及心、物关系,解读老杜文艺美学中的"真",理应先由此入手。

先说物理之真。"登临多物色,陶冶赖诗篇。"(《秋日夔府咏怀奉寄郑监李宾客一百韵》)"物"是老杜诗歌中常见的概念,如"欣欣物自私"(《江亭》)、"物微意不浅"(《病马》)、"此物神俱王"(《杨监又出画鹰十二扇》)、"浮生看物变"(《又示两儿》)、"难教一物违"(《秋野五首》)、"物色兼生意"(《倚杖》)、"高怀见物理"(《赠郑十八贲》)、"物情有报复"(《义鹘》)、"幽居近物情"(《屏迹三首》)、"则知润物功"(《大雨》)、"润物细无声"(《春夜喜雨》)、"体物写谋长"(《登历下古城员外孙新亭》)、"览物叹衰谢"(《四松》)、"览物想故国"

(《客居》)、"物色生态能几时"(《晓发公安》),等等,或具体指某种动植物或东西,或笼统指天地万事万物,都是针对客观物象而言的,是作为创作主体的人所务必用心观察体悟("览""体")的对象。在此基础上,他进而广泛使用"物性""物情""物理"等术语。物性,即事物的本性,"万物附本性"(《柴门》),世间万事万物皆由其自身性质所决定,不以人的主观意志为转移。"葵藿倾太阳,物性固难夺"(《自京赴奉先县咏怀五百字》),葵藿向日,是其天然本性所固有的,任何人的意志都不能剥夺。有时候,这物性在杜诗中又称作"物情"或"物理",如"物情无巨细,自适固其常"(《夏夜叹》)、"我何良叹嗟,物理固自然"(《盐井》)。按《庄子·大宗师》:"若夫藏天下于天下而不得所遁,是恒物之大情也。"王先谦释曰:"恒物之大情,犹言常物之道理。"(《庄子集解》)一言以蔽之,这物性、物情、物理,均是指天地自然、客观事物的规律性,从形而上的意义讲,也就是指物之为物的"真"。作为事物的内在联系,这规律性看不见摸不着,要把握它,仅仅停留于表面的外在观察是不够的(《杜诗详注》卷六注《曲江二首》引《淮南子》即云:"耳目之察,不足以分物理。"),还必须使主体认识活动深化,从感性向理性、从感知向体悟上升。由此,杜甫提出"善知应触类"(《上水遣怀》)、"对此融心神"(《奉先刘少府新画山水障歌》),从亲身实践、内在体验中去"细推物理"(《曲江二首》)。前者,是说"诗人比兴,触物圆览"(《文心雕龙·比兴》);后者,"推物理"之说又见于《述古三首》之一:"古来君臣合,可以物理推。"推者,推究也,考察、分析、研究是也。检视杜诗,不难看出,这种"细推物理"的美学观在他的创作实践中得到了极好体现,其观物之细致、体物之深刻,即便是咏写平常事物也往往别具慧眼,有他人所不及处。杜诗善推物理,尤能于细微之处传神入妙,并通过他那"语不惊人死不休"的锤字炼句表现出来,如作于成都草堂的《水槛遣心》"细雨鱼儿出,微风燕子斜"一联,对微风轻拂、细雨初洒之际物候的体察就入微入妙。《石林诗话》著者叶梦得称赞说:"诗语忌过巧,然缘情体物,自有天然之妙。如老杜'细雨鱼儿出,微风燕子斜',此十字殆无一字虚设。细雨着水面为沤,鱼常上浮而淰。若大雨,则伏而不出矣。燕体轻弱,风猛则不胜,惟微风乃受以为势,故又有'轻燕受风斜'。"末句出自杜诗《春归》,试想,燕子迎风低飞,乍前乍却,其情态的确非此"受"字不能形容。再看《升庵诗话》卷三:"杜子美《竹》诗:'雨洗娟娟净,风吹细细香'……竹亦有香,细嗅之乃知。"竹无香是常人看法,可老杜以其对大自然的敏感和体悟，捕捉到竹的清香并将其真切地写入诗中，这是其大过常人处。杨慎引李长吉《昌谷》《新笋》诗为之做注脚，并证以个人赏竹经验，实为老杜隔代知音。又如《春宿左省》"月傍九霄多"句，一"多"字想落天外，下得妙极，"从来言月者，只有言圆缺，言明暗，言升沉，言高下，未有言多少者。若俗儒，不曰'月傍九霄明'，则曰'月傍九霄高'，以为景象真而使字切矣。今曰'多'，不知月本来多乎？抑傍九霄而始多乎？不知月多乎？月所照之境多乎？有不可名言者。试想当时之情景，非言明、言高、言升可得，而惟此'多'字可以尽括此夜宫殿当前之景象。他人共见之，而不能知、不能言；惟甫见而知之，而能言之。其事如是，其理不能不如是也"（叶燮《原诗·内篇》）。类似的炼词、炼意名句，可以从杜集中举出许多。此外，即使将此类刻意之作暂时置而勿论，回过头去看"两个黄鹂鸣翠柳，一行白鹭上青天""自去自来梁上燕，相亲相近水中鸥"之类浅明如话的诗歌，从白描的词句中依然透露出丰赡的意趣。诸如此类作品，莫不是诗作者用心体察万物，细心推究物理之真的结果。

次说性情之真。重物理之真也重性情之真，这在老杜艺术美学中是不偏废的两极。"绘事功殊绝，幽襟兴激昂"（《奉观严郑公厅事岷山沱江画图十韵》）、"陶冶性灵存底物，新诗改罢自长吟"（《解闷二十首》），此乃他诗中名句。诗缘情，"诗者，各人之性情耳"，若"无自得之性情，于诗之本旨已失矣"（袁枚《小仓山房文集》卷十七《答施兰垞论诗书》）。性情问题历来为中华美学所重视，荀子说："性者，天之就也。"（《荀子·性恶》）"性之好恶、喜怒、哀乐谓之情。"（《荀子·正名》）或者说，"情者，性之动也"。所谓情，无非指个体生命与外在事物相接相触而产生的感性体验、冲动、愿望，是个体内在文化心理结构的外在动态显露，"在心里面未发动底是性，事物触着便发动出来的是情。寂然不动是性，感而遂通是情"（陈淳《北溪字义》）。这情，并非凭空而来，"人心之动，物使之然"（《礼记·乐记》）、"情以物迁，辞以情发"（《文心雕龙·物色》）。华夏古典美学对性情的思考又多侧重跟社会伦理意志即善的联系，认为"不诚则无物"，没有真诚的思想感情，也就谈不上伦理道德，更谈不上符合善的要求的艺术创作，这跟"奉官守儒"的老杜思想正相合拍。他说："由来意气合，直取性情真。"（《赠王二十四侍御契四十韵》）又说："箧中有旧笔，情至时复援。"（《客居》）作为伟大的激情诗人，杜甫以炽烈纯真的思想感情铸就了

"光焰万丈"的不朽诗篇,成为中华文学史上鼎鼎大名的"情圣"。近代梁启超就这样论杜:"我以为工部最少可以当得起情圣的徽号。因为他的情感的内容,是极丰富的,极真实的,极深刻的。他表情的方法又极熟练,能鞭辟到最深处,能将他全部的反映不走样子,能像电气一般一振一荡的打到别人心弦上。中国文学界写情圣手,没有人比得上他,所以我叫他做情圣。"① 是的,"一切好诗都是强烈情感的自然流露",此乃英国诗人华兹华斯的名言;"作诗有性情必有面目",这是中国诗论家叶燮的妙语。

纵观杜诗,唯其一往情深,所以内涵丰富、题旨深远;唯其情真意切,所以动人也速、化人也深。这情,感于物,动于中,发自内心,顺乎自然,不矫揉,不造作,是做人之本,是为艺之本。感物起兴,体物缘情,托物言志,把一腔深情、激情、至情和真情投注到写物、绘境、叙事这诗艺创造的话语编码中,从来都是杜甫诗歌所擅长,也历来被人称道的。仇兆鳌对《又呈吴郎》一诗,不就推举甚高,连声称赞"是直写真情至性,唐人无此格调"(《杜诗详注》卷二十)么?杨伦亦称杜诗"无一语不自真性情流出"(《杜诗镜铨·凡例》)。杜子美善于叙事写景,更善于抒情达意,作为情多又情真的"情圣",每当他面对客观世界的山水草木、风花雪月等自然景物时,其感时伤乱、忧国悯民之情常常由衷生发,泉涌而出,所谓"山光见鸟情"(《移居夔州郭》)、"蜜蜂蝴蝶生情性"(《风雨看舟前落花戏为新句》)是也。清人有道:"千古诗人推杜甫,其诗随所遇之人、之境、之事、之物,无处不发其思君王、忧祸乱、悲时日、念友朋、吊古人、怀远道。凡欢愉、幽愁、离合、今昔之感,一一触类而起,因遇得题,因题达情,因情敷句,皆因甫有其胸襟以为基。如星宿之海,万源丛出;如钻燧之火,无处不发;如肥土沃壤,时雨一过,夭乔百物,随类而兴,生意各别,而无不具足。"(叶燮《原诗·内篇》)譬如,"国破山河在,城春草木深。感时花溅泪,恨别鸟惊心。烽火连三月,家书抵万金。白头搔更短,浑欲不胜簪"(《春望》),这是老杜五律中极有名的一首。大自然的春天如期而至,鸟语花香,原本是美好的事物,应该使人高兴,让人赏心悦目,然而偏偏唤起的是诗人相反的感情。你看,鲜花盛开,代表着大自然的春天景象,但此时此刻,在饱尝安史之乱苦头的诗人眼中,国家的春天、国家的盛世却已一去不复返了;鸟儿和

---

① 梁启超:《情圣杜甫》,载《晨报副刊》1922年5月28—29日。

鸣，尚能团聚在一起共享春光明媚，可诗人自己却与家人分离，不能在战乱中患难与共。感时动怀，睹物伤情，忧国思家，怎能不让人泪水长流、内心惊痛。前两联借景抒情，写得非常沉痛又非常真实。写到腹联，诗人再也抑制不住内心汹涌的情感浪潮，于是直接站出来抒情，将伤时忧国和怀家思亲两种感情加以明写。尤其是诗末塑造的满头白发的诗人形象，更使我们对心忧国难家事的"情圣"有了贴近的了解。该五言八句确实言简意丰，深得历朝历代研杜者称道，宋人司马光即曰："古人为诗贵于意在言外，使人思而得之，……近世诗人惟杜子美最得诗人之体，如'国破山河在'云云，'山河在'，明无余物矣；'草木深'，明无人矣；花鸟平时可娱之物，见之而泣，闻之而悲，则时可知矣。他皆类此，不可遍举。"(《续诗话》)类似例子，从《秋兴八首》"丛菊两开他日泪，孤舟一系故园心"等名句中也不难体会到。这种深厚的情感，正基于老杜忧国忧民的真诚人生体验。

## 三

一般说来，"贵真"的美学思想主要体现在对情真、志真、景真、境真、事真、理真、意真的要求之上。情与志，指人的思想感情；景与境，指人处其中的客观环境和背景；事，指人与人的关系所形成的事；意与理，指人所认识和阐发的意与理。艺术形象之真，正是由表现在作品中的情、志、景、境、事、意、理诸方面之真融合而成。老杜讲物理之真也讲性情之真更讲艺术之真，这艺术之真，就诞生在物与我、天与人、主体与客体的和谐统一之中。

朱光潜先生在《诗论》中说，诗的境界在于情景契合，"情景相生而且相契合无间，情恰能称景，景也恰能传情，这便是诗的境界。每个诗的境界都必有'情趣'(feeling)和'意象'(image)两个要素。'情趣'简称'情'，'意象'即是'景'"。[①] 纵观中华艺术美学史，唐人讲绘画创作主张"外师造化，中得心源"（画家张璪语），明人说李、杜堪称大家，盖在"内极才情，外周物理"（王夫之《姜斋诗话》卷二），诸如此类言论概括着国人心目中文艺审美创造的极致。同理，艺术之真或作品之真亦非无源之水，它是在性情之真与物理之真的彼此关

---

① 朱光潜：《朱光潜美学文学论文选集》，湖南人民出版社1980年版，第189页。

联、共振、互渗中得以构建起来的。以意境创造为例，无论创作还是欣赏，追求意境美是中国文学、绘画、书法乃至音乐、舞蹈等各门艺术共同的民族特色，对于文艺家来说，"能写真景物、真感情者，谓之有境界，否则谓之无境界"（王国维《人间词话》）。中国美学历来重视文艺创作中的心、物关系，主张"写气图貌，既随物以宛转；属采附声，亦与心而徘徊"（《文心雕龙·物色》），既从主观方面倡导"情动于中，故形于声"又从客观方面强调"人心之动，物使之然"（《乐记·物本》）。因此，艺术的真实性不仅仅是描写真景、真事，更要表现真情、真性，唯有真景、真事于与真情、真性融合统一，"其言情也必沁人心脾，其写景也必豁人耳目""所见者真，所知者深"（《人间词话》），才算有境界能成高格，方可使作品具有千古动人的魅力。对于艺术家来说，欲臻此上乘境界，务必"搜求于象，心入于境，神会于物，因心而得"（王昌龄语，见《唐音癸签》卷二）。也就是说，"含情而能达，会景而生心，体物而得神，则自有灵通之句，参化工之妙。"（《姜斋诗话》卷一）个中奥理，诗圣杜子美参之甚透，他看重物理之真又推崇性情之真，主张"兴与烟霞会"（《严公厅宴同咏蜀道画图》）、"兴与精灵聚"（《题李尊师松树障子歌》），在我"兴"物"灵"的亲和共感中去"写此神俊姿""巧刮造化窟"（《画鹘行》），成就艺术美。"杜公本领之大"，就在"体物之精，命意之远"（《杜诗镜铨》卷十七引黄白山语），精于体物命意抒情正是杜诗所长。从主观讲，"有情且赋诗"（《四松》），艺术是心灵的能动创造；从客观讲，"将诗待物华"（《小园》），艺术是事物的本质反映；综合两者，可以说，艺术是客观事物本质通过主体心灵能动把握的创造性产物。正是在此意义上，杜诗有道："一重一掩吾肺腑，山鸟山花吾友于。"（《岳麓山道林二寺行》）其在《八哀诗·赠秘书监江夏李公邕》中，又从书法审美创造角度明确提出"情穷造化理，学贯天人际"，从人情、物理交融，主观、客观统一去高扬艺术美理想。

事实上，何止书法之美，一切艺术美的奥秘，就在其是标志着物与我、人类与造化"异质同构"玄机的一种"力的结构"、一种文化代码，其审美特质既非纯粹再现又非绝对表现，而是表现中有再现、再现中有表现，乃是二者的有机统一。归根结底，艺术审美创造是在既"景中生情"又"情中含景"（王夫之《唐诗评选》卷四），既"肇乎自然"又"造乎自然"（刘熙载《艺概·书概》）的环扣中完成其人文建构的。古往今来，文学家、艺术家们以其灵巧的双手所奏响的，正是这种主体（我）与对象（物）、人类（人）与自然（天）、内在心理结构（情）与外在宇宙秩序（理）相碰撞、调节以至谐和的伟大生命交响曲。在老杜看来，这艺术之真，是物理之真和性情之真统一基础上"意匠经营"的结果。《丹青引》是这样概括曹霸画马的："诏谓将军拂绢素，意匠经营惨淡中；斯须九重真龙出，一洗万古凡马空。"所谓"意匠"，语出陆机《文赋》，乃指作家、艺术家在创作过程中的精心构思。这"意匠经营"，就是文艺家落笔之先融心神、运匠心、构建意象的艺术思维过程，也就是古典美学常常借以为喻的从"眼中之竹"到"胸中之竹"再到"笔下之竹"的跃升过程。富有民族特色的中国传统文艺往往看重的不是"眼中之竹"或眼前之马的直接描摹，而是经过主体心灵点化的胸中之竹之马的意象化抒写。对于创作者来说，这意匠经营来之不易，其意味着艰苦的心理体验历程，《题李尊师松树障子歌》拈出"独苦"二字来形容创构意象的"良工"之"心"，正道明此意。而那个"尤工远势古莫比，咫尺应须论万里"的山水画家王宰，不又以"十日画一水，五日画一石"的工夫，为我们提供了一个苦苦经营意匠的绝佳例证么？

诚然，文学艺术源于生活、表现生活，生活真实是文艺真实的必不可少的前提和基础，此乃杜甫的文艺真实论所要求的，但别忘了，老杜尚真的美学思想还有一更重要更深刻层面，就是坚持艺术真实基于生活真实的同时更标举艺术真实高于生活真实。作为主体"意匠经营"的能动产物，"巧刮造化窟"的艺术之真并非是生活现象的简单复制和照搬，它是对生活素材的加工、提炼、再创造，要比普通的实际生活更高、更精粹、更典型、更理想、更完美，因而也更具普遍性，有更大的审美吸引力。《杜臆》著者曾以"夺真"二字来概括老杜这一思想，其评《姜楚公画角鹰歌》曰："形容佳画，止于夺真，而穷工极变，如'高堂见生鹘，飒爽动秋骨'，奇矣；'却嗟真骨遂虚传'，更奇。"对艺术之真的辩证定位，也就决定了艺术家的审美创造不可能仅仅满足于现象表层的复制、再现、描绘，在作品形象创造上，它必然要超越形似之真走向神似之真。由于唯真是尚，老杜题画论艺常用"写真"，其曰："薛君十一鹤，皆写青田真"(《通泉县署壁后薛少保画鹤》)、"将军善画盖有神，偶逢佳士亦写真"(《丹青引赠曹将军霸》)、"此鹰写真在左绵。却嗟真骨遂虚传"(《姜楚公画角鹰歌》)、"故独写真传世人，见之座右久更新"(《天育骠骑歌》)，等等。众所周知，"写真"在中国绘画史上多用作人物画、肖像画的代称，譬如，王维题画诗《崔兴宗写真咏》开篇即言"画君年少时"，题中"写真"指人物画无疑；白居易题画、咏画有《自题写真》《感旧写真》《赠写真者》《题旧写真图》等诗,亦皆用此义。然而,从老杜诗歌来看,除了《丹青引赠曹将军霸》,其余大都不是如此使用的。事实上,在他那里,作为美学命题,"写真"往往是就如实描写客观事物及其真实本质而言的。"写真"之"真",若从艺术形神论角度观之,有形似之真和神似之真的区分,前者属于低级阶段的真实,后者属于高级阶段的真实。老杜主张"细推物理",强调把握对象务必"佳处领其要"(《次空灵岸》),即要求抓住的是后者。追求"神似"要求"传神",系华夏本土传统美学一大民族特色[1],正是这一特色,决定了杜甫乃至整个中华文学艺术"写真"论对神似之真的格外看重。对此"写真"之"真",一位在汉学上用力甚深的异邦学者曾多有研究,他指出,在中国,从古典美学观念可知,真作为"宇宙本原的生命"标志,兼容客观物理和主观性情,具有超越现象界的形而上意义,"一般美的东西中包含着'理',因而美的东西也就象征着具有上述意义和本质的真。并且,从万物中所能够发现的'理'或'真',也正是作为中国正统绘画艺术的根本理念的'理'或'真'。……当我们理解了美的东西和真(理)的东西的这种本质联系时就会明白,古来中国绘画美的价值的高低,就在于画家能否在对象中、即在客观的自然界所存在的一切事物以及画家本人或一般人的精神和心情中,探索到这种意义上的真,并把它作为美而充分表现在作品里"。又说:"中国真正伟大的画家所努力追求的穷极目标,就是能够'夺'对象(客观的自然和内在的自然的无区别)自然之真,并把它形象地表现在画面上,也就是能够'意造于真'。"艺术家如何才能"写真""夺真"呢?"比如眼前有一只活苍鹰,如果我们要画出这只苍鹰之真,就不能只凭线条和颜色来描写形似,更重要的是表现出,这只活的苍鹰真的是它自身。这样,在它的容貌、姿态上,就要显示出使它生成、存在的那个本原的生命。"唯有从"单纯追求感觉的逼真性与形貌的近似性"中超越出来,去径传苍鹰之神,去直写神似之真,"才可以说是画出了'苍鹰之真'"。[2] 这位国外研究者所言,对于我们解读处处以真论画的老杜题画诗,对

---

[1] 对此问题的研究,请参阅拙作《写形·传神·体道——中国古典美学形神论述要》(《学术论坛》1997年第2期)、《试析顾恺之"以形写神"的绘画美学观》(《社会科学研究》1990年第6期)、《论"离形得似"说对中国美学的影响》(《西南民族学院学报(社科版)》1993年第5期,全文转载于人大复印报刊资料《美学》1994年第2期)等。

[2] 笠原仲二著,魏常海译:《古代中国人的美意识》,北京大学出版社1987年版,第115—117页。

于我们把握老杜以真为贵的文艺美学思想,当不无裨益。

## 四

从创作实践看,老杜论艺尚"真",不单单停留在口头上标举,这文艺美学观又被他自觉地运用在诗歌创作中,可以说,前者是后者的升华,后者是前者的体现。诗人杜甫,其人称"诗圣",其作称"诗史",其人其作莫不以本色示人动人,千百年来让人感怀、仰慕、研读不已。因此,后人评杜论杜,"大""老"之外,尤拈出一"真"字加以定位,如《杜诗镜铨》附录三引卢德水语即云:"杜诗远虑深忧,固其独携之怀抱,即托物寄言,亦具全副之精神。又有乍看无端,寻思有谓,就不阡不陌中,而条理指归一一可按者。又有兴言在此,寓意在彼,就寻常尺幅内,而涵融笼罩荡荡难名者。准绳最密,神理纵横,陶练极清,奇葩焕发,以至造化权舆,阴阳昏晓,飞潜动植,表里精粗,但经弱毫微点,靡不真色毕呈。所云'下笔如有神',良非妄语。"卢氏此语,显然是就全部杜诗立论的,在他看来,擅长写"真"是老杜诗歌的突出审美特色,世间万事万物,一经"诗圣"那如神之妙笔点化,无论写景还是抒情,无论咏史还是叙事,都情真意切历历在目,具有千古打动人心的审美感染力。的确,"老杜谓之诗史者,其大过人在诚实耳"(惠洪《冷斋夜话》卷三)。诚实,用闻一多的话来解释,即"杜甫的作品完全是出于自然情感的流露,不是有计划做出来的"[①],更非受制于他人耳提面命,而实实在在是来自作诗者对现实对人生对自然的由衷体悟。后人学杜,也格外看重的是这点,南宋张端义《贵耳集》卷上即载:"项平斋自号江陵病叟,余侍先君往荆南,所训'学诗当学杜诗,学词当学柳词'。扣其所以,云:'杜诗柳词皆无表德,只是实说。'"杜诗大过人处正在真实而不虚假、真诚而不造作,情动于中而诗显于外,那是诗人敏感的心灵感物而动的自然流露,是创作者独特人生体验的审美升华与铸造,是其非己莫属的真本色真面目借助文学艺术符码的诗化显现。明人说得好:"大抵物真则贵,真则我面不能同君面"(《袁中郎全集》卷一《与丘长孺》),"凡诗一人有一人之本色,无天宝之乱,鸣候止写承平,无拾遗一官,怀忠难入篇什,无杜诗矣"(胡震亨《唐音癸

---

① 郑临川述评:《闻一多论古典文学》,重庆出版社1984年版,第123页。

签》卷二十五）。是的，若剥离老杜独特的人生经历和胸襟怀抱，无异于抽掉杜诗的灵魂，也就等于从中国文学史上删去赫然成家的杜诗。对此，清代诗歌美学家叶燮说得更为透彻，他指出："作诗有性情必有面目，……如杜甫之诗，随举其一篇，篇举其一句，悟出不可见其忧国爱君，悯时伤乱，遭颠沛而不苟，处穷约而不滥，崎岖兵戈盗贼之地，而以山川景物、友朋杯酒抒愤陶情，此杜甫之面目也。我一读之，甫之面目跃然于前。读其诗一日，一日与之对；读其诗终身，日日与之对也，故可慕可乐而可敬也。"（《原诗·外篇》）纵观中外文学史上，好诗佳作之能传诸不朽，离"真"不成；"真"即使不是使作品传世的全部条件，也是一个不可或缺的条件。这番道理，方回在《瀛奎律髓》卷三十六论诗类的小序中讲得很明白："诗人岂少哉？而传于世者常少。由立志不高也，用心不苦也，读书不多也，从师不真也。"袁宏道也肯定："物之传者必以质，文之不传，非曰不工，质不至也。树之不实，非无花叶也，人之不泽，非无肤发也，文章亦尔。行世者必真，悦俗者必媚；真久必见，媚久必厌，自然之理也。"（《袁中郎全集》卷三《行素园存稿引》）能真才能动人，能动人才可能传世，此乃人类艺术发展史上颠扑不破的真理。立志高、用心苦、读书多的老杜及其诗作之能千秋不朽，盖在写出了他人莫可取代的真面目、真本色。

　　从思想渊源看，老杜论艺尚"真"又是对中华美学优良传统的继承发扬。"真"是华夏美学重要范畴之一。自先秦以来，历朝历代美学家、艺术家莫不高度重视对真、善、美关系的探讨。有如"同美善"一样，"尚真美"也是本土美学的一大民族特色。以孔子为代表的儒家美学对文艺的看法除了"尽善尽美"（《论语·八佾》）外，亦有"情欲信，辞欲巧"（《礼记·表记》），他们从伦理道德入手，要求真实无伪的情感内容与精巧华美的文辞表达相统一。孟子以"善""信""美"并提，讨论人格之美，在历史上率先表露了真善美统一的思想，他说："可欲之谓善，有诸己之谓信，充实之谓美。"（《孟子·尽心下》）所谓"信"，即"诚"（《说文解字》），也就是"真"（段注）。孟子孜孜追求的人格美理想是以善为核心，以信（真）为基础的。所以，《中庸》以"诚"为圣人的精神境界，荀子亦曰"君子养心莫善于诚"。荀子论乐要求"著诚去伪"（《荀子·乐论》），显然是把情感及其表达的真实性作为艺术美之创造基础的；出自《周易·乾卦》的"修辞立其诚"，也把真实无妄的道德情感内容视为修饰文辞的首要标准，其影响深远。这"诚"作为"真"的代换词，关涉文与质、作家与作品的关系等重要美学问题,在后世运用甚广,如前述《冷斋夜话》称杜诗大过人处"在诚实"。道家美学主张"法天贵真"、返璞归真,更是把对真美的崇尚推向形而上的本体论层面(杜诗中屡用的"真宰",就见于《庄子·齐物论》)。曾有人根据"信言不美,美言不信"(《老子》八十一章)认为其重真弃美,其实不然,如《文心雕龙·情采》指出:"老子疾伪,故称'美言不信';而五千精妙,则非弃美矣。"老、庄所推重的乃是与"道"息息相通的"大美",用庄子的说法,"天地有大美而不言"(《庄子·知北游》),那指向宇宙造化之本根本源,是淳朴自然、至高无上、绝对真实的美。与之相比,现象世界中物欲驱动下被世俗视为美的任何浮靡夸饰都只有相对意义,无多少真实性可言,非"天下之正色"(《庄子·齐物论》),不值得看重。其曰:"极物之真,能守其本。"(《庄子·天道》)"真者,精诚之至也。不精不诚,不能动人。……真悲无声而哀,真怒未发而威,真亲未笑而和。真在内者,神动于外,是所以贵真也。"又说:"礼者,世俗之所为也;真者,所以受于天也,自然不可易也,故圣人法天贵真,不拘于俗。"(《庄子·渔父》)为人处世,务须"慎守其真",为艺审美又何尝不该如此。儒、道两家美学,尽管在具体取向和表述上分道扬镳,但对"真"的推崇则是殊途同归并由此互补形成合力,给数千年中华美学发展史以深远影响。中国美学以儒、道为主,也兼容东传而汉化的佛学,后者同样尚真。屡见于杜甫诗中的"真如"概念即来自佛门,译自梵文 Tathata 或 Bhutatathata,据《成唯识论》卷九:"真谓真实,显非虚妄;如谓如常,表无变易。谓此真实,于一切位,常如其性,故曰真如。"《杜诗详注》卷十二注引《圆觉经略疏》亦曰:"圆觉自性,本无伪妄变易,即是真如。"

汉代王充继承了先秦老庄嫉伪贵真和荀子"著诚去伪"思想,唾弃当时文坛上的虚饰浮华之风,明确使用了"真美"术语。他说的"真",乃指一种客观存在("实"),是不以人们主观意志为转移的。他痛恨两汉宗教神学和辞赋用"虚妄之言"掩盖、损害真美,故高举"倡真贵朴"和"嫉虚妄"旗帜,猛烈抨击创作上不诚实的"伪书俗文"。他自称《论衡》就是针对"众书并失实,虚妄之言胜真美"而作(《对作》),旨在"没华虚之文,存敦庞之朴;拨流失之风,反(返)宓戏(伏羲)之俗"(《自纪》)。以《三都赋》著称的西晋文学家左思提出"美物者,贵依其本;赞事者,宜本其实",亦由此立论。南北朝时期,钟嵘论诗,指出"文多拘忌,伤其真美",因为"古今胜语,多非补假,皆由直寻"(《诗品序》);刘勰论文,主张"情深而不诡""事信而不诞"(《文心雕龙·宗经》),反对"采滥忽真",认为"真宰弗存,翩其反矣"(《文心雕龙·情采》);以标举"六法"扬名画史的谢赫说,作画若汲汲于形似,雕琢太甚,"纤细过度,翻更失真"(《古画品录》),神韵无存;梁武帝萧衍诟病羊欣的书法,盖在后者"举止羞涩,终不似真"(《书法钩玄》卷四《梁武帝评书》)。有唐一代,跟杜子美诗友相交甚笃的李太白推崇"清水出芙蓉,天然去雕饰",坚决唾弃"雕虫丧天真",力倡大雅正声"贵清真"的诗歌美学原则(《古风》);随后,论画者强调绘画之美首在"以真为师"(白居易《记画》)、"度物象而取其真"(荆浩《笔法记》)。凡此种种,都充分证明崇尚"真美"是中华文艺美学体系中一个源远流长的传统,而诗圣杜甫正是华夏本土文化优良传统的主动继承者和积极发扬者。今天,在明识之士再三呼吁吾土文论及美学要警惕"失语症"的当今时代,仔细考察和认真领会这位古代诗人以真为贵的文艺美学观,对于我们构建本土话语和本土特色的中国美学体系依然有不容忽视的借鉴意义。

# 知觉的美学：李清照词中的身体与物体及其闺阁*

## 杨 挺**

（成都大学文学与新闻传播学院 610106）

**摘 要**：李清照词中，人面与花容彼此映照；风雨摧残花木，肌骨感同身受；眼泪与雨露交互感应；"鬓簪"承载着往事回忆与眼前伤悼。由知觉出发，"衣衫"显示节候变换与世情冷暖；"枕簟"呈现持续冰凉与本能反感；"黑夜"通过听觉而被唤醒；"更漏"令人感受时间漫长。日常用品之中，"香"流露出对孤独的不耐以及故土沦陷、夫君猝逝的沉痛；"灯"的亮度随着身世变迁，被不断转换；"酒"则被寄寓了快乐与甜蜜、流离和落寞。闺阁空间之中，"重门"是心理的防御屏障；"窗下"被孤独与感悼深深笼罩；"帘"是面对侵袭的本能屏蔽和虚弱抵抗。在清照词中，有身体图式的运用及其对生活世界的理解，女性身体与知觉现象紧密相连，物体感知与空间体验互相阐释。

**关键词**：李清照 知觉 身体 物体 闺阁

作为一位女性词人，凭其卓越才情，李清照在宋代当时即被誉为"文采第一"[1]；而作为一位女性，其主要活动却只能局限于闺阁和庭院，偶有郊外游赏与舟中玩乐，亦不多见。由此，在李清照的笔下，闺阁生活也就是成为其词作表现的主要内容。我们注意到，词人所书写的闺阁生活之中，身体与知觉[2]，乃至

---

\* 基金项目：本文为国家社会科学基金项目"空间诗学视域下的宋代文人行旅与纪行诗研究"（项目编号：18XZW006）阶段性成果。

\** 作者简介：杨挺（1974— ），贵州铜仁人，文学博士，成都大学文学与新闻传播学院教授，从事中国古典美学研究。

[1] 褚斌杰、孙崇恩、荣宪宾编：《李清照资料汇编》，中华书局1984年版，第4页。

[2] 莫里斯·梅洛-庞蒂著，姜志辉译：《知觉现象学》，商务印书馆2001年版，第116页。

物品与空间,既交织缠绕,又互相映射,颇值探讨。① 美国汉学家艾朗诺曾经指出:"也许李清照和大多数词人一样,文学作品中的声音引自自己的生活经验,也会加上想象和虚构。所以在某一首词作中,有多少内容是写自己,又有多少加上想象力,今人实在没有办法确定。"② 他提醒我们,女性词人与男性词人一样,创作之时亦会有虚构和想象。由此,在李清照的研究中,不必亦不能将词作与其身世一一对应。艾朗诺此论实具振聋发聩之效。不过,我们如果由此而认为李清照的创作与男性词人几至无别,则不免误入歧途。本文之中,我们尝试借助知觉现象学对李清照词的身体与知觉及其闺阁空间进行解读,或可窥见其女性身份与身体语言之运用的一般情况。③

# 一、身体图式与生活世界

梅洛-庞蒂对"身体图式"曾有明确论述:"靠着身体图式的概念,身体的统一性不仅能以一种新的方式来描述,而且感官的统一性和物体的统一性也能通过身体图式的概念来描述。"④ 鲍德利亚亦有类似的论述:"强有力的人体生理组织结构式(schéme organique)可以一般化,成为各社会结构相互依存形成整体(intégration)的理想图式。"⑤ 他们都指出,身体不仅成为我们介入环境的媒介,也成为我们理解环境的"图式"。修辞学把"将物拟作人"的修辞手法称为"拟人"⑥,与"身体图式"颇为相似,但我们比较之后发现,知觉现象学所说的"身体图式"更多地强调结构性和体验性,与修辞学上的"拟人"手法偏重物类与人类的相似性,仍有很大的不同。由"身体图式"观之,李清照词中的"身体"是她理解世界的基本方式。在某种程度上,我们可以通过李清照所书写的"身体"而意识到她的"世界"。⑦

---

① 徐培均笺注:《李清照集笺注》,上海古籍出版社2002年版。本文所引李清照词作及其词作之编年系地皆以笺注本为据。
② 艾朗诺:《才女之累赘:李清照的重塑与再造》,《复旦学报》2013年第5期。
③ 徐颖瑛:《论李清照词的身体语言》,《榆林学院学报》2009年第1期。
④ 莫里斯·梅洛-庞蒂著,姜志辉译:《知觉现象学》,第300页。
⑤ 尚·布什亚著,林志明译:《物体系》,上海人民出版社2001年版,第26页。
⑥ 陈望道:《修辞学发凡》,复旦大学出版社2008年版,第96—98页。
⑦ 莫里斯·梅洛-庞蒂著,姜志辉译:《知觉现象学》,第116页。

李清照词多次写及女性容貌。如《减字木兰花·卖花担上》词,写一位女子注视着一枝含苞欲放的花朵:"泪点轻匀,犹带彤霞晓露痕。"又,"怕郎猜道,奴面不如花面好。云鬓斜簪,徒要教郎比并看"。这位女子鬟环如云,发簪斜带,性情娇蛮。徐培均认为此作作于建中靖国元年(1101年),并认为此作"尽情表现青春气息与新婚之乐"。正如清照所道"绣面芙蓉一笑开"(《浣溪沙·闺情》),其书写女性容颜,多"摹写妖态,曲尽如画"①,人面如花,花面如人:人面与花容往往互相阐释。事实上,美丽容颜与绰约姿态是李清照描摹所有花朵的模式。在《渔家傲》中,她描摹梅花的姿态:春天将临,月光如泻,寒梅独放;(她)香脸半开,婀娜多姿;面当庭除,(她)新妆洗净,犹如玉人浴出。词中赞叹道:"莫辞醉,此花不与群花比。"在此,我们似乎看到一位女子的绝丽容颜及其傲然自矜。又在《庆清朝》中写芍药之貌:姿态卓绝,独占残春;客华淡立,绰约天真。其"妖娆艳态,妒风笑月,长殢东君",一位风姿绰约的女子如在目前。在李清照的笔下,梅花、芍药、白菊、芙蓉,犹如仪态万方的美丽女子。或许,正是女性的"身体图式"赋予她们以秀丽的容颜和妖娆的仪态——这些本来"不可见"的"视觉表像"。②

清照词亦以女性肌骨之温感写及风雨之中的花木。如《多丽·咏白菊》一词,写及一株白菊:她愁目凝眉,黯然洒泪,风雨之中,芳姿消损。"恨萧萧、无情风雨,夜来揉损琼肌","朗月清风,浓烟暗雨,天教憔悴度芳姿"。对于女性来说,肌肤是敏感的,也是脆弱的。又有《瑞鹧鸪·双银杏》词,其中写到一对银杏:凄美而倔强。"谁怜流落江湖上,玉骨冰肌未肯枯。"她风韵雍容,不幸流落江湖,却仍性情倔强。在我们看来,白菊与银杏,都已经成为词人的体验世界的某种"位置"③:风雨揉损,她感同身受;江湖流落,她同病相怜。此处,词人从"物体间的一种关系"(肌骨—花木—风雨)中推断出自己的体验。④她那已与花木合体的肌肤,感受到一种彻骨的冰凉。

爱哭或许是古代女性的习性。李清照有《蝶恋花·暖风晴雨初破冻》一词,写及春天万物复苏:暖和的雨,晴丽的风。柳树的眼,梅花的梢;此时,一位女子却"泪融残粉花钿重",泪水弄污了脸上的残粉。她感叹,酒意诗情,谁

---

① 褚斌杰、孙崇恩、荣宪宾编:《李清照资料汇编》,第55页。
② 莫里斯·梅洛-庞蒂著,姜志辉译:《知觉现象学》,第198页。
③ 同上书,第384—385页。
④ 同上书,第103页。

能与我共享？这时流的是思念郎君的泪水。宣和三年（1121年）八月间，赵明诚起知莱州。清照由青州起程，前往会合，途中宿于昌乐馆，作《蝶恋花·昌乐馆寄姊妹》，中有"泪揾征衣脂粉暖"。词中写山长水断，孤馆之中，听着潇潇细雨。词人惜别伤离，方寸大乱。泪水浸湿了罗衣，脂粉弄污了脸庞。这里流的是思念亲人的眼泪。建炎二年（1128年）秋，李清照与赵明诚南奔。有词《青玉案·用黄山谷韵》写道，征鞍远奔，不见归途。秋风萧瑟，凭何以度？相逢之时：各自感伤迟暮之悲，独自诵读新诗奇句。人们或许会赞许词人的诗书家传；词人自悼于"如今憔悴，但余双泪，一似黄梅雨"。她容颜憔悴，双眼的泪水，如江南梅雨，常流不停。建炎三年（1129年）八月十八日，夫君赵明诚卒于建康。是年冬，清照一路追随行朝，流离海角天涯。在《清平乐·年年雪里》词中，她写道："年年雪里，常插梅花醉，挼尽梅花无好意，赢得满衣清泪。"词人海角天涯，两鬓花白，随风飘摇。花之露，人之泪，已然不能分辨。梅洛-庞蒂指出："（身体）表达整个生存，这不是因为身体是生存的外部伴随物，而是因为生存是在身体中实现的。①"在李清照的词中，雨如泪，露如泪。或许，她沉湎于"身体的感受"，她以"眼泪"来表达她的生存，而我们也可以透过"眼泪"来体察她的人生。由此，泪水事实上成为她"自我存在的隐藏形式"。

对于头发的关注，女性亦较男性为多。如果说清照词中"云鬓斜簪，徒要教郎比并看"（《减字木兰花·卖花担上》），其"鬓簪"正是青春正好的女子，其绰约风姿的集中体现；那么，我们很快发现，伴随着岁月的流逝，经历了人生的沧桑，词人笔下的"两鬓"总是呈现出"华"色来。在《摊破浣溪沙·病起萧萧两鬓华》中，她写道："病起萧萧两鬓华，卧看残月上窗纱。"夫卒之后，清照几至崩溃。大病之后，勉强起身，倍感凄凉。其词笔之下，衰弱的身体与苍凉的景象都充满着人生末路的伤感和绝望。其后形势更为窘迫，"今年海角天涯，萧萧两鬓生华"（《清平乐·年年雪里》），我们似乎看到，词人那稀疏而斑白的两鬓，随风飘零。绍兴九年（1139年），历经奔波和曲折，李清照终得寓居杭州。是年元宵，写下《永遇乐·元宵》一词。词人想起当年在京都之时的岁月：落日熔金，暮云舒卷；柳绿似烟，笛吹《梅怨》；元宵佳节，天气融和；香车宝马，呼朋唤友。"中州盛日，闺门多暇，记得偏重三五。铺翠冠儿，捻金雪柳，

---

① 莫里斯·梅洛-庞蒂著，姜志辉译：《知觉现象学》，第218—219页。

簇带争济楚。"元宵之时，(姐妹们)戴着铺翠冠儿，髻鬓篸插，花团锦簇，争相展现自己的美丽。词人似乎沉浸在过去的回忆之中，但她猛然醒悟过来："如今憔悴，风鬟霜鬓，怕见夜间出去。不如向、帘儿底下，听人笑语。""身体，它是最初的习惯，决定其他所有习惯的习惯。"① 我们可以发现，此词之中，词人呈现出两个身体，其中一个是"铺翠冠儿，捻金雪柳，簇带争济楚"的"习惯身体"。② 对于寓居杭州，已至暮年的词人来说，"习惯身体"正是"依靠对以前的体验的回忆"而得以延续。③ 另一个则是"如今憔悴，风鬟霜鬓"的"当前身体"。这两个"身体"由"鬓鬟"而得以互相连贯，又互相错落；对昔时岁月的怀念与眼前生活的自伤，既互相缠绕，又互相映照。

## 二、冰凉触觉与黑暗听觉

梅洛-庞蒂指出："每时每刻，我的知觉场都充满了映象、嘈杂声、转瞬即逝的触觉印象，……每时每刻，我也围绕着这些东西进行幻想。"④ 李清照的词中，也充满了各种触觉与听觉的书写：衣衫与枕簟、雁声与啼鸠、更漏与清角，它们共同构成清照词的"知觉场"。

在李清照词中，多写及衣衫，其间身体知觉与天气冷暖，由之得到连接。在《点绛唇》中，李清照写道："蹴罢秋千，起来慵整纤纤手。露浓花瘦，薄汗沾衣透。"露色浓重，花色清瘦。荡完秋千，少女顾不上清理一下自己的双手。微汗将她的薄衣湿透。我们可以由"薄汗沾衣透"感受到春天的温度和少女的活力。而在《蝶恋花·暖风晴雨初破冻》下片中，则写到初春天气，一位女子斜倚在山枕之上，也顾不上损毁了发钗；"乍试夹衫金缕缝"，她独自一人，心怀浓愁。此词传达了初春稍暖之时，女性的慵惓与疏懒。在《菩萨蛮·风柔日薄春犹早》中，词人写道："风柔日薄春犹早，夹衫乍着心情好。睡起觉微寒，梅花鬓上残。"日暮之时，风是那么柔和，春天还是感觉早了些。刚刚穿上夹衫，心情还不错；刚睡起来，还感觉有些寒意。同样是身处早春：如果说用"薄

---

① 莫里斯·梅洛-庞蒂著，姜志辉译：《知觉现象学》，第127页。
② 同上书，第117页。
③ 同上书，第118页。
④ 同上书，第5页。

汗轻衣"透露出春天的温度;而"乍试夹衫"表现出春天的初暖;"夹衫乍着"则表达出春天的余寒。"外部知觉和身体本身的知觉是一起变化的,因为它们是同一个活动的两个方面。"① 也就是说,在清照的词中,身体—物体—世界,它们是被同时感知和整体理解的。

清照词多写及枕簟,则往往表现出对冰凉的触觉。在《一剪梅·红藕香残玉簟秋》中,清照写及雁阵回转之时,月满西楼。花自飘落,水自流逝。词人闲居闺阁,"红藕香残玉簟秋",此时,玉簟之上是无限的清冷。又有《南歌子·天上星河转》写天上银河,斗转星移。宅居之中,帘幕低垂。"凉生枕簟泪痕滋",还是那样的天气,那样的衣衫,但是人的情怀,已经不如旧时了。此时,枕簟之上更多附着了节候变换与世态炎凉。其他,词人或有重阳时节,薄雾浓云,长昼漫漫,"宝枕纱厨,半夜凉初透"(《醉花阴》);或有三更之时,无法入眠,"伤心枕上三更雨,点滴凄清,点滴凄清"(《添字丑奴儿·芭蕉》)。在李清照的笔下,这些被书写的"宝枕"和"玉簟"似乎永远是冰凉的。如果说"显现的东西不仅是物体,而且也是关于物体的体验"②,那么,"宝枕生寒,翠屏向晓"(《怨王孙》),自夜至晓,始终冰凉,这种反应可能出自词人对孤寂生活的反感。③

李清照词多写及黑暗。如在《好事近·风定落花深》一词中,李清照写道:风停了,落花渐深。帘外的海棠,在积雪之中,开放正艳。她记得,每年海棠花开之后,总是伤春时节。歌停了,酒也空了。室内的青灯,明明灭灭。此时,"魂梦不堪幽怨,更一声啼鴂",可以想见,在赵明诚卒后的一个暮春。那一声猫头鹰的鸣叫足令词人为之胆寒心碎。暮年的清照,曾写下《声声慢·寻寻觅觅》。词人家徒四壁,冷清凄惨。被窝刚刚暖和,但仍有寒意,这是最难以入眠的时候。"雁过也,正伤心,却是旧时相识",孤雁的哀鸣,令她同命相怜。"守着窗儿,独自怎生得黑",独守窗下,她惧怕黑夜的到来;"到黄昏、点点滴滴",雨滴却又不断地提醒她:黑夜的到来,不可抗拒。陆云龙评曰:"'黑'字妙绝。"④ 词人笔下的"黑夜",似乎是一种没有轮廓、没有平面、没有表现、没有距离的"深度"⑤;但它一直包围着词人,或当"雁过""啼鴂"之时,它就被唤

---

① 莫里斯·梅洛-庞蒂著,姜志辉译:《知觉现象学》,第263页。
② 同上书,第412—413页。
③ S.E.拉斯穆森著,刘亚芬译:《建筑体验》,知识产权出版社2003年版,第200页。
④ 褚斌杰、孙崇恩、荣宪宾编:《李清照资料汇编》,第58页。
⑤ 莫里斯·梅洛-庞蒂著,姜志辉译:《知觉现象学》,第360页。

醒了，伺机而入，令人感到窒息。

词人笔下，更漏与清角，时常出现。在《菩萨蛮》中，李清照写道：暗窗之外，大雪纷飞。香炉之烟，袅袅直升。烛光之下，凤钗明亮。"角声催晓漏，曙色回牛斗。"如果说更漏意味着夜晚，角声则意味着白昼的到来。此词之中，透露出词人的某种期待。在《忆秦娥·咏桐》中："临高阁，乱山平野烟光薄。烟光薄。栖鸦归后，暮天闻角。"此时的角声，代表着白昼的结束，也意味着黑夜的开始。在《怨王孙》中："梦断漏悄，愁浓酒恼。"此时的更漏之声，更侵人心魄，它让夜晚变得具体可感。由此，时间缓慢移动的感觉也就成为词人不可忍受的事情。①

## 三、人性物恋与空间体验

鲍德利亚曾经指出："物品是在我们的日常生活中扮演一个导游者的角色，在它们身上，许多神经质症（névroses）可以得到消解，许多紧张和追悼状态中的能量可以得到承接。"②在李清照笔下，其闺阁之中的焚香、灯烛和酒盏③，因附着了日常生活与感受，成为"属于她"的物品。

词人日常生活之中，焚香时时随之。早年的词人，居于深闺，倍感寂寞。曾有《浣溪沙·莫许杯深琥珀浓》词，其中写傍晚之时，稀疏的钟声应和着微风；而后"瑞脑香消魂梦断，辟寒金小髻鬟松"，梦断香消，烛红空对。清照词还多次写及"被冷香消"："香冷金猊，被翻红浪，起来慵自梳头。"（《凤凰台上忆吹箫·香冷金猊》）"被冷香消新梦觉，不许愁人不起。"（《念奴娇·春情》）皆写梦醒香消，慵倦疏懒，词中流露出对孤独生活的忍耐。另有伤春时节，词人髻子懒梳。梅花初落，庭院晚风。淡云往还，月影疏落。玉鸭薰炉，闲烧瑞脑。朱樱斗帐，遮掩流苏。"遗犀还解辟寒无？"（《浣溪沙·髻子伤春慵更梳》）词中似乎透露出对孤独生活的不耐。建炎三年（1129年）寒食节，清照在江南，有《浣溪沙·淡荡春光寒食天》曰："淡荡春光寒食天，玉炉沉水袅残烟。梦回山枕隐花钿。"时逢寒食，残香未尽，词人春睡未醒。而夫君病逝之后，

---

① 罗伯特·列文著，范东生、许俊农等译：《时间地图》，安徽文艺出版社2000年版，第57页。
② 尚·布什亚著，林志明译：《物体系》，第104页。
③ 杨海明：《诗酒茶梅菊及其他——谈李清照词中的"雅士"气息》，《古典文学知识》1994年第4期。

词人背井离乡，则有"画楼重上与谁同？记得玉钗斜拨火，宝篆成空"（《浪淘沙·帘外五更风》），那一柱宝篆是她与夫君昔时生活的记忆。晚年，故乡山东济南、章丘及诸城、青州一带皆为金人所陷，她又写道："故乡何处是？忘了除非醉。沉水卧时烧，香消酒未消。"（《菩萨蛮·风柔日薄春犹早》）入睡的时候，点燃焚香。香烧完了，酒意却未消除。或许，她实在不知如何面对国破家亡的残酷局面。另有《忆秦娥·临高阁》一词云："栖鸦归后，暮天闻角。断香残酒情怀恶，西风催衬梧桐落。"亦写深秋时节，断香残酒，心绪不佳。晚年有《孤雁儿·世人作梅诗》词，写及藤床纸帐之中，朝眠而起，心绪不佳。小风疏雨，催人泪下。"沉香断续玉炉寒，伴我情怀如水"，词人内心似乎趋于平静。由此，我们可以理解，清照词中的"焚香"，不仅是伴随她日常生活的物品①，更被附着了某种"富有人性的物恋"②。

清照词中，亦时时写及灯火。在《庆清朝·禁幄低张》下片中，词人起初展现了京都城郊生活：东城南陌，熙日照耀；池馆之前，车轮竞走；绮筵离散，香尘难继。而后笔触转向室内：灯火通明；"金尊倒，拼了尽烛，不管黄昏。"这是清照传世词作中极为少见的写及恣情游乐的篇章。"烛底凤钗明，钗头人胜轻。"（《菩萨蛮·归鸿声断残云碧》）写烛光照耀，凤钗明亮，情景温馨。更多的灯烛出现，则是深闺寂寞，香消梦断之时："醒时空对烛花红"（《浣溪沙·莫许杯深琥珀浓》）、"独抱浓愁无好梦，夜阑犹剪灯花弄"（《蝶恋花·暖雨晴风初破冻》），每当此时，灯是孤独词人的陪伴。"灯花空结蕊，离别共伤情。"（《临江仙·庭院深深几许》）写灯花空自结蕊，词人因别而神伤。鲍德利亚指出："光源仍可以令人回想起事物的根源。……它仍是事物拥有特权的亲密性记号，它仍然赋予事物独特的价值，它创造了阴影，它构织了临在感。"③在清照词中，灯光确实可营造种种氛围："明窗小酌，暗灯清话，最好流连处"（《青玉案·用黄山谷韵》），离乱重聚，灯火昏暗，犹如词人之惊魂甫定；"酒阑歌罢玉尊空，青缸暗明灭"（《好事近·风定落花深》），灯火时明时暗，象征她在夫君亡故之后，忐忑不安的内心。可以看出，随着身世的变迁，灯火的亮度实际被词人不

---

① 陈娜：《李清照"香词"审美意蕴探析》，《文学界》（理论版），2012年第12期。
② 威廉·皮埃兹：《物恋问题》，孟悦、罗钢主编《物质文化读本》，北京大学出版社2008年版，第68页。
③ 尚·布什亚著，林志明译：《物体系》，第19页。

断转换①,其间似乎隐藏着某种情感逻辑。

独居无聊之时,饮酒作诗,本是词人的日常生活:"险韵诗成,扶头酒醒,别是闲滋味。"(《念奴娇·春情》)又有"东篱把酒黄昏后,有暗香盈袖"(《醉花阴·薄雾浓云愁永昼》),东篱把酒,风送菊香;又有"断香残酒情怀恶,西风催衬梧桐落"(《忆秦娥·咏桐》),深秋之时,香断酒残,更是扰乱心绪。其他更有,"酒意诗情谁与共,泪融残粉花钿重"(《蝶恋花·暖雨晴风初破冻》),酒唤起她对昔时生活的美好记忆;"三杯两盏淡酒,怎敌他、晚来风急?"(《声声慢·寻寻觅觅》)酒是她对恶劣环境的无力抵抗。②绍兴中,词人寓居杭州,庭院之中,绿荫满园,芳草满池。晴天的傍晚,玉钩金锁,寒意已透窗纱。友朋来往稀疏,堂上更显冷落。词人说,何必在意客人来与不来呢。当年情景,犹在目前:繁花似锦,燃香熏袖,烧水分茶,车水马龙。不管风狂雨骤,只顾赏花煮酒。那是何等的快意!"如今也,不成怀抱,得似旧时那?"(《转调满庭芳·芳草池塘》)往事如烟,恣意放纵的诗酒情怀,已经一去不复返了;"寂寞尊前席上",席间的酒杯,唤起了词人对昔时狂欢的记忆,惹动她对南奔流离,以及晚年凄苦的伤悼。在李清照的笔下,酒早"已在实用范围之外",它"成为别有意义的事物"。③

梅洛-庞蒂指出:"(空间体验)和其他所有心理材料交织在一起。"④在李清照词中,对门、窗、帘的书写正可由此观之。⑤我们首先来看"门"。在《点绛唇·蹴罢秋千》中,那位荡完秋千,薄衣湿透的少女,"倚门回首,却把青梅嗅"。"门"是掩饰羞涩的屏障。其后,清照笔下,"重门"多次出现。如在《念奴娇·春情》中:"萧条庭院,又斜风细雨,重门须闭。"词人孤居无趣,日头渐高,云收烟敛。征鸿飞过,万千心事,无人可以倾诉。这里的"重门"是词人对外在世界欲拒还休的心态呈现。在《小重山·春到长门春草青》中,词人写及绿草茵茵,春色逼门,"花影压重门,疏帘铺淡月,好黄昏",这里的"重门"透露出那虽然受到拘束,但仍然按捺不住的赏春渴望。布鲁姆和摩尔在讨论现代美国(独门独户)的房子时指出:"(房子)像我们个人自身一样独立,有前部和后部,有壁炉(就像是心脏),有烟囱,有阁楼(充满了对'上'的回忆),有地

---

① 莫里斯·梅洛-庞蒂著,姜志辉译:《知觉现象学》,第 396 页。
② 周志凌:《试论李清照涉酒词的文化蕴涵》,《中外文化与文论》2013 年第 3 期。
③ 尚·布什亚著,林志明译:《物体系》,第 99 页。
④ 莫里斯·梅洛-庞蒂著,姜志辉译:《知觉现象学》,第 364 页。
⑤ 田园:《李清照词作的叙事空间探析》,《名作欣赏》2011 年第 26 期。

下室(暗示着'下')。"①我们以此眼光来观照李清照的闺阁书写,发现其笔下的"门"与身体及其心理同样可以构成某种对应关系:"重门须闭"可能是词人感觉"在身体上很弱或者易受攻击"之时;由此,"重门"也就成为词人笔下的"心理上的防御屏障"。②

卧室之中,窗户作为"光和空气出现时的必经孔穴"③,令词人时常守望。在《玉楼春·红梅》中,李清照写及红梅初开,花蕾包藏无限春意;"道人憔悴春窗底,闲损栏杆愁不倚",憔悴之人常守春窗,流露出无限的思念。南奔之后,深秋之时:"寒日萧萧上琐窗,梧桐应恨夜来霜"(《鹧鸪天·寒日萧萧上琐窗》),其间有无限的落寞。在《声声慢·寻寻觅觅》中,词人写及落花满地,细雨梧桐,点点滴滴;"守着窗儿,独自怎生得黑。"孤窗独守,弥漫着对眼前的绝望。布鲁姆和摩尔指出:"我们将曾经在外部世界中'感觉'到人物、地点和事件移入我们的内部世界,并且,我们把那些事件与它们自己的感觉联想到一起。"④毋庸赘言,清照词中"窗"通常附着了寂寞和孤独。更值得指出的是,这样的寂寞和孤独,还与故土怀远、命运感悼以及生活绝望交织在一起。

清照词中,对于"帘"多有写及。⑤如《浣溪沙·小院闲窗春已深》有:"小院闲窗春已深,重帘未卷影沉沉。"董其昌曰:"写出闺妇心情,在此数语。"⑥其他如"清昼永,凭栏翠帘低卷。"(《殢人娇·后亭梅花开有感》)、"人悄悄,月依依,翠帘垂。"(《诉衷情·枕畔闻梅香》)诸处之"帘",皆呈低垂之态⑦,实可见词人对外界之气候更替与时世变幻,既欲拒斥又不能无所觉知的微妙心态。我们前面提到,《多丽·咏白菊》词中"小楼寒,夜长帘幕低垂。恨萧萧、无情风雨,夜来揉损琼肌",将女性肌肤作为感知气候变换的媒介;所以,此词中的"帘幕低垂"也即意味着在"自己与外部世界之间建立起一道边界"。⑧虽

---

① 肯特·C.布鲁姆、查尔斯·W.摩尔著,成朝晖译:《身体,记忆与建筑》,中国美术学院出版社2008年版,第63页。
② 肯特·C.布鲁姆、查尔斯·W.摩尔著,成朝晖译:《身体,记忆与建筑》,第49页。
③ 尚·布什亚著,林志明译:《物体系》,第19页。
④ 肯特·C.布鲁姆、查尔斯·W.摩尔著,成朝晖译:《身体,记忆与建筑》,第66页。
⑤ 赵梅:《重帘复幕下的唐宋词:唐宋词中的帘意象及其道具功能》,《文学遗产》1994年第4期。
⑥ 褚斌杰、孙崇恩、荣宪宾编:《李清照资料汇编》,第45页。
⑦ 陈莉萍、张如成:《一切帘语皆心语——李清照词作中的"帘"意象分析》,《黑龙江史志》2008年第16期。
⑧ 肯特·C.布鲁姆、查尔斯·W.摩尔著,成朝晖译:《身体,记忆与建筑》,第63页。

然,用这样的边界来抵御外在侵害,其效果是非常有限的:"莫道不消魂,帘卷西风,人比黄花瘦。"(《醉花阴·薄雾浓云愁永昼》)"帘外五更风,吹梦无踪。"(《浪淘沙·窗外五更风》)事实上,节候的转换与世事的变迁实在不是一张薄薄的帘幕可以隔绝的。但是,"帘"作为我们"身体的私人世界"的标志,让我们仍然保留着某种机会,"去作出让我们想起个人身份的反应"①,在李清照的笔下,"帘"是她面对秋寒侵人的虚弱抵抗、经受外在伤害的本能屏蔽,也是她体察世事风雨的外窥缺口。②

## 四、余 论

综上所述,可以看出,在李清照词中,借助身体与物体及其知觉来整体理解和表达世界是其惯用手法。如用女性的"身体图式"赋花朵以美丽容颜,浸雨露以悲伤情怀,合花木以玉骨冰肌。词中"鬓簪"的变换寓示过去和当前两种身体的错落与映照。用"衣衫"显示节候的变换,用"枕簟"呈现触觉的冰凉。用"雁声"和"啼鴂"唤醒黑夜,用"更漏"标示时间流逝。"香"成为附着富有生活意味的物恋;"灯火"的亮度随着某种情感逻辑被不断切换;"酒"成为别有意义的事物。在闺阁之中,"重门"是词人心理上的防御屏障;"窗下"与词人对爱人的思念、对故土的怀眷、对命运的感悼互相缠绕;"帘"更是词人体察世事的外窥缺口,也是面对外在侵袭的无力抵抗和本能屏蔽。我们可以认为,李清照词中的身体与物体共同构成了词人的"知觉场"。艾朗诺曾经认为,"李清照与她同时代的任何一位其他重要词人一样,写词的时候在很大程度上依赖于既定的方式和惯常的图景去描写情人的别离与相思","在柳永,欧阳修,秦观或者同时期任何一位男性作者的词中可以很容易的找到类似的声音"③,但我们比较之后,坚持认为李清照作为女性词人由其身体知觉之微妙,其空间感受之独特,其词作确实自具面目。其实,对此前人早有体会,如明代张诞谓朱淑真之"可怜禁载许多愁"与清照之"载不动,许多愁"(《武陵春·春

---

① 肯特·C.布鲁姆、查尔斯·W.摩尔著,成朝晖译:《身体,记忆与建筑》,第66页。
② 吴嘉敏、木斋:《浅析"帘"意象在李清照词中的运用》,《长春理工大学学报》2014年第9期。
③ 艾朗诺:《赵明诚远游时为什么不给他的妻子李清照写信》,《中国文学研究》第十一辑,中国文联出版社2008年版,第146页。

晚》),其间"岂女辈相传心法耶"[①];王世贞则慧眼独识"甫能炙得灯儿了,雨打梨花深闭门","此非深于闺恨者不能也"。

特别值得提出的是,李清照词的身体知觉与闺阁书写事实上开启了中国女性文学"身体写作"的先河。李清照词造语浅显流畅而情思深婉,时人称为"易安体",宋代即有侯真、辛弃疾等人加以仿效。[②]明清女性词人,追慕和模仿易安词作,更是一时风尚[③],其间女性身体知觉与空间书写显然是"易安体"影响后世甚深远的重要原因。如明末叶小鸾《后庭花·夜思》:"朝来烟雨繁,金炉香缕翻。坐久还慵立,眠多愁梦烦。掩重门、落花流水,依稀随断魂。"[④]其中欲将"重门"作为屏蔽外在侵袭的屏障与易安《念奴娇·萧条庭院》之手法如出一辙。王微《如梦令·冬夜》:"早自不禁凄婉,那更雁声续断。近日瘦腰围,想比别时更缓。夜半。夜半。梦去似他低唤。"[⑤]其间对"雁声"与黑夜的关联亦深得易安《声声慢》之神韵。更有清代女性词人徐灿,陈维崧谓"其词娣视淑真、姒畜清照"[⑥],其《水龙吟·春闺》一词:"怕听玉壶催漏,满珠帘、月和烟瘦。微云卷恨,春波酿泪,为谁眉皱。梦里怜香,灯前顾影,一番消受。恰无聊、问取花枝,人长闷,花愁否。"[⑦]其"神味渊永,固自不让李易安"。[⑧]甚至,明清时期,不少女性词人刻意塑造身形憔悴、神情悲楚的自我形象[⑨],乃至女性清瘦弱病之美之风尚形成[⑩],皆与李清照词之"知觉的美学"的广泛流传与深远影响有直接的关系。

---

① 褚斌杰、孙崇恩、荣宪宾编:《李清照资料汇编》,第40页。
② 褚斌杰、孙崇恩、荣宪宾编:《李清照资料汇编》,第13页。
③ 高峰:《明清女性词人的易安情结》,《南京师大学报》2011年第5期。
④ 叶小鸾:《返生香》,叶天寥纂辑《午梦堂全集》,贝叶山房中国文学珍本丛书本1936年版,第18页。
⑤ 王微撰:《期山草词》,施蛰存辑录本。
⑥ 褚斌杰、孙崇恩、荣宪宾编:《李清照资料汇编》,第72页。
⑦ 徐灿撰:《拙政园诗余》卷下,清徐乃昌校刊本。
⑧ 陈廷焯编选:《词则·闲情集》卷六,上海古籍出版社1984年影印本。
⑨ 高峰:《明清女性词人的易安情结》,《南京师大学报》2011年第5期。
⑩ 陈璐:《清代女性词中的身体语言研究》,南京师范大学2015年硕士学位论文,第25页。

# 美学视域下李渔的家居生活：
## 以茶、酒为研究对象[*]

赵洪涛

（湖南科技学院人文与社会科学学院　425199）

**摘　要**：生活于明末清初之际的李渔是一位生活艺术家，这表现在他以审美的眼光来审视并创造生活之美，日常生活中人们习以为常的事物，经他发挥，便具有了不同寻常的美学价值。即便是饮茶、喝酒这样普通的事情，在李渔笔下也不同流俗，充满审美的艺术气息。在对饮茶、喝酒的审美现象进行描摹之后，我们可以挖掘出李渔生活美学的本体，即追求生活中的闲适之趣。"闲适"是李渔生活美学的本体论，正因为重视生活中的"闲适"，李渔才可以心无旁骛，有心情与时间去打量、营造生活之美。

**关键词**：茶　酒　生活美学　闲适

李渔在生活艺术方面有独到一面。他用艺术的视角审视生活，由此而形成的生活美学文章令人叹为观止。一部《李渔全集》洋洋数万言，淋漓尽致地将李渔审美化的日常生活表现出来，妙语连篇，给人不少启发：他身边的一桌一椅、一山一石、一草一花，经其安置，便呈现出另外一种特色来。日常生活中的饮茶、喝酒在李渔道来趣味盎然，充满审美气息。

---

[*] 基金项目：本文受 2017 年度湖南省社会科学成果评审委员会一般课题"清初江南文人基于西湖生活的文艺反思"（编号：XSP17YBZZ043）、2017 年度湖南省哲学社会科学基金一般项目"晚明清初江南文人生活美学的嬗变研究"（编号：17YBA189）、湖南科技学院文艺学重点学科资助。

## 一、"旋烹佳茗供佳客"——饮茶

茶与文人的胸襟、品行之间具有某种关联,李渔在《吴兴郡司马于胜斯公祖二联》中道:"待客常烹顾渚茶,自昔至今,挥尘只谈千古事;闻公但饮苕溪水,由清得暇,垂帘竟读十年书。"[①]字里行间可以看出,饮茶作为品行的某种衬托而出现。这也是中国古代文人生活的一个传统。因此,饮茶的讲究就不能懈怠,须亲力亲为,谨小慎微,"酒可沿途卖,茶须手自烹"。[②]

就烹茶之水而言,也非可将就的,有许多考究。在《伊园十便》中,李渔曰:"飞瀑山厨止隔墙,竹梢一片引流长。旋烹佳茗供佳客,犹带源头石髓香。"[③]这里烹茶的水来自山中,带着大自然的气息。要想保持水的自然气息,须即刻烹茶。而且这样的茶不是人人可享受的,只有"佳客"才能享受。

品茶是一个色香味俱涉及的过程,不能畸轻畸重于某一方面而妄下结论,在《与梁石渠》一文中,李渔曰:"茶味极佳,而台翰黜之以为最劣,或止观色相,而未尝其味邪?岂不'以貌取人,失之子羽'?"[④]梁石渠以茶的外貌为依据,简单否定茶的品质,引起李渔的不满,他劝梁要试过味道才能做结论,不然就失之于浅陋。

茶的香气能悦情悦性,"茶在铛中香在鼎,尽可陶情"(《美人倚床图》)。[⑤]茶香能增加生活的情趣。除与友人围绕茶谈天论地,臧否人物外,饮茶使生活充满生气。李渔举出一个例子:"未共鸳帏还是客,何事窃杯尝口泽?残茶往往被伊偷,吸干不使留余滴。谁知郎计谲,空杯又取斟来吃。问其中有何气息,直恁贪如蜜?但解钻营都是贼,但效殷勤都是术。只愁蜂蝶为花忙,近花便觉花无色。念他可怜极,再倾杯,剩些余汁,只当施残粒。"(《窃茶》)[⑥]这首词中除却劝诫人心矫世励俗的意义外,我们还可从中解读出生活的情趣。由于茶香诱人,小妾禁不住茶香的诱惑偷喝了主人的喝剩下的茶,李渔对此生出

---

① 李渔:《李渔全集》(第一卷),浙江古籍出版社 2014 年版,第 290 页。本文相关作品下略出版信息。
② 同上书,第二卷,第 296 页。
③ 同上书,第二卷,第 311 页。
④ 同上书,第一卷,第 177 页。
⑤ 同上书,第二卷,第 446 页。
⑥ 同上书,第二卷,第 486—487 页。

世道人心的感喟，但又欲擒故纵，暗地允许她去偷喝残茶。这一擒一纵的"较量"，客观上使生活变得饶有生气。

有好茶叶，还需茶具桴鼓相应。茶叶的储藏之器，应以锡瓶为宜，"但以锡作瓶者，取其气味不泄"，锡瓶不能有孔，"漏即无所用之矣"。李渔认为，茶壶以砂壶为佳，"茗注莫妙于砂壶，砂壶之精者，又莫过于阳羡"。壶嘴宜直不宜曲，"一曲便可忧，……茶则有体之物也，星星之叶，入水即成大片，斟泻之时，纤毫入嘴，则塞而不流。啜茗快事，斟之不出，大觉闷人"。①

李渔饮茶之道表明，生活可以是一种环环相扣的艺术，任何部分都不可忽视，它显现着江南文人的审美品位，这是一种基于文化、经验、感觉与身份的感知与认知能力。通过对生活细节的艺术强调与改造，李渔等江南文人将自己的才艺展现出来，文人的价值在政治之外得到了一次重塑，如贺志朴所言："李渔的生活美学是晚明以来强调日常生活的人情物理、高扬感性的思潮的美学呈现，……这多绚烂之花从生活出发，从人性立论，对鲜活的生活样态进行提炼，让宋代以来的文化转型中的新领域得到了一个体系性的总结。"②

## 二、"敌寒不惜酒频赊"——饮酒

饮酒有助于肢体活络，祛御寒气，李渔云："饮此一杯酒，冲和被四肢"（《赠杜翁》）③，"敌寒不惜酒频赊"（《拉张十九过寓看梅》）④。但更多关于饮酒的文字，李渔并不是从生理层面来阐述的，而偏向于审美心理、文化等方面。

饮酒并非简单的口腹之欲的满足，它对环境、饮者都有要求。李渔道："宴集之事，其可贵者有五：饮量无论宽窄，贵在能好；饮伴无论多寡，贵在善谈；饮具无论丰啬，贵在可继；饮政无论宽猛，贵在可行；饮候无论短长，贵在能止。备此五贵，始可与言饮酒之乐。"（《饮》）⑤李渔对一次酒会印象很不好，原因在于："曲不成曲，席不成席，而使佳客一夜无眠，欠伸万状，是不得杯酒之娱，反受声音之

---

① 《李渔全集》（第三卷），第 221 页。
② 贺志朴：《李渔的生活美学思想》，《河北大学学报》2013 年第 5 期。
③ 《李渔全集》（第二卷），第 11 页。
④ 同上书，第二卷，第 362 页。
⑤ 《李渔全集》（第三卷），第 326—327 页。

厄矣。"(《复尤展成先后五礼之二》)① 环境太喧嚣,大概饮者不乏粗鄙之人,所以令李渔等人颇为扫兴。米歇尔·德·塞托指出:"礼仪的概念运用在消费记录中特别恰当,就如在吃饭和消费各种服务时构成的日常关系在消费中显得恰当一样。在这种关系中,象征资本的堆积起到了重要作用,而使用者将会从象征资本中得到预期的利益。"② 这种象征资本对于文人而言就是素养与文化。

李渔所向往的饮酒之事是这样的:"昨与二三同调,联袂朱门,飞觞绮席,聆清歌、观妙舞,固闲中一适也。"(《答同席诸子》)③ 又云:"一树梨花半轮月,今日是花明日雪。与君执盏傲东风,风能造愁我造悦。"(《饮梨花下》)④ 在梨花下饮酒,就算有风雨,也阻碍不了喜悦之情,缘在胜景迷人。与诗人书满腹者同聚一堂,不拘行迹,融融泄泄,"开筵集群彦……衣冠去桎梏,豪饮容疏狂。谈笑及歌咏,无一非文章。……君能共此乐,所至安可量。一会足千古,胜事谁能忘"(《金台高会,诗作公宴体,李湘北太史席上作》)。⑤ 因为与会者志同道合,虽来自不同地方,故能相见甚欢,让李渔念念不忘。文人在饮酒中有意无意的身份意识,保罗·福赛尔的一个论点可以某种参照,他说:"从显示社会地位的角度讲,几乎没有哪一个场合比'鸡尾酒时间'表现得更充分,因为无论喝什么酒,喝多少,都能体现出一个人的社会地位。……如果你是一个中年人,要了一杯白葡萄酒(顺便说一句,酒会上提供的白葡萄酒越甜,说明主人的社会地位越低),那么同时你已经发出了一个特别的信号:你是一个上层或中上层社会的人士。"⑥

李渔将交友与饮酒相提并论,一人独饮无趣,呼朋引类共饮才不负酒杯,云:"独酌易生叹,……君来破我幽,且慢出诗篇。同去豆棚闲坐,再向花间小饮,口耳莫教闲。我听君谈鬼,君听我谈天。……酒得友而更美,友得酒而愈乐,无事即神仙。"(《喜友至》)⑦ "饮酒须饮醇,结交须结具。"(《交友箴》)⑧ 又

---

① 《李渔全集》(第一卷),第190页。
② 米歇尔·德·塞托等著,冷碧莹译:《日常生活实践·2:居住与烹饪》,南京大学出版社2014年版,第38页。
③ 《李渔全集》(第一卷),第198页。
④ 同上书,第二卷,第485页。
⑤ 同上书,第二卷,第24页。
⑥ 保罗·福赛尔著,梁丽真等译:《格调:社会等级与生活品味》,世界图书出版公司2013年版,第136页。
⑦ 《李渔全集》(第二卷),第473页。
⑧ 同上书,第二卷,第5页。

云:"酒杯容易干知己"(《舟次彭城……相留度岁》)[①],"人来恰好,厨下黄鱼正炒,只添杯,狂饮愁无伴,孤吟正想陪"(《客至》)[②]。在《山中留客》中,李渔略带诙谐地写自己的待客之道:"山中何物可留君,醉甲糟鳞几夜醵。"[③]酒桌是中国人生活的一个重要地方,它可以移樽就教彰显礼仪,还可以折冲樽俎、剑拔弩张,当然我们更多地把它视为择朋交友的地方。柏杨在《丑陋的中国人》中说过这样一件事,他有个朋友从美国来台湾,一些不相干的人请他吃饭,之后就请他带东西去美国,柏杨不无揶揄地说:"因为吃过一顿饭之后,就变成朋友了。"[④]这话我们可以从正面来理解,而不是在柏杨设定的讽刺语境下。

对李渔而言,酒与吟诗作对,谈古论今等活动密不可分,在酒桌上李渔"常援古喻今"(《酿酒》)。李渔又云:"一席拥多贤,诗赋翩翩。歌停舞罢始分笺,不为衡才妨乐事,酒在诗先。狂兴发当筵,漏尽无眠。不神仙也是神仙。"(《佟梅岑席上分题》)[⑤]在《蒲州贾水部园亭》中云"诗肠因酒肠顿活",在酒的作用下,作者思路盘活,"觅句杯从曲水来"。[⑥]饮酒赋诗度日在李渔看来是一种名士风度,"饮酒赋诗多暇日,依然名士风流"(《嘉禾司马季辟山公祖》)。[⑦]在《萧文子二尹》中云:"长才不受簿书忙,羡饮酒读《骚》,依旧是当年名士。"[⑧]在《酒徒篇为燕中褚山人作》中,李渔描绘了一个狂放不羁的酒徒:

> 有客从来燕之都,自言我是高阳徒。
> 杖头行李无多物,几串青钱一酒壶。
> 谋生耻用陶朱术,不种桑麻惟种秫。
> 一年止醉十二场,一醉却须三十日。
> 垂帘卖卜长安陌,得钱但向垆边掷。
> 醒时青眼醉时白,醉时金刚醒时佛。
> 七贵五侯遭面叱,双阙九重排闼入。

---

① 《李渔全集》(第二卷),第171页。
② 同上书,第二卷,第401页。
③ 同上书,第二卷,第303页。
④ 柏杨:《丑陋的中国人》,人民文学出版社2015年版,第54页。
⑤ 《李渔全集》(第二卷),第434页。
⑥ 同上书,第一卷,第240页。
⑦ 同上书,第一卷,第296页。
⑧ 同上书,第一卷,第276页。

> 奋臂叫呼中贵吓，醉人天子不加责。
> 有时蓬跳游狭邪，寒夜偏呼酒当茶。
> 美人不敌粗豪势，急脱缠头向酒家。
> 酒酣耳热神情变，夺将脂粉自匀面。
> 翠凤云翘插满头，自舞自歌还自美。
> 饮中三昧君得之，君腹居然一酒池。
> 中山一醉仅千日，君醒直须长夜时。
> 嗟余力不胜杯醑，莫识醉乡在何许。
> 但能领略醉翁情，喜与八仙为伴侣。①

诗中描写的高阳酒徒，酒量惊人，身无长物，也不从商谋利，显得洒脱豪迈，他漠视权贵，我行我素，游戏人生。在李渔眼里，这是一个值得标榜的人物，并以能与他交往而乐在其中。饮酒寄寓着李渔对理想人格与生活方式的认同。又如在《担灯行赠程子穆倩》中写了嗜酒多才的"程子"，"赋诗饮酒无虚日……才缤纷。出言吐词近淳朴，挥毫落笔无纤尘，未技犹能工篆刻，三寸精钢为不律。信手能追仓颉文，……如其死果死埋道旁，道旁谁与奠壶觞？酒是何物可与别"。②这首诗里如果没有酒，程穆倩的人格魅力似乎大打折扣。寻常人饮酒不过追求口腹之足，显得单调乏味，比如李渔在湖上见到饮酒之后酣睡的渔夫，窃笑其"鼾眠负酒瓢"（《夜泊汉口，次日示邻舫诸客》）。③饮食与人品息息相关，李渔在《无声戏》第八回"鬼输钱活人还赌债"中写一群赌徒，不看其他，单从吃相就能判断出其品格如何。书中这样写道：

> 二人也只得坐下，用了一两杯酒，就讨饭吃。把各样菜蔬都尝一尝，竟不知是怎样烹调，这般有味。竺生平常吃的，不过是白水煮的肉，豆油煎的鱼，饭锅上蒸的鸭蛋，莫说口中不曾尝过这样的味，就是鼻子也不曾闻过这样的香。正吃到好处，不想被那些客人狼餐虎食，却似风卷残云，一霎时剩下一桌空碗。吃完了，也不等茶漱口，把筷子乱丢，一

---

① 《李渔全集》（第二卷），第40页。
② 同上书，第二卷，第63页。
③ 同上书，第二卷，第124页。

齐都跑去了。①

李渔并不善于饮酒——"予系茗客而非酒人"(《不载果食茶酒说》)②,又云:"不饮偏思酿酒。"(《酿酒》)③ 由于饮酒带有某种理想人格的色彩,所以不善饮酒的李渔在生活中也常常显出好酒的姿态,在《中秋看月歌》中云:"中秋月色不平铺,邻家有月侬家无,携酒邻家借月看……明宵明月照谁家,酩酊莫辞今夜酒。"④ 又云:"搔首狂歌凭酒力"(《镇江舟中看雪歌》)⑤,"不倾百斗莫言归"(《端午后七日……即席和之》其五)⑥。由于世事变迁,人生苦短:"只为为欢无几岁"(《重过婺城,别金孟英老友》),"名媛色衰名士老"(《赠施匪莪司城》)。⑦ "百年迅速移如晷",故应"满酌大斗我不辞"(《柯岸初给谏以长歌送行……依韵和之》)⑧,"骊歌又唱酒旗边"(《重过婺城,别金孟英老友》)⑨。酒使人忘却世事,神与物游:"醉乡即是真桃源,欲从老子分余地。"(《担灯行赠程子穆倩》)"欲把酡颜相映取,时时携酒坐斜阳。"(《红树》)⑩ "醉听池蛙以洗酲。"(《次韵和张壶阳观察题层园十首其三》)⑪ "还童妙药无过酒,醉后人人似少年。"(《题酒家壁》)⑫ "无穷乐境出壶天,不是群仙也类仙。"(《端阳后七日……即席和之》)⑬ "饮即是参禅。"(《春游》)⑭ 一杯在手,暂且忘却了生计困顿之忧,"且酹一尊花下酒,莫启一声杯外口"(《友人子向予贷钱,兼索诗,口占以答》)。⑮ 当代作家苏叔阳这样谈酒,与李渔的想法不谋而合,他说:"倘或烈酒会使人的情感燃烧,以至于超越礼貌的国界,那么柔和的啤酒,既可以温暖人们的心,活跃人们的舌头,又可以让情谊在使人愉快的氛围中自然地

---

① 《李渔全集》(第八卷),第154—155页。
② 同上书,第三卷,第258页。
③ 同上书,第二卷,第300页。
④ 同上书,第二卷,第41页。
⑤ 同上书,第二卷,第42页。
⑥ 同上书,第二卷,第349页。
⑦⑧ 同上书,第二卷,第60页。
⑨ 同上书,第二卷,第184页。
⑩ 同上书,第二卷,第159页。
⑪ 同上书,第二卷,第247页。
⑫ 同上书,第二卷,第329页。
⑬ 同上书,第二卷,第348页。
⑭ 同上书,第二卷,第381页。
⑮ 同上书,第二卷,第486页。

交流。"①

醇酒还需好酒具，李渔云：

> 酒具用金银，犹妆奁之用珠翠，皆不得已而为之，非宴集时所应有也。富贵之家，犀则不妨常设，以其在珍宝之列，而无炫耀之形，犹仕宦之不饰观瞻者。象与犀同类，则有光芒太露之嫌矣。且美酒入犀杯，另是一种香气。唐句云："玉碗盛来琥珀光。"玉能显色，犀能助香，二物之于酒，皆功臣也。至尚雅素之风，则磁杯当首重已。旧磁可爱，人尽知之，无如价值之昂，日甚一日，尽为大力者所有，吾侪贫士，欲见为难。然即有此物，但可作古董收藏，难充饮器。何也？酒后擎杯，不能保无坠落，十损其一，则如雁行中断，不复成群。备而不用，与不备同。（《酒具》）②

这段话涉及酒具的美感与功能。李渔指出，盛酒之具应朴实无华，不可显山露水炫耀，故金银不合适，玉能增加酒的色彩之美，又不浮奢，适合盛酒。犀也无炫丽外观，且有助于酒气散发，故犀与玉二者李渔颇为推重。贵重之物如旧磁（瓷）杯，不适合盛酒，因难保酒宴上饮者万无一失，一旦损毁纤毫，影响其价值。于此可见，酒具如果用得适当，既可以彰显主人的品行，又能使饮者色香味俱能享受，表面看，区区器具无甚可观，细究下去颇有文章。这种敏锐的审美感知使饮食升华为一种艺术，让饮者在口腹之欲满足的同时得到审美的熏陶。这是中国文人生活艺术极为重要的环节，它不截然将世俗与艺术泾渭割断，而是使两者互相渗透，进而提升世俗层面生活内容的价值与使原本有些不食人间烟火的艺术具有现实的内容。

成中英在谈美感时指出："美感是深入对生命与变化考察引发的睿智、慧见与灼见……有如晨钟与暮鼓，也有如临济禅中的狮子吼，动人心弦，成为超越生死的悟觉。"③饮酒体现出文人对生命意义的领悟与生活价值的发现。在《浇古墓》中，李渔云："古墓无人扫，来浇酒一杯。焉知千载上，不与共金罍。"

---

① 苏叔阳：《故土》，人民文学出版社 2007 年版，第 57 页。
② 《李渔全集》（第二卷），第 223 页。
③ 成中英：《美的深处：本体美学》，浙江大学出版社 2011 年版，第 23 页。

(《浇古墓》)①以酒为媒介,作者与未知的死者展开心灵上的对话,期望在未来的时空中相遇,把酒言欢。生与死之间的泾渭消失了,二者在酒中融为一体,此时此刻更多的是作者对生的意义的思考,而非对死的畏惧。尼采在论及酒神精神时指出,酒神打破了日神建构的外观与适度的艺术原则,日神构成对人的限制,酒神则突破了这种"适度","个人带着他的全部界限和适度,进入酒神的陶然忘我之境,忘掉了日神的清规戒律"。②

## 三、"闲人到晓忙"——李渔生活美学本体论:闲适

能够发现生活中的美,关键在于有闲情逸致,假如没有这样一种情致,纵然生活中有千姿百态之美也熟视无睹,置若罔闻。李渔写的书大多数都是提倡闲适生活之道的,他认为,要想生活变得有趣,需心有闲情,放弃蜗角虚名,云:"竹下常安卧榻,花前喜置鸣琴。不弹不睡也清心。俗缘随境化,道味入林深。往事茎茎白发,来时寸寸黄金。瓶中无酒贯来斟。当时名利客,几个到如今?"(《偶兴二首》)③云淡风轻之间道出为人处世之道。在《某参军》一诗中,李渔这样劝解参军:"年少即耽怀,不待此时方阮籍;官闲惟种菊,何须他日始陶潜。"④意思是,寻找生活闲趣无须特定的时间,随时都可以。年少时正是学习阮籍之时,工作闲暇之时就可以养花种草,何必等到辞官退隐之日?关键在于是否放得下功名。

"闲"并非远离世俗的生活状态,它其实是对日常生活的一种美学意义上的发现,李渔通过写山人来表达这一思想,道:"家住万山曲,常来市廛间。不阅世情冗,焉知道味闲。"(《赠山中人》)⑤因此,什么职业,何种身份并不影响对闲适生活的追求。李渔写的几位仕途中人,是这样安排生活的:"长才不受簿书忙,羡饮酒读《离骚》,依旧当年名士"(《萧文子二尹》)⑥;"才奇而肝胆俱奇,惯以热肠加冷士;官左而襟怀未左,偏于忙处理闲情。"(《李石庵参军二

---

① 《李渔全集》(第二卷),第286页。
② 尼采著,周国平译:《悲剧的诞生》,北岳文艺出版社2004年版,第15页。
③ 《李渔全集》(第二卷),第442页。
④ 同上书,第一卷,第275页。
⑤ 同上书,第二卷,第262页。
⑥ 同上书,第一卷,第276页。

联》)① 人未显功名时候可以有闲情,功成名就后仍然可以有逸趣,在"其二"中,李渔道:"交胜友,读奇书,乘此际功名未显;蹑仙踪,登道岸,待他年事业垂成。"② 李渔写《何明府》:"政有余闲,不住棋声敲夜月;案无留牍,时听鹤语唤春风。"③

李渔认为,懂得闲适生活趣味的人其精神境界不一般。在《赠李申玉广文》里,李渔道:"门多桃李,案少簿书,别宦恐无此乐。"李渔所写的是一位朋友,此人虽然为官,但没有因为仕途经济放弃闲逸的生活追求,他张弛有度,这点颇令李渔欣赏,云:"前列生徒,后承丝竹,今时复有其人。"④ 他写佟方伯:"炼闲身以磊石栽花,也当陶公之运甓;销暇日于楸枰纸局,且同谢傅之围棋。"(《佟寿民方伯》)⑤ 李渔将懂得追求闲趣的佟方伯与谢傅、陶渊明相提并论。他写另一位做官者:"著书读律少停时,虽作闲官,亦自有儒臣事业;饮酒赋诗多逸兴,便居冗地,也不失名士风流。"这位官员虽然是闲职,但并非无所作为,他挥毫著书,吟诵文章,不断完善充实自己的生活。即便在烦杂之地,也不改吟诗作对的雅兴,俨然名士韵致。在《衙署杂联》的"内署三联"中,李渔指出:"能与山水为缘,俗吏便成仙吏;不受簿书束缚,忙人便是闲人。"⑥

闲适的心态使李渔在家居生活中无处不能发现趣味,在《立秋夜》中,李渔道:"闲人到晓忙。"忙什么?在诗里他忙着去赏月、戏水、看流萤乱舞、闻桂花与荷花交织一起的香气、在梧桐的落叶下感受季节变化,忙得不亦乐乎。这是一种审美的忙,不为衣食住行奔波劳累的忙,它使李渔心情愉快,超然物外。又云:"雨观瀑布晴观月,朝听鸣琴夜听歌。"(《书室》)⑦ 又云:"有月即登台,无论春夏秋冬;是风皆入座,不分南北西东。"(《月榭》)⑧ "枕上闻啼鸟,花间鸣素琴。"(《安贫述二首》其二)⑨ 闲暇之时为友人题画,李渔自得其趣,云:"千曲流泉万仞山,白云散去鸟飞还。天将无数秋容好,绘出幽人一字闲。"

---

① ② 《李渔全集》(第一卷),第274页。
③ 同上书,第一卷,第294页。
④ 同上书,第一卷,第236页。
⑤ 同上书,第一卷,第281页。
⑥ 同上书,第一卷,第246页。
⑦ 同上书,第一卷,第242页。
⑧ 同上书,第一卷,第243页。
⑨ 同上书,第二卷,第8页。

(《题陈松野所画山水二绝》其二)①

悠闲自在对李渔而言是人生的快乐。他钓鱼归来,靠在树边吟诵诗歌,其乐无穷,云:"钓罢归来倚树吟,一双和客是双禽。扁舟也喜无人借,分得余闲泊柳阴。"(《舟中题王安节画册八首》其三)②云:"日来无可乐,乐在少人逢。李杜遇诗外,羲皇来卧中。病除闲有力,愁破酒无功。才悟希夷宅,蓬莱第一宫。"(《闲》)③诗中,李渔表达的意思是,无人打搅的日子可以领略李白、杜甫诗歌中才有的意境,睡个懒觉,闲暇的生活使人精神爽朗,"闲"到愁除。这时候才体会到希夷宫,那真是人间仙境。李渔可以从蝼蚁、跳蚤等虫子那里也能感受到一种自嘲之乐,《捕蚤二首》其二云:

> 人身一虫穴,……生前虮虱蚤。
> 更有蚊与蝇,昼夜将身搅。
> 居以我为宅,食以我为粮。
> 暂离为游览,随入恣佯狂。
> 倦或思假寐,仍以我为床。
> 诸虫尽势利,畏乐喜憔悴。
> 贫贱肆欺凌,富贵辄回避。
> 不若死后虫,啮不论穷通。
> 千金置一棺,奉为死者宫。
> 焉知含殓后,不与贱者同。
> 此厄均不免,公道惟此公。
> 蚊蚤虮虱辈,允宜拜下风。④

闲暇之时,李渔可以对跳蚤、蚊子之间展开一场追捕的"斗争",全诗插科打诨,别有趣味,《捕蚤二首》其一云:

---

① 《李渔全集》(第二卷),第337页。
② 同上书,第二卷,第352页。
③ 同上书,第二卷,第131页。
④ 同上书,第二卷,第30页。

> 摩挲不成寐,焚膏坐更阑。
> 裈中扪虱易,床头捕蚤难。
> 虱居有定所,蚤跃无停时。
> 凝眸将此获,举手即他之。
> 狡兔仅三窟,黠蚤路千岐。
> 蚊虻虽有翼,较走觉飞迟。
> 诛蚊利火攻,殄蚤宜水战。
> 盆盎注清流,跳跃从其便。
> 入水能不濡,才服汝强健。
> 蚤谢吾不能,沦胥付长叹。
> 死矣快人心,才获终斯案。
> 安得湘江波,织作湘纹簟。
> 终夕眠其上,不驱而自远。①

这种家居生活之"闲"带有一种淡淡的禅意,也就是说这种闲适的心态能使人从普通的生活中发现超脱尘嚣的意境。李渔道:"爱坐清凉石,尝教绿荫遮。夜深明月底,一啸落松花。"(《夏日杂咏》其三)② "月爱中庭好,留人伴草虫。夜深千籁寂,一塔自鸣风。"(《夜起独坐闻塔上铃声》)③

"闲"是对人生参透之后的一种淡泊与不为物所拘的自由,李渔在《中秋看月歌》中写道:

> 中秋月色不平铺,邻家有月侬家无。
> 携酒邻家借月看,月光又照侬家院。
> 月来月去非离群,只因天际多浮云。
> 一年能得几今夕,东蒙西翳何纷纷。
> 浮云不独天边有,人事违心常八九。
> 明宵明月照谁家,酩酊莫辞今夜酒。④

---

① 《李渔全集》(第二卷),第29—30页。
②③ 同上书,第二卷,第276页。
④ 同上书,第二卷,第41—42页。

从月色想到人间的诸多不平与人生的坎坷,进而有了一种看淡一切的心态,今朝有酒今朝醉。"月"在李渔的生活中具有重要的地位,赏月使他发思古之幽情,看人生百态,意味无穷,如他以拟人的手法写月:

> 月,汝来,听说。
> 爱伊盈,愁尔缺。
> 盈倩谁添,缺遭谁割。
> 昭昭世所憎,混混人争悦。
> 夜何时兮尚明,不汝夺兮谁夺?
> 一岁难容十二番,好凭风雨深藏拙。(《月》)①

杜马泽德指出:"所谓闲暇,就是当个人从工作岗位,家庭,社会所赋予的义务中解放出来的时候,为了休息,为了散心,或者为了培养并无利害关系的知识和能力,自发地投身社会,发挥自由地创造能力而完全随意进行地活动的总体。"② 这话不假,但作为原子存在的个体,在现代工业文明体系中受太多规则束缚,要想置身事外从心而行并非简单之事。物质诱惑切断了我们对于自然关注的目光,回头看看李渔,我们不禁为他的对自然的亲近而感触良多,那是人与自然融为一体的生活状态。

"闲"是艺术生活的建构,李渔的闲适生活之道,并非无聊中打发时间所做所为,它其实是一种艺术化的生活方式。我们可以从他的《月夜听两侍儿并吹横笛歌》中一斑窥豹,诗云:

> 三日狂风四日雨,欲坐庭中天不许。
> 忽然今夕天开光,又复多情送月来。
> 喜不自持忙布席,何妨衣裳沾莓苔。
> 侍儿本爱中庭月,借口随人伴孤子。

---

① 《李渔全集》(第二卷),第435页。
② 转引自杜卫:《教育新概念:青少年教育》,华中理工大学出版社1985年版,第127页。

各持一笛坐两旁,请奏双声助怡悦。
我欲使之易洞箫,箫声和平笛声高。
侍儿强项不肯易,谓鼓轻唇易得调。
两声初起犹未翕,唱者稍扬和者抑。
双鹤并咮分雄雌,先在离中示可即。
纵之乃不愧纯如,情闲气静神安舒。
雨声至此才合一,低昂不复仍其初。
细听知是商音曲,既类丝兮复类肉。
一奏何难近自然,自然妙在出双竹。
调变越吹声越高,听者耳欲凌青霄。
初时怕听桓伊笛,此际愁过廿四桥。
同声合律在俦侣,技止此乎吾与汝。
小声的历珍珠圆,大声翱翔凤凰举。
更有声在纤洪间,婉若天孙运机杼。
声音实在可移情,此身不知在何许。
我愿汝技同汝心,声同即可同心膂。
式相好兮无相尤,常使欢声谐律吕。①

这不同于现代社会人们那种简单的狂欢式的休闲方式,美国学者费斯克在论及大众休闲的生活方式时指出:"许多大众的快感,特别是年青人的快感(他们可能是动机最强烈的逃避社会规训的人),会转变成过度的身体意识,以便生产这种狂喜式的躲避。摇滚乐震耳欲聋地播放着,以至于只能靠身体去感受,而不能用耳朵去倾听;有些舞蹈形式如'撞头舞'(head banging)、迪斯科舞厅的闪烁的灯光、药品的使用(合法或非法的)——这一切都可用来提供物质感官的、逃避式的、冒犯性的快感。"② 这种所谓的休闲方式与美无关,甚至与健康都没有关系,它只是一种简单而粗暴的精力释放方式。李渔的闲适生活与此迥然各异,他不简单地借助于物质获得快乐,而是依靠对生活的热爱——

---

① 《李渔全集》(第二卷),第48—49页。
② 费斯克:《理解大众文化》,西南财经大学出版社2001年版,第63页。

"山情惟我得，月兴少人乘。"(《夜半上小楼独坐》)① 又如："宁为虎阜争秋客，莫作西湖避月人。"(《拉友看月》)② 因为热爱，所以无处无时不能找到闲趣，这是值得现代人借鉴并反思自身的地方。

在朋友眼中，李渔有关生活闲暇趣味的书并非雕虫小技，无甚可观，其价值可以建国大业相提并论，余怀作文曰：

> 《周礼》一书，本言王道，乃上自井田军国之大，下至酒浆扉屦之细，无不纤悉具备，位置得宜，故曰：王道本乎人情。然王莽一用之于汉而败，王安石再用之于宋而又败者，其故何哉？盖以莽与安石，皆不近人情之人，用《周礼》固败，不用《周礼》亦败。《周礼》不幸为两人所用，用《周礼》之过，非《周礼》之过也。……今李子以雅淡之才，巧妙之思，经营惨淡，缔造周详，即经国之大业，何遽不在是？而岂破道之小言也哉！……独是冥心高寄，千载相关，深恶王莽、王安石之不近人情，而独爱陶元亮之闲情作赋，读李子之书，又未免见猎心喜也。③

文章的意思是，但凡建功立业者都注重人情世故。历史上像王莽、王安石之所以失败，原因在于他们背离了人情，也就是衣食住行这些生活之道。李渔将才华运用于生活中别人所不屑的闲事上，本身就是一种大贡献。他丝毫不逊色于历史上那些彪炳千古的英雄。尤侗也认为，李渔写的这些闲书价值非同小可，它充满奇思妙想，令人入迷，曰：

> 读笠翁先生之书，吾惊焉。所著《闲情偶寄》若干卷，用狡狯伎俩，作游戏神通。入公子行以当场，现美人身而说法。泊乎平章土木，勾当烟花，哺啜之事亦复可观，屐履之间皆得其任。虽才人三昧，笔补天工，而镂空绘影，索隐钓奇，窃恐犯造物之忌矣。乃笠翁不徒托诸空言，遂已演为本事。家居长干，山楼水阁，药栏花砌，辄引人著胜地。④

---

① 《李渔全集》(第二卷)，第133页。
② 同上书，第二卷，第350页。
③④ 同上书，第三卷，"序"。

## 四、结　语

林语堂在《吾国与吾民》中说道:"中国古人的雅韵,愉快的情绪,可见之于一般的小品文,它是中国人的性灵当其闲暇娱乐时的产品。闲暇生活的消遣是它的基本的题旨。"① 李渔的小品文,主要是写他闲暇时候的生活的,它包含着丰富的文化资源,体现着古人对于生活的向往和追求。在《娱乐与品格的艺术》中,林语堂这样解释艺术的本质:

> 艺术既是一种创造,又是一种娱乐。在这二种思想中,我以为把艺术当作一种娱乐,或当作人类精神上的一种纯粹的嬉戏这种想法尤其重要……我以为真正艺术的精神,只有在许多人都把艺术当作一种消遣,而并不希望成就其不朽时,才能更一般,更普遍。②

李渔没有刻意去追求生活的艺术性,他既没有像一些文人那样自命不凡故作清高,以艺术的假象来装点其生活,也没有基于某种欺世盗名的目的来营造他的艺术生活。李渔任性率真,随意自然,他不过像是一个小孩子在随心所欲地玩耍,没有把这些事情看作什么了不得的事情,用他自己的话说是:"三尺童子皆优为之,岂童子抱经济乎? 有耳目,即有聪明,有心思,即有智巧。"③ 他就这样孩童一般玩耍着,不经意营建出一片充满艺术气息的天地。其实研究中国的生活艺术,不一定非要从琴棋书画中去找,前人的自然态度也许更加接近古代艺术的本质与真相。

张岱有一篇不常为人注意的文章《陈章侯》,语言平淡,所叙之事没有什么迂回曲折之处,然而读后让人回味无穷,人物疏朗豁达的胸襟在平淡的生活中自然被展现了出来,全文如下:

> 崇祯乙卯八月十三,侍南华老人饮湖舫,先月早归。章侯怅怅向予

---

① 林语堂:《吾国与吾民》,岳麓书社 2001 年版,第 280 页。
② 彭国梁编次:《悠闲生活絮语》,湖南文艺出版社 1991 年版,第 295 页。
③ 《李渔全集》(第三卷),第 202 页。

曰:"如此好月,拥被卧耶?"余敕苍头携家酿斗许,呼一小船划到断桥,章侯独饮,不觉沾醉。过玉莲亭,丁叔潜呼舟北岸,出塘栖蜜桔相饷,畅啖之。章侯方卧船上嚣嚣。岸上有女郎,命童子致意云:"相公肯载我女郎至一桥否?"余许之。女郎欣然下,轻纨淡弱,婉嬺可人。章侯被酒挑之曰:"女郎侠如张一妹,能同虬髯客饮否?"女郎欣然就饮。移舟至一桥,漏下二矣,竟倾家酿而去,问其住处,笑而不答。章侯欲蹑之,见其过岳王坟,不能追也。[1]

这段文字令人有种莫名的感动,这只不过是一件小事情,从容自然,淡淡地发生,淡淡地结束,没有波澜,没有惊天动地的创举,有的只是真实不过的生活,然而这样淡雅的生活,却让人心驰神往:人在自然中的怡然自得,人与人之间的和谐随性,建构出一幅艺术生活的图景。笔者由此明白,艺术化的生活不一定非要鼓瑟吹笙来助兴,也不一定非要泼墨挥毫来彰显自己的与众不同,合乎人性率真自然的生活,都可以称为艺术生活。"玩"如果玩得得当,何尝不是一种艺术呢?

---

[1] 张岱:《陶庵梦忆·西湖梦寻》,上海古籍出版社 2009 年版,第 56 页。

# 从学习西学到自创新论

## ——王国维形式论研究

刘强强*

(浙江大学传媒与国际文化学院　310028)

**摘　要**：王国维的形式论分为形式总论、"第一形式"论和"第二形式"论三部分。其中，形式总论认为客体的外观形式是美的本质所在，并以是否引发审美感受作为判断形式的标准，是对康德、叔本华形式理论和艺术分类理论的创造性改造。"第一形式"主要包括自然美和天才的艺术创造，"第二形式"主要包括艺术家的后天修养和艺术品中除天才的创造之外的人工成分。王国维关于"第一形式"和"第二形式"的具体观点分别取自康德艺术论中的天才和审美判断力部分，但他以叔本华的天才观来理解康德艺术论，将源于自然的天才看作先天的，将源于先验的审美判断力看作后天的，从而将康德艺术论颠覆。其形式论以推广美育为现实背景，以"直观说"为方法论，是在西学之外的全新理论形态。

**关键词**：王国维　形式论　康德　叔本华

在王国维的著作中，《古雅之在美学上之位置》一直是一个聚讼纷纭的焦点，之所以如此，原因便在于该文理论观点的丰富、驳杂与纠结。这篇篇幅不长的文章不仅奇见迭出，且包含着十分宏富的思想容量，远远超出了其文本的可见层面。统观前辈学者的相关研究，虽然角度、方法和结论不一，却又有着相当一致的指向，那就是认为此文的观点建构在康德、叔本华（特别

---

*　作者简介：刘强强，浙江大学传媒与国际文化学院博士研究生。研究方向：中国现代美学、美育学。

是康德）的理论基础之上，并以康、叔二人的思想为参照标准来对王氏思想进行评议。① 对此我们认为，王氏此文之思想建构于康、叔二者基础之上确为事实，但其与此基础的距离之远近却值得进一步商榷。实际上，在该文写作的1907年，王氏已对之前服膺的康、叔思想有所疏离。在作于1905年的《静安文集自序》中他自述道："旋悟叔氏之说，半出于其主观的气质，而无关于客观的知识。"② 在作于1907年的另一篇自序中他又道："伟大之形而上学，高严之伦理学，与纯粹之美学，此吾人所酷嗜也。然求其可信者，则宁在知识论上之实证论，伦理学上之快乐论，与美学上之经验论。"③ 从而将对于叔本华的怀疑扩大至整个西方形而上学，其中自然也包括康德思想。基于此原因于内，我们认为此时的王国维对于康、叔思想的态度已不是被动地学习接受，而是主动地为我所用。他有意地选择、援引和融合康、叔二人的思想来为自身观点提供理论支撑，而非在康、叔的思想之树上附会些许细枝末节。王氏此文，实为自造新论，其与西学之关系已由"地心说"转为"日心说"。因此，以康、叔二人理论为准绳讨论王氏此文思想，不免有王氏所说的"哥白尼既出，而犹奉多禄某之天文学"④ 之虞。下文我们将通过文本细读的方式来探索王氏新创思想之具体渊源与独特结构，并具体证明以上之论。

## 一、形式总论

在《古雅》一文中，王国维关于形式的论述可分为三个部分，分别是形式总论、"第一形式"论与"第二形式"论。其中，最为关键的"古雅"一说正包含于"第二形式"之中。因此，我们可按王国维的行文逻辑，对其形式论进行分

---

① 有偏执者如罗钢教授认为："王国维要在康德美学体系的基础上，强行楔入一个与优美、宏壮并列的'古雅'的范畴，在理论上并不成功。他所谓'形式之美之形式之美'的说法基本上是站不住脚的。无论是将第一形式与第二形式理解为'原本与摹本'的关系，还是把第二形式解释为艺术美或纯粹美，都不可避免地与它所从出的康德美学发生矛盾，很难自圆其说。"参见罗钢：《王国维的"古雅说"与中西诗学传统》，《南京大学学报（哲学·人文科学·社会科学版）》2008年第3期。这是典型的以西学为准来评判中学，视与西学不一致者为判经离道，将王氏美学的创造抹杀。
② 王国维：《静安文集自序》，姚淦铭、王燕编《王国维文集（下卷）》，中国文史出版社2007年版，第282页。
③ 王国维：《自序（二）》，姚淦铭、王燕编《王国维文集（下卷）》，第284页。
④ 王国维：《叔本华之哲学及其教育学说》，姚淦铭、王燕编《王国维文集（下卷）》，第190页。

条缕析的解读。

在形式总论部分,王国维提纲挈领地说道:"一切之美,皆形式之美也。就美之自身言之,则一切优美皆存于形式之对称变化及调和。"这一论断可谓王国维关于美的本质的定义,按照学界通行的看法,是对康德形式美学的继承与发展。但易为人所忽视的是,康德自身并没有任何关于美的本质的言论。与西方近代哲学的主体转向相应的是,德国古典美学不再关注客体的特征,而将美的渊源归结为主体的内在感受。"美学"学科的创立者鲍姆嘉通便以"感性学"来为美学命名,从而"将柏拉图式"的"美的本质"问题转化为"审美"问题。作为近代哲学集大成者的康德同样延续了这一思路,在他那里,"美"即意味着"反思判断力",也即"美感",而非客体的特征与性质。因此,康德的形式论除了包含对象的形式外观之外,更包含主体的先验心理机能于内,审美快感正是客体形式促使主体想象力和知解力之间自由协调活动所产生的愉悦。深研过康德的王国维自然对此心知肚明,在本文的后半部分他即说道:"优美及宏壮之判断之为先天的判断,自汗德之《判断力批评》后,殆无反对之者。"[①] 由此可见,王国维在此处的论述中将主体的先验能力忽略,而将美的本质归结为客体的形式特征,实是对康德美学的有意翻转和改造。关于这一点,佛雏先生已有所察觉,他注意到叔本华对康德美学"不从美的自身出发,不从可观照的直接美的客体出发,而从美的判断出发"这一批评,因此将王氏此论归结为对叔本华美学本质论和康德形式论的调和。[②] 但这一观点难以让人信服之处在于,叔本华虽然讨论美的本质,但他关于美的本质的观点却是"理念"而非客体的形式外观。叔本华唯意志论哲学将意志看作世界的本体,世间万物均是意志客体化所产生的表象,而理念则是意志客体化过程的一个中介。审美可以将人从意志的束缚中解脱出来达到对于理念的关照,因此,叔本华所认为的"美本身",也就是他所称的"永恒形式"理念,由此也就与王国维所说的事物的形式外观相差甚远。王国维此论,实是在汲取康德、叔本华理论资源后的一个创造。该创造虽然建构于康、叔二人的思想基础之上,但却远离其"立脚地",超越了其母体的思想范围。同时由于本体观点是美学思想的基础认知,因此也影

---

① 王国维:《古雅之在美学上之位置》,姚淦铭、王燕编:《王国维文集(下卷)》,第19页。
② 佛雏:《王国维诗学研究》,北京大学出版社1999年版,第102页。

响了王氏此文的整体理论构建。

接下来王国维说道:"至宏壮之对象,汗德虽谓之无形式,然以此种无形式之形式能唤起宏壮之情,故谓之形式之一种,无不可也。"康、叔二人皆有论述优美、崇高的文字,但其理论却又有着显著的差异。在康德的《判断力批判》一书的设计中,"美"仅仅专指"优美","崇高"是与"美"相互并立的一个独立范畴。康德曾说道:"自然界的美是建立于对象的形式,而这形式是成立于限制中。与此相反,崇高却是也能在对象的无形式中发见。"① 因此,王国维将崇高看作"无形式",可谓来源于康德。而他紧接着将"崇高"看作"美"的和"形式"的一种,无疑是受到叔本华的启发。叔本华在论述优美与崇高之时,并未提及"形式"一词,因此也就无所谓有形式与无形式之差别,在他看来,由于二者均能够消解意志的强制作用,唤起主体对于理念的观照,因此其差别并不重要。在《作为意志和表象的世界》中他写道:"在客体上,优美和壮美在本质上并没有区别。"② 而在康德那里则不然。在康德的体系中,优美与崇高的是两种不同的心理机能,前者是想象力与知性的自由协调,后者则是想象力与理性的自由协调,因此在质、量、关系和模态四个契机的分析中,优美与崇高均有着不同的内在机制,康德自己便说道:"崇高(感动的情绪和它结合着),却要求着另一种和鉴赏所引以为依据的不同的判定标准。"③ 而在叔本华那里,美与崇高的唯一区别在于纯粹意识是否需要斗争而获得对于意志的超脱。且叔本华批判康德的崇高理论道:"我们和他完全不同,我们既不承认道德的内省,也不承认经院哲学的假设在这里有什么地位。"④ 所谓"道德的内省"和"经院哲学的假设"正是康德思想中崇高与优美的区别之所在。虽然美与道德同样具有象征型的联系,但崇高是在更高的层次上与作为自由意志的道德律相关。由此看来,王氏视优美与崇高为一的做法,实与叔本华的理论更为相近。之所以如此说,除以上原因外,另有两点原因可资参证。

首先,王氏有多处直接论述优美与崇高的文字,通过比较来看,均与叔本华更为接近。其次,王氏"唤起宏壮之情"的"唤起"之谓。在康德那里,审美

---

① 康德著,宗白华译:《判断力批判》上卷,商务印书馆1964年版,第78—79页。
② 叔本华著,石冲白译:《作为意志和表象的世界》,商务印书馆1982年版,第290页。
③ 康德著,宗白华译:《判断力批判》上卷,第58页。
④ 叔本华著,石冲白译:《作为意志和表象的世界》,第285页。

判断的"契"（moment）意为"因素""瞬间"等，指审美判断发生时的要点与要素，其性质是客观的与描述的，而叔本华则认为审美可以促使人"忘记了他的主体，忘记了他的意志"①，因而是动作的与发生的。由此，王国维的"唤起"自然是更接近叔本华的。所不同的是，叔本华之"唤起"的发生主体是审美活动，审美活动"唤起"意志的消解；王国维的"唤起"发生主体则是客体形式，客体形式"唤起"审美活动。因此，王国维的"唤起"之谓仅是在叔本华理论的第一层次内发生，而这也正是由于王氏将"审美"论转换为"美的本质"论的结果。由此我们可以看出，王国维此部分论述融合了康、叔二人的具体思想资源，但又超越了二者的理论藩篱，是为在西学基础上的创新之举。

接下来，王国维通过具体艺术门类进一步阐释其形式说，他认为："建筑雕刻音乐之美之存于形式固不俟论，即图画诗歌之美之兼存于材质之意义者，亦以此等材质适于唤起美情故，故亦得视为一种之形式焉。"而"释迦与玛丽亚庄严圆满之相"由于能够使观者"感无限之快乐，生无限之钦仰"，因此同样可看作形式，至于"戏曲小说之主人翁及其境遇，对文章之方面而言，则为材质；然对吾人之情感言之，则此等材质又为唤起美情之最适之形式"。此部分论述与以上观点相比，对于康、叔思想的融合与改造更为复杂和隐晦。

《判断力批判》在中外康德研究中均被看作最为艰难的著作，之所以如此，除了其思想的博大艰深的原因外，还由于该著作内部的复杂矛盾，其中"纯粹美""依存美"之区分以及艺术分类法便是一例。在《判断力批判》第13节，康德所谓的"形式"剔除了一切可能引起感官刺激或与理念相联系的因素，所剩下的也就只有简单的颜色、线条、音符等少数的几种，绘画、雕刻等艺术和作为"美的理想"的"人"，由于包含感性刺激和目的论原则，均属于"依存美"的范畴。②而在之后的第51—54节的艺术论部分中，康德则抛弃了之前的严苛形式原则，选择了另一种不同的标准来对艺术进行分类，他说道："所以我们如果要把美的艺术来分类……莫过于把艺术类比人类在语言里所使用的那种表现方式，以便人们自己尽可能圆满地相互传达它们的诸感觉，不仅是传达他们

---

① 叔本华著，石冲白译：《作为意志和表象的世界》，第250页。
② 在《王国维的"古雅说"与中西诗学传统》中，罗钢先生将王国维的"第一形式"论和"第二形式"论简单地归结为康德的"纯粹美"和"依存美"，是未加审慎的武断之举。

的概念而已。"① 康德的艺术分类标准在于可传达性，这一可传达性不单纯地诉诸感性刺激或概念，而是通过融合形式与内容来实施，从而将形式与内容均看作"传达"的引发因素，不同于之前讨论审美时完全割裂形式与内容的做法，这无疑距离王国维取消形式与内容的区隔、以是否引发"美情"判断之的观念近了一步。而更近一步在叔本华的艺术分类理论中，已完全取消了形式与内容的区别。在叔本华看来，艺术与非艺术或审美与非审美之分不在形式或内容，而在于其诉诸的是理念还是概念，诉诸理念的艺术是直观的，诉诸概念的非艺术则是抽象的。艺术以其对于理念的分有和传达区分出高低等级，音乐由于距离理念最为接近，因此是艺术的最高等级。这一分类标准表现在审美主体方面，便是在主体意识中唤起的对于意志的消解作用和对于理念的观照能力。因此，叔本华并未将形式与内容分作两论，而是以"唤起"的功能标准对艺术对象做整体考察，以区分其不同类型，这无疑已非常接近王国维以"唤起美情"为标准、将艺术对象做整体观的观点了。

由此我们可以看出，王国维的形式总论对康、叔二人的美学思想做了创造性的融合和改造，提出了不同于其西学资源的形式观念。这也充分说明此时的他对于康、叔二人的态度已是主动的援引而非被动的研究与学习，其目的不是恢复和说明康德、叔本华思想的原貌，而是取康、叔二人的思想资源来支撑和论证自己的理论。在完成了形式总论之后，王国维紧接着进入了"第一形式"与"第二形式"的讨论，他对于康德、叔本华思想的援引与综合也更为复杂与精密。

## 二、"第一形式"与"第二形式"论

由于王国维关于"第一形式"和"第二形式"的理论与康德的美学体系和具体观念间有着复杂的联系，所以此处先绍述康德相关理论于前，再通过比较来具体阐释王国维的两种形式论。

### （一）康德艺术论与天才观述评

在康德的哲学体系中，审美作为反思判断力将纯粹理性和实践理性结合起

---

① 康德著，宗白华译：《判断力批判》上卷，第162页。

来，从而成为沟通经验与先验、知性与理性、认知与实践的桥梁。审美判断力是一种鉴赏能力，这一鉴赏能力是先验存在于人的认知能力之中的，但又在后天的积累中不断发展与丰富，正是它构成、影响和规定了人们的审美趣味和审美行为。根据《判断力批判》一书的整体构架来看，康德关于美的分析仅仅涉及自然美，艺术美则被放置在崇高之后而被讨论。其原因正在于艺术美不同于自然美的复杂内涵。在"天才对于鉴赏的关系"一节中他写道："自然美的评定只需要鉴赏力，而艺术美的可能性是要求着天才的。"① 其意正是说，自然美作为鉴赏行为，仅仅与鉴赏力相关；而艺术美作为创造行为，则必然需要天才才能达成，天才是在鉴赏力之外为艺术美所必需的一种要素。也正因此，作为审美判断力规定的"无目的的合目的性"必然受到干扰，因为"天才"是处于判断力之外的新质。康德说道："评定一个自然美作为自然美，不需要预先从这一对象获得一概念，知道它是什么物品……而如果那物品作为艺术的作品而呈现给我们，并且要作为这个来说明为美，那么，它就必须首先有一个概念，知道那物品应该是什么。因艺术永远先有一目的作为它的起因。"② 其意正是说，我们在判断艺术美时由于是面对一被创造的物品，所以必然有关于物品的概念因素先行其间，这样便破坏了"无目的的合目的性"这一关于审美判断的规定，使其变为"有目的的合目的"。因此，解决这一问题的关键也就在于艺术美超出审美判断力的部分——天才。

天才论在西方文艺理论中起源已久，早在古希腊时期，柏拉图就认为诗歌创作是"神灵附体"的表现，诗人在创作中处于"迷狂"状态，是神灵旨意的传达者。处于启蒙时期的康德继承这一天才论传统，并赋予其科学主义和人本主义的时代内涵。他说道："天才就是那天赋的才能，它给艺术制定法规。既然天赋的才能作为艺术家天生的创造机能，它本身是属于自然的。"③ 由此可以见出，康德与柏拉图一样认为艺术家是天赋的载体，艺术家并非依靠自身的理性来进行创作，而是依靠来源于天赋的特殊才能进行创造。但与柏拉图不同的是，康德去除了后者与神灵相关的唯心主义成分，而将天赋作为大自然赋予人类的特殊才能，从而彰显出人的主体性，与启蒙的时代精神相契。④ 既然天才

---

①② 康德著，宗白华译：《判断力批判》上卷，第157页。
③ 同上书，第152页。
④ 参见肖鹰：《"天才"的诗学革命——以王国维的诗人观为中心》，《中国社会科学》2008年第1期。

是由自然所赋予的,所以天才的产物也就与自然具有类似性。康德认为,天才能够利用其特殊能力——想象力创造出"另一个自然"。[1] 所以,由天才所创造的美的艺术,与自然具有相似的属性,虽有目的却看起来好像是无目的的。天才所创造的"另一个自然"使艺术美获得了"无目的"的特质,具备了审美的可能。因而康德将天才称为艺术美的"精神"。也正是因此,天才是不可学习的,天才的作品均具有独一无二的典范性,只可模仿而不可重复。同时,由于艺术美是一种创造,那些本不美的事物经过艺术的创造也可变为美的:"美的艺术在那里面标示它的优越性,即它美丽地描写着自然的事物,不论它们是美的还是丑的。"[2] 这正是因为艺术必然符合目的性的规定,而自然事物却不一定符合,因此艺术品必然是美的。

但仅仅有天才是否能成就艺术美呢?答案是否定的,天才这一来源于自然的特殊能力虽然能创造出"另一个自然",但这一"另一个自然"是否能成为"美的艺术"却取决于创作者的审美判断力。关于天才和审美判断力孰轻孰重,康德说道:"但一个艺术就第一点来看宁可以说那只是才气焕发,而就第二点来看,它有资格被称为是一美术品。"[3] 其意正是说,天才虽然使创造物肖自然物,但这一创造物并不能称作艺术品,只有它被审美判断力所规定和约束的时候,它才是符合审美的要求的,所以康德称鉴赏和判断力是"天才的训育",它能"减掉天才的飞翼,使它受教养和受磨炼"。[4] 天才与判断力分别对应于"无目的的合目的性"的"无目的"部分与"合目的"部分。仅有天才,并不能称作艺术品,而仅仅是肖自然的创造物,是"另一个自然"。因此,美的艺术必然包含审美判断力的成分于内,这一审美判断力是每个人所共同具有的先验能力,而其具体发挥则受到后天的影响。因此康德认为,现实的艺术品里不可避免地掺杂了一些人工成分,这些人工成分正属于相对于自然所造就的"天才"而言的审美判断力的部分。与此同时,天才的发挥也要经过一定的学习和训练才能得到达成。因此,天才的创造物只有包含与审美判断力相关的成分于内才能称为艺术品,天才也只有经过审美意识和技巧的训练才能创作出艺术品。这是康德关于艺术美与天才的辩证论述。

---

[1] 康德著,宗白华译:《判断力批判》上卷,第160页。
[2] 同上书,第158页。
[3][4] 同上书,第166页。

### (二)王国维"第一形式"及"第二形式"论分析

在充分介绍康德的相关观点之后,我们再来看王国维关于"第一形式"和"第二形式"的论述,便可清晰地发现二者之间的渊源。王国维关于"第二形式"的总定义是"形式之美之形式之美"①,即将"美"表出之"形式"。在《古雅之在美学上之位置》一文接下来的篇幅中,王国维用了大量文字来说明和阐释这两种形式,在此出于研究的方便,我们借鉴佛雏先生的方法将王氏的两种形式论进行分类概括。

"第一形式"包括:1."自然中固有之某形式";2.天才头脑中"所自创造之新形式"而尚未"表出"者;3.此种"自创造之新形式"业已表出而供人模仿者和再"表出"者,包括"原本"(对绘画、雕塑、文学而言)与"蓝本"(对音乐、戏剧而言)。

"第二形式"包括:1.表出自然美之形式,使"斯美者愈增其美者";2.表出"第一形式"本不美的事物,如"茅茨土阶"等,使之亦成为审美对象者;3.把天才之作作为第一形式而模仿的"今古第三流以下之艺术家"的作品;4.天才的艺术素养和天才之作中的人力成分,譬如运笔使墨、遣词造句等。对此,王国维具体道:"绘画之布置,属第一形式,而使笔使墨,则属于第二形式。"即实现天才构思的后天艺术技巧。同时又说:"又虽真正之天才,其制作非必皆神来兴到之作也。以文学论,则虽最优美最宏壮之文学中,往往书有陪衬之篇,篇有陪衬之章,章有陪衬之句,句有陪衬之字。一切艺术,莫不如是。此等神兴枯涸之处,非以古雅弥缝之不可。而此等古雅之部分,又非藉修养之力不可。"其中,第1点与"第一形式"共同具有"优美""宏壮"的属性,第2、3、4点"无以名之,名之曰'古雅'"(《古雅》17—18)。②

对照以上所介绍的康德美学思想,我们可为王国维此部分的观点找到准确的对应。其中,"第一形式"的1、2、3点分别对应康德的自然美,天才的构思和天才的、可作为典范的创作。"第二形式"的第1点即表出自然美之形式,第2点可对应上文所提到的艺术美可以"美"地表现本不美的自然事物;第3点即康德所说的对天才作品的模仿;第4点对应我们上文所提到天才的艺术技

---

① 王国维:《古雅之在美学上之位置》,姚淦铭、王燕编《王国维文集(下卷)》,第18页。
② 此分类方法参考自佛雏:《王国维诗学研究》,第102—103页。

巧和艺术品中包含的人工成分。因此我们可以说，王国维关于"第一形式"和"第二形式"的具体观点均直接取自康德。但这是否意味着王国维的此部分观点与康德一致呢？其实不然。他的具体观点虽然自康德处拿来，但基本精神却是背离康德的，其原因便在于他将自然美与艺术美、先验与经验、天才与判断力混淆，从而在根本上改变了康德的理论构成。

在上文绍述康德观点时我们已提到，艺术美的构成分为天才和审美判断力两个部分，天才的来源是自然，无所谓先验与经验，因为康德的先验与经验是对于人的认识能力而言的，天才既然直接来源于大自然，也就不被纳入普遍认识能力的考察范畴；审美判断力则是人所共同具有并可在后天发展的一种先验能力。天才构成艺术美的肖似自然的特性，审美判断力构成艺术美之为美的特性。在康德的体系之下，"优美""崇高"自应属于审美判断力的部分，而不属于天才的部分。王国维则说道：

> 古雅之性质既不存于自然，而其判断亦但由于经验，于是艺术中古雅之部分，不必尽俟天才，而亦得以人力致之。①

其意正是将艺术美中的天才部分与优美、崇高相对应，认为优美与崇高是先验的，是天才的特质与能力；而古雅则是经验的，与优美、崇高无关，是后天形成的审美趣味和艺术技巧。由此也就颠覆了康德美学体系的思维逻辑，使其思想在根本上不同于康德。之所以如此，首先是由于他将康德的审美论看作本质论，其次是因为他将先验与先天、经验与后天相混淆。康德确乎在讨论自然美时提出了优美与崇高，但优美与崇高是主体面对客体时的认识状态，而非客体自身的性质。王国维将优美与崇高看作客体的性质，并认为只有天才才能"捕攫之"，所以才将艺术美中的天才部分认定为优美、崇高，而将管束天才的审美判断力看作与优美、崇高无关的后天修养。而王国维之所以会对康德做这一"误读"，又有叔本华的原因在内。叔本华认为，唯有天才才能超脱生命意志的束缚，进入静观的状态，达至对于理念的观照，而优美感与壮美感正产生于对于理念的观照之中，因此审美和创作均有赖天才。对此王国维论述道："故美

---

① 王国维：《古雅之在美学上之位置》，姚淦铭、王燕编《王国维文集（下卷）》，第 19 页。

者,实可谓天才之特殊物也。"① 唯有天才才能脱离意志深观理念,感受"优美"与"壮美",并创作出与"自然为一"的艺术品。由此可见,王国维对于叔本华的理解之充分。不仅如此,叔本华还是他理解康德的中介,在《自序》中他曾说道:"尤以其《意志及表象之世界》中《汗德哲学之批评》一篇,为通汗德哲学关键。"② 由此我们也就找到了王国维对康德的美学体系做如此解的原因所在:在叔本华那里,不论观审与创造,优美、崇高都全然与天才直接相关。他并没有为天才设置一个先验的判断力作为"管束",而是将天才高扬到艺术欣赏和创作的主体位置。王国维接受了叔本华的天才论,认为优美与崇高是第一形式,属天才的创造物。与此同时,他又拿来了康德的艺术论中的相关观念,认为艺术美不仅包含天才的成分,同时也包含审美判断力的成分,但他将天才这一自然的产物看作先天的,将审美判断力这一先验认识形式看作后天的,由此也就造成了他独特的"第一形式"和"第二形式"观念。

## 三、王国维形式论建构的动因及方法论

通过以上分析我们可以看出,王国维的形式论已完全溢出了康德、叔本华的思想体系。他在建构自身的形式论时,对二者进行了拿来主义式的改造,融合二者,锻造出新思想与新理论。这充分说明了,此时的王国维已经摆脱了前期的西学学徒身份,开始有意识地汲取西学营养而自建新论。而其自建新论的原因除了文章开始处所分析的对于康、叔的怀疑和疏离之外,更由于他在学习西学之初就已展现的端倪。在其积极向往和学习西学期间,他虽然对康德、叔本华发出"赤日中天"和"奉以终身"般的服膺与赞叹,但并不是单纯地为西学而学西学,他对于西学的学习与接收,实际上隐含着更高层次上的"昌大吾国固有之哲学"③的目的,这从他将西学比作"第二佛教"就可见一斑。王国维认为,在我国思想史上,宋代是仅次于先秦的"能动时代",而宋儒之所以"稍带能动之性质"的原因便是调和了来自印度的佛教思想。④ 因此,在他看来,彼

---

① 王国维:《叔本华之哲学及其教育学说》,姚淦铭、王燕编《王国维文集(下卷)》,第192页。
② 王国维:《自序(一)》,姚淦铭、王燕编《王国维文集(下卷)》,第283页。
③ 王国维:《哲学辩惑》,姚淦铭、王燕编《王国维文集(下卷)》,第2页。
④ 王国维:《论近年之学术界》,姚淦铭、王燕编《王国维文集(下卷)》,第20页。

时的西学也正如推动宋明理学产生的佛教一般,是中华学术重新焕发生命力的催化剂。由此也就凸显了王国维在学术追求的主体人格层面上的民族主义立场,他从未为西学而学西学,而是怀着一份重建中华学术的理想来学习和研究他人之所长。因此我们可以说,王国维自创新论的伏笔,其实早已在其学习西学之初就已埋下。而他之所以颇费心力地提出自己的形式论,正是为了推出"古雅"这一全新的美学命题,以作为普及美育之"津梁"。关于审美的巨大作用,王国维曾以"无用之用"概括之,在康德、叔本华、席勒的综合影响之下,他认为人生痛苦和社会堕落的原因在于人心之欲望,而审美则可以去除人的功利之心,从而具有解救人生痛苦、建构道德人格的巨大作用,因此王国维将审美作为拯救人生和改造社会的良药。① 但由于康德、叔本华的理论将审美观赏和创造看作天才的专利,所以也就将普罗大众隔绝于审美之外。正是由此,王国维自创"古雅"这一概念,以打通审美通向大众的理路。他说道:

> 虽中智以下之人,不能创造优美及宏壮之物者,亦得由修养而有古雅之创造力……故古雅之价值,自美学上观之诚不能及优美及宏壮,然自其教育众庶之效言之,则虽谓其范围较大成效较著可也。②

因此我们可以说,实施美育的热切希望正是王国维创构和提出形式论的现实原因所在。在救亡图存的现实驱动下,他希冀让更多的人群接触审美,以发挥美育慰藉个人心灵、提高道德修养和改良社会风气的巨大作用,实现社会的感性启蒙,因此才有意打破西方美学中天才对于审美的"垄断"地位,创造出独特的形式理论。如果我们忽略了王国维形式论的这一特殊现实背景,仅仅将其作为孤绝的理论来看待,将无法觅得王氏思想的全貌。

通过上文的具体分析,我们可以看出王氏形式论与现实审美经验的深切关联。不管是将美的本质归结于客体的外观形式,还是将引发审美感受之事物均看作形式之种类,抑或天才创造"第一形式"、人工创造"第二形式"之说,均符合我们在现实生活中活生生的审美经验。因此当我们阅读王氏形式论之时,

---

① 杜卫将王国维的这一美育思路概括为"审美功利主义"。参见杜卫:《审美功利主义:中国现代美育理论研究》,人民出版社2004年版。
② 王国维:《古雅之在美学上之位置》,姚淦铭、王燕编《王国维文集(下卷)》,第18页。

并没有其思想母体——康德美学的晦涩之感，而只感到其与现实审美经验的合契，之所以如此，正是由于他研究康、叔二者思想之后所体会到的"直观说"。

在《叔本华之哲学及其教育学说》中，王国维批评康德道："彼憬然于形而上学之不可能，而欲以知识论易形而上学，故其说仅可谓之哲学之批评，未可谓之真正之哲学也。"①之所以有此批评，正是康德取消了人的认识能力对于本体界的认知，对事物本体持"不可知论"，而在王国维看来，本体正是形而上学的根本所在，取消了本体也就无所谓形而上学，甚至于哲学。②因此王国维认为，以"意志"恢复了本体之可知的叔本华哲学补救了康德哲学之失，从而重建了形而上学。他评论道："其有绍述汗德之说，而正其误谬，以组织完全之哲学系统者，叔本华一人而已矣。"③而叔本华哲学之最大特色正是其对于"直观"的重视，"叔氏之出发点在直观（即知觉），而不在概念是也"。④并认为："真正之新知识，必不可不由直观之知识，即经验之知识中得之。"⑤这一批评也正符合叔本华对于康德美学的批判，在《康德哲学批判》中叔本华认为，康德不从直观的审美经验出发，而从先前规定好的范畴出发的做法将审美塞进了"普洛克禄斯特的胡床"。⑥王国维正是接受了叔本华的这一主张，以鲜活的审美经验为地基，以康、叔二者的思想为材料，利用巧妙的建筑术建构了其形式论的大厦。只是这一大厦由于建构匆促，未及细细雕饰与装修，所以仍有许多粗糙矛盾处，但其在西学之外独开新论的创建之功却值得珍视与尊重。

---

①③ 王国维：《叔本华之哲学及其教育学说》，姚淦铭、王燕编《王国维文集（下卷）》，第190页。
② 王国维此批评自然是有所偏颇的，他并没有注意到康德的批判哲学出发点正是对于"未来形而上学"的建构，之所以如此，正因为王氏以传统的"形而上学谓之道，形而下学谓之器"来理解形而上学，从而将形而上学与本源论和生成论意义上的本体论等同。
④⑤ 王国维：《叔本华之哲学及其教育学说》，姚淦铭、王燕编《王国维文集（下卷）》，第194页。
⑥ 叔本华著，石冲白译：《作为意志和表象的世界》，第583页。

# 戴岳：中国现代早期美学史上的一个特别样本[*]

简圣宇

（扬州大学美术与设计学院　225009）

**摘　要**：作为过渡性人物，戴岳在中国现代早期美学史上有一定地位，但在后世书写中成为被遗忘的对象。戴岳的思想颇为芜杂，典型地反映了新旧交替时期的思想状况。他试图运用中国传统心学传统对德国美学进行重新阐释，这过程中建立了一种"怡情论"美学思想。为了更立体、全面地还原20世纪早期中国美学的状况，有必要探究戴岳在美学研究中的得与失。

**关键词**：戴岳　早期美学　过渡性

历史的书写是一个精选的过程，美学史也不例外。美学史不是杂货铺，不可能把所有人都收录其中。故而书写美学史必然要选取代表性的人物。而且美学史的书写需要建立起一套能自圆其说的架构，并按照年代顺序赋予这一架构以历时性维度。有了历时性维度，美学史发展的历史脉络才得以凸显，让后世学者通过这一脉络来把握美学史发展的内在理路。

不过美学史这样的择取过程，同时也会产生一些遗憾和缺失：由于书写是根据书写者认为的历史脉络而展开的，选取典型思潮、典型人物和代表性作品，于是在这一过程中，那些不典型或没有代表性的部分就陆续出局，继而在后世的研究中被逐渐遗忘。

这种去掉芜杂，留下"有价值"的部分的书写方式，在给我们今人带来阅读和思考的便利的同时，也很容易让我们产生误判。让我们误以为美学史就是这样从古至今、从一个思潮到另一个思潮地发展过来，各个美学研究者都仿佛

---

[*] 基金项目：本文为2012年教育部课题"现代性视野下的20世纪中国美学史"（项目号：12AZD069）阶段性成果之一。

水流上的树叶,目标明确、路线清晰地随着时代思潮而起伏、推进。但其实在这个水流的大势向前奔流的过程中,还有许多支流流到了后世不了解的方向,最后干涸在了那里,被岁月掩埋。用学者葛兆光的话来说,这就是历史的"加法"与"减法"。

依据传统的"历史主义"思路,这些次要的、不具备代表性的内容,没有必要出现在我们研究和书写的范围之内,因为它们与经过时光淘洗的经典相比,没有太多探讨的价值。然而随着美学史的发展,特别是"历史主义"和"本质主义"理念的某些缺失被学界逐步认识之后,我们应该认识到这种书写方式本身的内在缺陷,在关注美学史主流的基础之上,还有意识地去整理一些美学史的"支流",特别是中国现代早期美学史上的支流。这些支流虽然不典型,且其中的论述在今人看来还颇为幼稚可笑,但毕竟给我们提供了从非主流的侧面思考美学史的可能。过去当这些美学事件在发生的时候,当时的人们恐怕大多难以真切地领会其中的奥妙,就像爬山时刚刚到了山脚,前面迷雾重重,不知走向何方,自己具体身处何处也难以考测,而我们今人就像站在了山顶上,一览众山小,山下看得一清二楚,故而有必要以更为广阔和全面的目光重新审视既往的美学史。

或许,那些已经被历史淘洗掉的部分,能为我们更为完整地把握中国现代早期美学的思想状况,探讨那个时代学者的悲欣得失,提供一些有益的帮助。本文特此以戴岳这位中国现代早期美学研究者为案例,借助他的视角去重审20世纪20—30年代中国美学的整体思想状况。

## 一、过渡性人物:作为被遗忘的中国现代早期美学学者

中国现代美学发展的早期阶段,学者进入美学研究的路数与今日有所不同。由于在当时大家都不确知到底未来的中国现代美学在整体构造上应该是怎样的,因此也就不清楚"门槛"在哪里,加上当时参与建设美学"建筑"的学者相对又少,于是只要具有一定创见的人士,都可暂在美学研究领域获得一席之地。由于来源芜杂,很多学者都是因为"对美学有兴趣"而参与到美学研究之中,等他们又另有职业等待开展时,就又离开了美学领域。还有的人仅仅是作为局外人的机缘巧合,比如德国外交家陶德曼,由于游历过许多文化圈,具

有跨国文化视野，于是他的美学文章也被作为"美学研究论文"而收入《东方杂志》相关栏目。

　　于是，在当时颇为重要的人物，可能在仅仅时隔几十年甚至几年之后的美学史叙事中，就已经销声匿迹，他们留下的信息是如此之少，以至于就连他们的生平资料都很难追寻和考证。他们在两个阶段的交接过程中，曾经在协助新旧范式转换时起到重要的作用，但在范式转换完成后就退出了历史舞台。他们的重要价值就在于其"过渡性"承接作用，然而在美学史的书写中，这类一闪而过的人物及其事件恰好是需要省略的部分。因为他们既不典型，也不与美学史的书写主脉相一致，书写这些"边角料"会造成整体叙述的芜杂。本文探讨的戴岳就是其中一位。他属于美学史书写中的"边角料"，或者称为"过渡性的人物"。

　　由于戴岳的叙述语言带着较为浓重的文白相杂的特征，表达出的思想跟中国传统文化那种不清晰、非学科化的思维范式又颇为相似，名字又颇为古雅大气，以至于容易让后人误以为他是某位尚未来得及完成自己的思维转化以迎接新的现代美学范式的到来就已经离世的老先生。但其实戴岳在当时颇为年轻，他作为后生小辈，属于陪衬性的角色。而且因为他在美学研究尚未取得一定名声和地位时，就已经离开了这一研究领域，于是造成关于他的资料极缺。目前笔者能够找到的对他学术活动加以叙述的记录，只有短短两段话，而且都不是在叙述他，而是在叙述他翻译的《中国美术》过程中顺带提到了他这个人：

　　1. 英人波西尔在中国北京居住三十年，写作《中国美术》一书，由戴岳译、蔡元培校，1923年由商务印书馆出版。①

　　2. 1917年11月出版的《北京大学日刊》上也常刊有许多师生的论文或译著，如1918年4月至6月，就刊有哲学门研究生陈钟凡的《老庄哲学商榷》；国文学门研究生傅斯年的《中国历史分期之研究》；英文学门研究生戴岳译的《中国美术》第二册，等等。②

---

① 舒士俊：《中国美术史学研究》，上海书画出版社2008年版，第642页。
② 戴岳：《美术之真价值及革新中国美术之根本方法》，见1920年《东方杂志》第十七卷第十号。

而且需要指出的是,《北京高等教育志》一方面让我们终于知道原来戴岳是北京大学英文专业研究生,另一方面,上述材料关于戴岳的描述存在明显错误:他不是仅译了《中国美术》第二册,而是他译的那本书共分为两册。

时隔近百年之后,"戴岳"这个名字再一次重现学术界,是因为他1923年翻译出版的波西尔《中国美术》(商务印书馆出版),由浙江人民美术出版社2014年5月与其他书籍一起,放在"艺文志丛书"里一同出版。然而即便是此书获得再版,也跟"戴岳"没什么关系,"编辑推荐"里说的是:"首部现代中国美术通史,著名汉学家波西尔三十余年之创作成果,经蔡元培先生精心校订,230余帧珍稀图版,全面呈现中国艺术之魅力。"这里强调的是"著名汉学家波西尔三十余年之创作成果","经蔡元培先生精心校订",而"戴岳"的名字被略去不表。

没有多少人知道,这个"戴岳"其实还写过一篇名为《美术之真价值及革新中国美术之根本方法》的文章。这篇文章首先发表在当时的权威刊物《东方杂志》上,刊载于1920年《东方杂志》第十七卷第十号。后在1923年时,商务印书馆以《美与人生》为书名,将当时具有代表性的论文辑成一册,他这篇论文亦在其中。这在一定程度上说明,戴岳此文当时颇获相关选编人士的认同。由于他的这篇文章颇具有那个时代的独特性,故而今日从美学发展思想史的角度来审视,可还原诸多那个时代美学研究的芜杂思想状况,让我们更清晰地重审中国现代早期美学探索中存在的问题。

## 二、独特的阐述:直观显现"以审美直接改造社会"的历史局限性

在以蔡元培为代表的"为人生"的美学学者那里,存在着一个具有内在冲突的二元结构。他们一方面希望强调审美的无功利性和自律性,彰显审美本身的价值,探究文艺本身的规律,借以反对中国长久以来过度强调"文以载道"的儒家文艺思想;另一方面,面对中华文化在西方殖民体系冲击下的凋零,社会思想状况的混乱,以及"新的建立不起来,旧的又盘踞不离"的焦灼状态,他们又极度渴望用新的意识形态取代陈腐不堪的旧有意识形态,其中"美学"被认为是最好的工具之一。这就导致他们的美学观呈现出一种奇妙的景观:立足

于文艺自律性的基础,提倡文艺的社会性;立足于传统儒家的思维结构,奋力对抗他们认为陈旧、落伍的儒家思想。

如果把蔡元培这样的理念称为"以审美直接改造社会",而且作为一种思想谱系来论述,那么戴岳就是蔡元培思想谱系中一颗暗淡的小星,被蔡元培的光芒所掩盖,因为戴岳阐述的美学观点既繁杂,又充满内在冲突,缺乏典型性。然而又正是这位戴岳,由于其在美学思考上的稚嫩,且又是蔡元培思想谱系里的一员,故而在他身上又颇具代表性地展示了蔡元培"以审美直接改造社会"的内在矛盾。

伦理本位是儒家思想的重要特征,这反映到美学思想上就是"美善合一",即先给审美设定一个伦理属性,继而强调审美对社会的直接作用,通过强调文艺对社会的疗救作用来体现自身价值。

戴岳在此文中所张扬的,恰恰是这种儒家文艺思想。他按照传统儒家的叙述习惯,将美学分析置入伦理本位的结构之中。对于当时天下的混乱,他把根本原因总结为:"曰戾,曰妒,曰私",他进一步阐释说:"三者名虽不同,而其足以肇祸乱也则一。世界和平之所以常破,而太平大同之治所以难实现者,岂非以此三者为之梗耶?萃古今之哲人立学说宗教法律以救之,既不能,且反为其假用,以逞其大戾大妒大私焉。"[①]

他的这一说法在思想史上的参考价值之处在于,他这种在文章中所展现出的思维,颇具代表性地显示出了那个时代的学者在思想意识中潜藏的传统桎梏。可以说,在他的论述里,儒家思想和心学传统构成了他展开思考和论述的底色。在他看来,这世界上的一切问题都是我们"本心"的问题。毕竟,按照程朱理学特别是阳明心学以来所衍化出"心性之学"的思维模式,既然一切问题皆由心生,那么要解决世间的一切问题,还得回到本心。虽然心学正式登上历史舞台晚至北宋,但其实早自诸子百家时期起,中国思想文化就包含着这种强调"本心"的思维形态,或可说,这种强调从本心出发看待外在世界的"泛心学"思维,乃是中国传统思想的核心特征之一。因此,中国的心学历来强调本心的关键作用,力图从心性方面着手,以精神内省的方式进行社会变革。由于他的思维结构仍然停留在心学传统的藩篱中,所以他跟中国

---

① 戴岳:《美术之真价值及革新中国美术之根本方法》。

的历代先贤一样，以浓重的心学思维来思考现实问题的解决方案，这就顺理成章地导出他的解决方案："曰化戾，曰祛妒，曰除私。"这与几十年后的"文革"特殊年代强调要"在灵魂深处闹革命"，其所凭借的思维结构具有内在的一致性。

他的想法大致为：由于审美能够直达本心，"夫天地间粲然之美物，若天然者，若人为者，其形色千差万别而不同；故其感人也，亦千变万化而无方，盖窅然难言之哉"，于是审美问题同样可以纳入心学问题的范畴，因此，就在这世间纷乱，"茫然无措，傥然自失"之时，审美成了拯救世道败坏的救世良方："补救几无法，而美术乃独能从容化除之。"①

如同中国的儒家先贤对此笃信不疑一样，他也由此按照中国传统文章之学的写作习惯，在此篇学术论文中采用散文化的语言热情洋溢地说："彼美感之能促进物质文明，固为其纯粹之积极功用矣。即其冲和之状，亦不仅化戾也；又能使人宽宏博爱而兴仁。其超脱之状，又不仅除私也；又能起入幽情逸兴而豁志。至于随化之状，则因物兴怀，功用尤难枚举。"②

就这样，传统的心学与来自欧洲的现代变革通过"以审美直接改造社会"这个理念而奇妙地结合。虽然两者产生于完全不同的语境，且也属于完全不同的体系，但在以戴岳为代表的不少中国现代早期美学研究者那里，两者奇妙地实现了理念上的"统一"，从而构成了那个时代的美学研究中一道奇异的景观。

就理论的内在理路而言，陶冶情操、疗救社会是中国伦理本位语境下的产物。按照欧洲的学术语境，美学（Ästhetik）是研究审美的一种学问，与具体能直接运用的社会功用还存在一定距离，但在延续儒家传统思想结构的蔡元培美学思想谱系中，欧洲作为"感性学"的"美学"概念，被从与现实存在距离的理论体系之中移置出来，变为社会学、伦理学意义上的一种实践行为。对于以德国为代表的康德思想谱系而言，这种儒家化的中国美学已经与 Ästhetik 的原初语境有了较大的区别。所以，从中国现代早期美学发展初期的这一特征可以看出，中国现代美学从其发展的初期，就有与欧洲和日本都不同的价值取向，它不是纯粹的学问研究，关注的主题在相当程度上也不是美学学科内在的问题，而是承袭了儒家文化的传统，将来自欧洲（日本为中介）的 Ästhetik，在戴岳这

---

①② 戴岳：《美术之真价值及革新中国美术之根本方法》。

里演化为了中国的"美善合一"的心学美学、功用主义美学,甚至是伦理学美学,其直接目的就是以审美来改造社会。

结合当时的中国社会思想状况,可以更清晰地看到:虽然在20世纪初期,审美为民众服务的号召以蔡元培最为人熟知,但这个号召并非蔡元培一人之思想,而是蔡元培将那个时代的思潮首先表述出来,借助其地位而引领了美学革命。客观辩证地看,审美的力量只能以间接且有限的形态释放,其作用的发挥,更有赖长时间的慢慢润化。蔡元培也明白这一点。但或许是那个年代的人对于现实的困顿太过焦灼,以至于他们虽然明白美学的学科性质,并且还强调着审美的独立性,然而一旦开始论述,就会有意无意地顺着儒家既有的思维惯性,重新回到文以载道、道以济世的功用主义的轨道上。在潜意识当中,以蔡元培为代表的那一代学人急切希望能够以审美作为工具,迅速改造中国的社会现状,所以形成了那个时代独特的景观:力图以审美对抗旧传统的蔡元培美学思想,依据的却仍然是儒家的思维结构和精神资源,故而其在一定程度上仍然是儒家思想现代转换期里的新版本。

在当时,艺术和审美的自律性虽然也有部分学者在提倡,如林语堂等,但终究不是主流的声音,甚至被认为是落伍的思想。有作者明确提出:"正像在别的许多文化科学(例如文学、伦理学)上一样,在美学的研究上,学者也不能不从久日狭隘的范围及错误的方法等解放出来了——或者应该说是高升起来了。美学,它再不是思辨的学问,再不是关于少数天才等的'美的观念'的学问。"①

从李大钊、陈独秀到邓以蛰以及其他不知名的学者,"民众美学"几乎是一种不证自明的精神追求,这种追求包含三层功用,一是唤起个性解放,二是让审美与现实结合,三是审美为特定社会目的服务。在开始时,三种功用融合为一,当发展到最后,就以第三种占据主导。这种依照儒家传统的文化惯性,力图以新文化来改造社会的内在冲动,使中国美学从早期就具有社会美学的特征,这也为中国美学在20年代后从整体上以左倾化为主流埋下了伏笔。"儒家传统思维惯性—为民众的文艺—左翼文艺",乃是一条具有逻辑递进性的,从中国现代美学的早期就能见其端倪的内在线索。

---

① 静闻:《关于民众美学》,《民众教育月刊》1936年第2期。

## 三、芜杂的思想：鸡尾酒式的美学论述

作为中国现代早期美学的先驱之一，芜杂是戴岳美学思想的整体风貌。他的论述就像一杯鸡尾酒，里面看似什么倾向都有，那一大堆花俏纷繁的概念，始终没能融合为一种辩证、历史的理论整体。这是他个人学术研究的遗憾，却也为我们今天管窥当时的美学思想状况留下了丰富的思想史线索。尽管如此，他美学思想的芜杂，包含着一条清晰的内在理路：引入当时西方前沿的（或者他认为"前沿"的）理论，用以打破中国传统美学在清末陷入停滞的僵局。所以他思想的芜杂乃至具体论述的滑稽，在一定程度上体现了一位中国现代早期美学研究者那种可贵的探索精神。

在他这篇文章中，在有限篇幅里包含了相对非常丰富的内容，从艺术起源的游戏说到美感的发生学原理，再从利普斯的"移情说"到康德美学的思想片段，几乎片段式地涉及了当时美学思潮的各个方面。这里面可以看到，他力图将西方美学（主要是德国美学）与中国传统融会贯通起来的积极态度。他的尝试产生了双重效果：一方面增加了他论述时所凭借思想资源的厚度，但另一方面也导致他美学思想的芜杂。

这种芜杂具体说来，其实包括：一是学科之间的混杂。由于缺少现代学科分类的概念，所以在他的概念当中，美学、伦理学、社会学、经济学等学科全部鸡尾酒式地倒在一起。二是语境混杂。各种理论都有自己产生的具体语境，他却倾向于按照概念的外在相似性来糅合使用，而非思考这些概念实际所依据的具体语境，也没有考量这些概念彼此之间是否存在内在冲突。三是他试图把他接触到的各种理论糅合进自己的论述当中，但又没能让这些芜杂的思想彼此融合，于是造成了一种半土不洋的奇特景观。这是戴岳在美学思想中颇有意思的部分，也颇具典型性地展现了中国传统思想与现代思想过渡交替时期的有趣历史状况。从中可以窥见中国传统思想在进入现代后的某种不适应性。这正如同一个穿着马褂，留着长辫的清末乡绅，忽然进入民国上海"十里洋场"时遇的尴尬，自己身上的文化特征越是鲜明，就越导致自己显得有些滑稽。

戴岳在对来自欧洲的各种思潮一知半解，也没真正理解这些思潮以及涉及的相关术语究竟包含怎样的一种内涵的情况下，就想当然地随性将这些产生的

学科不同，语境不同，内涵不同，所依据的社会经济基础也不同的相似术语糅合在一起进行论述，看似旁征博引，实则相当不严谨。这种问题其实也是当时相当一部分美学研究者在学术研究和具体论述中经常犯的，即便是蔡元培、滕固、邓以蛰这些学界权威也概莫能外。

我们今日详细分析戴岳在美学研究中犯的这些低级错误，并非站在现代美学的高地上苛责作为早期学者的他，而是希望通过他这一案例，更清晰地还原当时的时代风貌，以及作为我们研究的前车之鉴。毕竟，现代美学学派中就有后殖民主义批评、女性主义批评、生态美学等跨学科流派，这些流派的一些学者往往有一种不良的倾向，那就是他们在具体论述时，经常犯戴岳在差不多一百年前犯过的错误：脱离具体语境地把各种概念杂糅在一起使用。他美学思想的芜杂特征，最为集中地体现在他阐述的美育三大作用上。

在戴岳的美学思想中，美育三大作用是其论述的核心部分。而他的"美育"也是一个具有当时时代特征的概念。"美育"一词，在中国现代早期美学中的含义颇为含混，既包括作为专门术语的"审美教育"，也包括作为具体行为的教育过程，这其中美术教育占据主导地位，所以"美育"也往往被指"美术教育"，这里的"美术"跟"美学"被置于同样范畴中使用。①他试图在自己的阐述中将"美育"的内涵加以条理化和清晰化，因而概括为三个方面，"冲和之状""随化之状"和"超脱之状"。不过由于其本身学养的局限性，故而在阐述过程中，留下了中西杂糅的尾巴。

（一）他对"冲和之状"的论述，分为两部分，第一部分力图引入西方实证主义神经学说，第二部分则回归中国传统审美的论述。在他的叙述中，审美不但有直接改造社会的作用，甚至还具有某些跟医药一样的功能，能直接作用于个体生命的肉身和精神状态。这在今人看来，多少有些夸大乃至神话了审美的作用，但其实按照蔡元培思想谱系的逻辑，在新旧交替时代的文人那种半旧不新的思想意识里，的确是可以推导出这样幼稚而怪诞的理念的。

他提到：

---

① 概念不清的问题，在中国现代早期美学发展期并不鲜见。比如在王国维《汗德之哲学说》一文中，"美术"成了一个无所不包的大概念，就连文学戏剧都被列入"美术"的范畴："美术中以诗歌、戏曲、小说为其顶点，以其目的在描写人生故。"

> 据心理学家言，吾人诸感官中之知觉神经，皆上联于脑；复自脑发射运动神经，交错下行，达于周身之各筋肉。又有交感神经者，联络脑脊脏腑间各神经之交通，上下分布，几于无处无之。故人身一部受感触，则全体蒙影响。视觉亦然，当物象经眼球之屈折体而达于网膜上之视神经也，则神经起生理上之化学变化，而生影象。此影象更缘神经纤维，传印脑际，于是脑神经亦生变化而视觉之作用起。然物象之全体，又非一瞥即可皆领略者也；则必运动眼球，以移视物体之各部，由是筋肉又起调节之作用。（听觉方面同不赘）夫神经既生化学变化，而筋肉又起调节作用；则因精神与身体之有依倚关系，自起调和不调和之感。于是调和者生恬静和乐之状而为美；不调和者生刺激不快之情而为丑。影响所及，且借交感神经之传达，偏于全身。①

这一段谈的是当时被认为能让美学研究科学化的实证主义理论。由于神经学的经验主义倾向与美学研究的超越性和自由性之间有内在冲突，所以这种研究方法在今日的美学研究中已经逐渐被淡忘，但对于刚刚从蒙昧中走出来，接触西方科学、美学的戴岳而言，这无疑是颇有前沿性的研究成果，所以他才会以较长篇幅来加以引介。而且为了将这一前沿理论"中国化"，他接着就开始用中国人所熟知的传统话语来加以阐述：

> 当斯时也，心志则恬然无思，澹然无虑；几如秋月之朗照清空，无一毫暧昧之状。血气则澹然平静，豁然清爽；几如春风之鼓畅庶类，无半点滞郁之形。此即所谓冲也，和也；心冲气和，则神明开涤，胸次清旷；凡一切机械诈伪之念，恩怨利害之见，莫不涤除清尽，屏诸胸怀。所余者，止此清净开适之胸襟，以与外物之美相游衍而已。此殆释家所谓"身心两自在"者乎。②

在这里，西方神经学的话语被转换为"血气"等传统中医式的语言，审美活动也就与中国传统文化之中的"修身养性"挂上了钩，而且他还进一步把这种修

---

①② 戴岳：《美术之真价值及革新中国美术之根本方法》。

身养性跟蔡元培思想谱系里的审美功用挂上钩：

> 使吾人能时与此种美境相熏染，以常维持此冲和之状态，则久而成习，即无丝无竹亦自恬愉；即不山不水，亦自幽静。以之持身涉世，则虽大火流金，而清风穆然；虽严霜杀物，而和气和霭然；虽阴霾翳空，而慧心朗然；虽洪涛倒海，而砥柱屹然。若然者，中正优然，抱德炀和；不以外界之宠辱得失，搅乱其浩旷活泼之性灵。殆庄子所谓"大泽焚而不能热，河汉冱而不能寒，疾雷破山风震海而不能惊"之至人乎。①

按照蔡元培的审美功用的追求，德式的审美无功利性在他的美育理论中成为改造社会的思想武器，而按照儒家心学传统，改造外在世界之前，首先需要改造自己的内心，所以戴岳在此强调审美活动能达到的"冲和之状"。虽然在后世看来，这有些突兀甚至有些滑稽，但在当时则是颇为前沿的学术探索，而且也是"修身—平天下"这种逻辑往下推演的必然结果。

（二）所谓"随化之状"，即他所言："吾人赏玩美术时，其冲和恬愉之胸襟，既如上所述矣。然所谓美者，果何在乎？岂纯在吾所赏玩之外界耶？抑仅在吾之精神意识中耶？若一味纯属外界也，则音有待于耳，色有待于目；使就此闻见之音色，除去吾闻见时所生之美感。"又曰："若以为专属于意识中也，则美感当因各人之主观而异；而何以吾人对于同一之美境多起同一之美感？"最后，他得出结论："可知此美必不专属于外界之美术，亦不专属于内界之意识；而必在此二者相互影响所生之物也"，"忘肝胆，同物我，无心而随物化；更和有于内外之分哉"。②

这段论述虽然短，但包含了不少思想史线索。关于"美的本质"问题，在20世纪50年代有过著名的四大家争论，而戴岳这段论述，几乎可被视为是这种争论的"前传"，而且他从一开始就打破了主观论和客观论的片面，力图在主客观统一的框架内思考美学问题。

他所提的"随化"，实际上是在试图将中国的审美怡情论与利普斯的"移情说"加以融合，而且在他的论述中，怡情和移情两者被视为同一范畴。中国的

---

①② 戴岳：《美术之真价值及革新中国美术之根本方法》。

怡情论，基底为"天人合一"思想，即主体通过审美活动与自然合一，所谓"身与物化"。而当时时兴的利普斯的"移情说"，则强调主体在审美活动时将自身情感投射到审美对象之上。虽然中国的理论跟德国利普斯的在精神实质上有较大的区别，但在思维结构上却颇为契合，所以"移情说"就成了20世纪初期时中国美学界颇为仰重的学说。中国的怡情论，往往淡化主体在这个过程中的主动性，而戴岳的概念有趣之处就在于，他的"随化说"从根本上是中国传统思维的产物，因为"随"之而"化"就是这种淡化主体的表现，但当他具体阐述时，用的却又是德国的主客体概念，强调美感的发生，并非纯然在"吾所赏玩之外界"，也非纯然在"吾之精神意识中"。从这里可以看出他将中西美学理论加以融合的努力，虽然实际上他的这种努力并不太成功，反而有一种奇异的过渡时期特征。

为了解释他的"随化"说，他还举出案例：

> 浸假而使予所赏玩者为海，则吾将化为其中之一滴；因而随波涛汹涌，觉有浩瀚矗盪之美焉。浸假而使予所赏玩者为山，则吾将化为其上之一磔；因而伴岩石崢嵘，觉有静穆巍峨之美焉。①

他举的这一案例具有明显的利普斯色彩，几乎就是把利普斯的论述按照他的想法再转述一遍，而且在这个过程中，由于对利普斯"移情说"所仰赖的德国美学精神资源并不熟悉，所以他还出现误读的情况。"移情说"与格式塔心理学虽有不同，但都强调主体对对象接受的整体性，如果主体所观的是大海或者大山，那么在其意识当中，主体对应的就是整个大海或者大山，而非其中的"一滴"或者"一磔"。他之所以会把利普斯的论述"中国化"为"一滴""一磔"，实际上仍然是当时的传统文化惯性使然，按照"积土成山，积水成渊"的思维习惯对"移情说"加以演绎。而且这只是他举例论述的前两部分，最后一部分才最具中国特征：

> 浸假而使予所赏玩者为先圣之遗像，则吾将化为其时之一人；因而与

---

① 戴岳：《美术之真价值及革新中国美术之根本方法》。

昔贤相周旋揖让,觉有雍雍肃肃之美焉。①

在这第三部分的举例中,他认为移情还包括打破时空隔阂,在想象中与先贤对话,这种对移情的补充,估计是德国学者所无法想象的。戴岳的这段论述,即可被视为儒家传统思想在审美领域的涌出,也可被视为戏剧理念在早期美学中的现代转换。昔日汤显祖就曾言,在戏剧中,"生者可以死,死者可以生。生而不可与死,死而不可复生者,皆非情之至也"。既然是移情,那么自然包括打破生死距离,与先贤对话。而且"雍雍肃肃",又回到儒家《礼记》的所阐述的范畴之内。在他心中,自己的阐述可谓完美融合了中国传统文化和西方美学。

(三)所谓"超脱之状",在戴岳的文本里更是个颇有趣的概念。因为这个概念杂糅了"审美无功利性"和中国美学的泛心学传统,在一定程度上展现了他那个时代中国美学发展的特定状况。按照他的说法,即:"是故美感纯一不杂;杂则扰,扰则思虑营营,而美趣无有。故真能赏美者,用心不劳而应物无方,功利机巧之心皆忘。"他还专门引用《庄子》中所言,"忘足,履之适也;忘腰,带之适也;知忘是非,心之适也",以及"相与于无相与,相为于无相为",用来阐释他的概念。然而他的概念虽然援引自德式的"非功利性",但在具体阐述时,却又按照文化惯性,将之纳入中国传统的阐释框架内,改造为庄子以来的"心斋坐忘"的泛心学范畴。

他提出:

真能领略乎美趣者,必又意解神释,物我一空;辄然忘其四肢形体焉,忘其对境之美术焉;岂仅无功利机巧之心而已哉?盖美之趣味属于情感;而功利机巧等念属于意志。意志既起,美感自消。犹障翳生而明镜失其用;自然之势也。必也神与美化。而心仍泰然。犹之月随人行,月竟不移;岸逐舟行,舟终自若。则庶乎其几矣。②

从他此处的阐述或可管窥,中国传统思维惯性在当时学人展开学理建构时所造

---

①② 戴岳:《美术之真价值及革新中国美术之根本方法》。

成的深刻影响。德式的"非功利性"概念，有其"审美自律性"的学理渊源，而中国传统文化里的"去机巧之心"，更多的却是植根于道家的那种心斋坐忘的泛心学传统，隐约之中带有某种程度上的反智主义特征。两者本不是一条脉络上的概念，但在戴岳这里，被杂糅为"功利机巧之心"，而审美活动变成了"皆忘"的心学范畴。西方美学强调的那种"审美自律性"在他的思维中是被屏蔽的，这就造成他虽然努力实现所谓"中西融合"的目标，但实际上，只是杂糅了各种学理渊源彼此冲突的概念而已。

其中耐人寻味的地方，还包括他在论述的末尾，以"犹之月随人行，月竟不移"等语来描述他心目中的"审美无功利性"（去"功利机巧之心"）。这种在禅宗式的悟性结构里阐述"审美无功利性"的做法，实属语境错置，但也在一定程度上显现了中西美学在诸多核心理念上的不兼容：中国美学在本质上是悟性美学，强调举一反三、由少思多；而西方美学则秉持分析性思维，力图将研究对象条分缕析，细化为一个个"小项"（item）。这种不兼容，时至今日仍然是我们美学研究过程中经常会遇到的障碍，如何应对这种障碍，在相当程度上仍然是考验当代学者的问题。

实际上，他"冲和—随化—超脱"理论的阐述，在当时具有一定的影响力。1926年，同属于蔡元培思想谱系的另一位学者杨昭恕，就在自己的美学论文中大段摘抄了这一理论，而且还进行了缩写和修改。只不过可能是由于当时学者并不熟悉日后的学术规范，所以学者杨昭恕在引用戴岳论文时，没注明出处。不过无论如何，都能看出20年代学人对戴岳这一理论的认同。①

值得一提的是，尽管戴岳的思维结构主要依旧停留在传统思维的窠臼之中，但他的不少想法已超越同时代的学人。除了前述的尝试融合中西美学理念之外，他对中国水墨画题材狭隘问题的思考，也是其他某些拘泥于气韵生动而对形貌缺少兴趣的同代人所不及的。

与徐悲鸿一样，他认为，学习欧洲文艺复兴时期的写实主义美术，是疗救业已陷入僵化泥淖的中国水墨画的良方，他说"革今日中国美术之荒谬，则为救时之良药"，又云："盖今日中国美术所以不振者，其病固在于工人拘守古来陈陈相因之旧法；而工人所以拘守此旧法者，则由于无科学知识。欲革陈陈相

---

① 杨昭恕：《由美学上所见之人生》，《学林》1926年第4期。

因之弊,宜提倡写实主义,欲图后日美术之发展,宜培养科学知识。"

当时一些旅欧画家曾简单地以为,仅仅通过引入写实主义,就能改变中国美术的积弊,而戴岳则能从社会意识的高度思考这一问题,提出转换思维(所谓"宜培养科学知识")才是根本。他这种言论,在守旧之气依旧浓重的民国初年已属离经叛道,其实时至今日,强调水墨画要固守传统的艺术家和美学家也不在少数。但他的大胆言论,的确直戳中国美术长期停滞的问题实质。他说:

> 古人之画本有限,万物之变态无穷;以有限之画本,概无穷之变态,其究竟止落古人之陈腐窠臼而已;止能得一泛漠的种族相而已。故中国人之山水画及仕女画虽工拙各不相同,而其体势则相差不远,此皆模仿古画之流弊也。试再以山言之,山与水固各有显然不同之众族相,而山水之中又有南条北条之分,有主脉支脉之异,有高低大小陡峻平坦之差,有土石草木平岭锯岭之别,则山山皆有其个体相焉。甚至就一山言之,其气象亦有早暮午晚之别,有远望近望之分,有正面侧面背面之异,有春夏秋冬不同之景色,有阴晴明晦无定之变态,则一山又兼有数十百山之个体相焉。凡此种种之个体相,皆画家天然之好范本;取之不尽,用之不竭者也。而中国画家不此之务,必以临摹古人之画为贵。①

只有跳出传统思维范式的窠臼,才可能超越前人相互因袭守旧的同质化创作。戴岳作为了解中国诸门类艺术,又接触了西方艺术的跨文化实践者,在民国初年就已初步设想到中国美术的革新之道,实属难得。

## 结　语

从整体上看,虽然戴岳的论述存在诸多不成熟的早期美学特征,而且他在具体论述时常有"力有所不逮"的学识问题出现,但这并不能掩盖他作为先驱者的光芒。戴岳作为先驱者,从自己的角度尝试在不失去传统根基的情况下,

---

① 戴岳:《美术之真价值及革新中国美术之根本方法》。

对中国美学进行革新，这可视为现代早期美学探索者试图以中西融合的方式推动中国美学发展的重要尝试之一。虽然不是特别成功，走了弯路，但都是中国现代早期不可忽视的重要探索。

诚如学者朱志荣所言："中国美学的话语包括中国美学的具体概念、范畴、术语和命题及其表述方式。它的建构需要借鉴西方，继承传统，回应当下。"[①]实际上，20世纪早期的中国现代美学发展历程亦是从这一方向上开展自己的探索，我们以今人眼光回溯当时的状况，更能清晰地审视他们所做出的贡献以及所走过的弯路。本文追溯这些被淡忘的历史，并非苛求昔日的这些探索者，而是为了更好地还原中国现代美学在其发展早期的真实状态。了解中国现代美学发端期的实际状况，是我们完整、全面地理解中国现代美学的不可或缺的一环，而这也是笔者挖掘戴岳这位早期美学研究者的目的之所在。

---

① 朱志荣：《论中国美学话语体系的创新》，《探索与争鸣》2015年第12期。

# 汪裕雄"审美意象学"的理论创构

## 夏兴才

（安徽师范大学文学院　241000）

**摘　要**：汪裕雄先生构建的"审美意象学"理论体系，以"哲学—心理学"的研究方法，立足于美感经验环节，深度发掘出"审美意象"之于审美活动的心理基元意义，并且动态地阐释了审美意象的生成及类型，对揭示审美活动的本质、艺术欣赏与创作活动以及当代审美意象研究，具有理论上、方法上的指导性和建设性意义。此外，汪裕雄先生立足于中国传统文化，为审美意象寻找到了哲学—文化学的渊源，并且以传统文化中的"言象互动"符号系统与"尚象"思维的产生与发展为脉络，揭示了传统文化重经验，尚感悟的总体特征。

**关键词**：汪裕雄　审美意象　意象

汪裕雄（1937年12月—2012年3月），当代知名美学家，毕生致力于美学研究与教育，曾任安徽师范大学文学院教授，安徽师范大学诗学研究中心研究员，中华美学会理事。著述颇丰，曾主编、参编教材多部。《美学基本原理》一书自1984年出版以来，成为国内高校至今仍普遍使用的美学教材；专著《审美意象学》《意象探源》《艺境无涯》自成体系，被学界称为"审美意象学三书"，影响广泛。汪裕雄先生在撰写《审美意象学》《意象探源》与《艺境无涯》时，并未在书中透露出想要建立一套以"审美意象"为核心的"审美意象学"理论体系的想法，但从汪裕雄先生的研究成果来看，他无疑成功地构筑起了这套体系，视角独特。本文先仅从汪裕雄先生的专著《审美意象学》（"审美意象学"理论体系的主干）与《意象探源》入手，揭橥汪裕雄先生"审美意象学"的理论创构及其学术意义，并在此基础上总结汪裕雄先生带给学界的诸多理论上与方法上的启示。

## 一、问题的提出:"基于意象的思考"

笔者认为,若要深入地理解汪裕雄先生的"审美意象学"理论体系,就必须要找到整个理论体系的触发点,即"基于意象的思考"。然后,则要继续追问,"基于意象的思考"从何而来?为什么是基于"意象"的思考,而不是基于别的?"基于意象的思考",究竟是一种什么性质的思考?它是如何操作的?有何意义?在此项工作的基础之上,才能更加深入、全面地理解汪先生的整个"审美意象学"理论体系。

"基于意象的思考"从何而来?对于这个最初的问题,笔者认为,可以循着汪裕雄先生的思路,再多角度、全方位地看待。首先,应该把这个问题放到它的理论语境中去看待,即审美活动发生的一般过程,或者更具体地,把它放到审美经验发生的一般过程中去看待。汪裕雄先生一开始也是这么切入的。"审美活动是由审美对象为一方,以具有审美能力的审美主体为一方所结成的现实的对象性活动。"① 主体与客体的连接点是审美经验,而在审美经验中,美感心理诸要素的聚合点正是审美意象,审美意象是审美主体与审美客体建立审美关系后,审美主体的感知、想象、情感、理解等心理诸要素综合而生的心理成果。从审美意象入手,逆向地考察审美经验以及审美活动发生的一般过程,是合情合理的。其次,"基于意象的思考",是20世纪50年代的美学大讨论之后遗留下来、需要重新审视、无法回避的问题。回顾20世纪50年代的美学大讨论,其实并没有讨论出什么实质性、创新性的结果,反而是把美学的诸多问题框死在了哲学认识论的牢笼里,再加上政治立场上唯心、唯物的对立,就导致某些理论成果被单纯地否定。然而在美学大讨论之前,中国近现代的美学研究是取得了有目共睹的成效的,例如王国维和梁启超的意境说和趣味说,这些都是美感理论,此后朱光潜和宗白华两位先生也是从分析美感经验入手,力图打通中西美学,并且取得了相当的成效。所以由此可以得出结论,中国的美学研究确是从分析美感经验入手的,并且历史可以证明这条路是走得通的,那么对于美感经验的诸多研究成果就不能丢弃掉。20世纪七八十年代之际,当学界着力

---

① 汪裕雄:《审美意象学》,人民出版社2013年版,第2页。

恢复美学学科的时候，面对哲学层面对美的本质问题的探讨停滞不前的状况，很多学者自然而然地想到应该继续循着朱、宗二位先生的路径，继续进行美感经验的研究，这是历史的反思，同时也是时代的要求，以及由美学学科本身的性质决定的。所以，汪裕雄先生就在20世纪80年代投入了这场洪流中。汪裕雄先生曾在80年代到北京师范大学进修，归来后即完成了《审美意象学》，由此可以看出，"基于意象的思考"，就是在那时起，甚至更早，就在汪先生的心中酝酿着，而这个"思考"不仅是汪裕雄先生个人的思考，同时也是20世纪80年代美学学科恢复工作的重要理论成果，应得到学界的重视。

为什么是基于"意象"的思考，而不是基于别的？这个问题既可以从审美活动发生的一般过程来看待，也可以从中西美学史共时与历时来看待。首先，从审美活动发生的一般过程来看，笔者前文已有所述，综括来说，有且只有审美意象是审美主客体有机交融的聚合点。其次，从中西美学史的共时与历时维度来看，基于"意象"的思考就更加顺理成章了。中国自古虽然没有美学这门学科，但却有美的意识、美学的范畴以及与审美创造与欣赏活动有关的诸多理论，而这些理论的核心也正是"意象"，正如叶朗先生所言："中国古典美学体系是以审美意象为中心的。"[①] 在西方近代美学史上，也有许多派别把眼光集中在审美意象上，例如以克罗齐为代表的表现论，以阿恩海姆为代表的格式塔心理学美学，以卡希尔和苏姗·朗格为代表的情感符号论美学等。由此可见，基于"意象"的思考是中西美学研究的共同点。

"基于意象的思考"，究竟是一种什么性质的思考？它是如何操作的？有何意义？对于这几个追问，笔者认为，不妨先从其对立面来看待，即非意象的思考是一种什么性质的思考？这个问题很好回答，非意象的思考其实就是概念的、逻辑的思考，旨在通过运用逻辑思维的规律与方法达到对对象本质的认识，在认识的过程中不必依赖感性材料。而"基于意象的思考"，则是一种依赖感性材料的、非概念、非逻辑的审美体验式的思考，即汪裕雄先生所说的"重经验，尚感悟，趋向反省内求"[②]，这一点也可从中国传统文化的总体风貌中见出。换句话说，"基于意象的思考"，可以说是汪裕雄先生立足于中国传

---

[①] 叶朗：《中国美学史大纲》，上海人民出版社2005年版，第3页。
[②] 汪裕雄：《意象探源》，人民出版社2013年版，第2页。

统文化,从中拈出的具有中国精神特征的"意象思维"及"意象语言"符号系统(按:这一点汪先生在其专著《意象探源》中有详细的论述,笔者留待下文再谈)。

那么,"基于意象的思考"是如何操作的呢?这个问题的答案是汪裕雄先生《审美意象学》一书的理论主干部分,综括来说就是:以审美意象为心理基元,以审美经验为场域,以艺术品的意象体系为切入点,动态地、有机地通过审美心理结构的深层动力结构与表层操作的相互配合,完成审美活动发生的一般过程。

"基于意象的思考"究竟有何意义?对于这个问题,笔者认为,可以从以下三个角度看待:首先,从汪裕雄先生的"审美意象学"理论体系架构来看,"基于意象的思考"可以说是整个理论体系的思维范式,即汪裕雄先生用"意象思维"去架构,读者也只能用"意象思维"去理解;其次,从美学学科来看,"基于意象的思考"是20世纪80年代之后,国内着力恢复美学学科的理论成果之一,时至今日,仍然具有很重要的建设性、参考性价值;最后,从人类文明自身发展的危机来看,"西方现代抽象思维和科学技术的突飞猛进,特别是计算机的普遍使用,潜藏着压抑感性、贬斥直觉的巨大危险"。[①]因此,"基于意象的思考",可以说为人类重新找回自我提供了一条道路。

## 二、以审美意象为基元的理论体系

汪裕雄先生以"基于意象的思考"建构起了"审美意象学"理论体系,其理论子形态有审美意象审美心理基元论、审美意象生成论、审美意象心理中介论和审美意象艺术心理本体论,其中"审美意象审美心理基元论"是汪裕雄先生最具独创性的理论。由子形态理论可以看出,"审美意象"不仅是审美心理的基元,更是其整个理论体系的基元。

首先来看审美意象审美心理基元论。在这一部分,汪裕雄先生还是从最基础也是最本质的问题入手,即审美的事实也就是心理的事实。言外之意就是,必须要认识到物理的事实与心理的事实的区别,所以就必须要看到审美经验的

---

[①] 汪裕雄:《审美意象学》,第7页。

心理性特征,也就是情感性。"花的红"不同于"花的美",后者是在前者的基础上,审美主体在心理层面的一种肯定的情感判断,原因是前者带来了主体的美感,这种审美的情感判断是非逻辑的。但是日常的情感判断就不是审美判断,据汪先生,日常的情感判断往往转化为现实性的行动,是一种欲望的发泄,而审美的情感判断则是将情感连同表象一起在主体的内心进行玩味,进行内在的自我体验,使主体最终得到审美的愉悦和满足,所以汪裕雄先生说:"情感渗入活动过程,并附着于表象,乃是审美活动最显著的特征,是它区别于日常实用活动、科学认知活动的最突出标志。这种浸染着、饱和着情感色彩的表象就是审美意象。"[①]从美感的获得过程来说,感知与情感最为重要,"感知"是美感的开端,此后,"感知的推动力是情感;由感知所得的意象引发联想想象活动的,也是情感;而作为美感过程的终端成果呈现出来的,还是情感……只有感知和情感贯串始终。而感知和情感的结合,不是别的,正是意象。因而,美感过程可以看成审美意象的获取、运动和推移过程。美感的诸多心理要素,始终融汇在、统一于审美意象这个聚合点之中"。[②]同样,在艺术的创造与鉴赏活动中,艺术创造归根结底就是审美意象的创构,艺术鉴赏其实就是对艺术品审美意象体系的解读。所以,总的来说,审美意象其实就是审美心理的基元,审美心理的各个活动,都是以它为中心并且围绕它进行活动的。汪裕雄先生从美感心理构成要素和艺术的审美活动两方面阐释审美意象对于审美心理的基元意义,是十分合理的。通过对审美意象审美心理基元论的简单梳理,不难发现,汪裕雄先生独具慧眼地把审美意象的产生与完善过程与审美经验的产生与获得过程动态、有机地结合,并且牢牢地抓住美感心理的情感性特征,从某种意义上来讲,这恰恰也是汪裕雄先生拈出的"意象思维"带来的,从而使得整个审美经验的理论分析饱含着强烈的生命意识与艺术精神。

在审美意象审美心理基元论的基础上去理解"审美意象艺术心理本体论"是非常容易的。笔者前文已有所述,汪裕雄先生特别强调审美的事实就是心理的事实,审美活动又分为创造活动与鉴赏活动,故而审美意象既是审美创造的中心,又是审美鉴赏的中心,因此一部艺术品,就是一个完整的意象体系,审

---

① 汪裕雄:《审美意象学》,第16页。
② 同上书,第47页。

美意象也就是艺术的心理本体。这不难理解，关键是，杂乱无章的审美意象是怎样变成一个有序的有机的审美意象体系的呢？汪裕雄先生认为是情感的综合作用。"没有情感作为动力，就没有联想与想象的活跃，就没有生生不息的变化和运动。"[①]为什么这么说？无论是在艺术的创造活动还是鉴赏活动，如果没有情感对审美意象的综合作用，那么艺术构思就不可能实现，艺术的传达更无从谈起，即使它以物态化的形式出现了，那么真正的审美鉴赏也是不会发生的，因为这样的艺术创造本身就没有中心，更不必说思想。情感之于艺术构思与传达，正如刘勰所言："神居胸臆，而志气统其关键……关键将塞，则神有遁心"，"神用象通，情变所孕"。[②]而这样一种从心而生、充满力量的情感情绪，其实就是"情致"（Pathos，又译为"动情力"）。[③]据汪裕雄先生，"情致作为中心，聚合着意象，组成意象体系；读者或观众通过意象体系，引起情绪共鸣，而体验到所蕴含的情致"。[④]故而，一部艺术品要想成为一个完整的意象体系，没有情致是不行的。情致也是有自己的秩序和结构的，即"情致模态"。[⑤]正因为"情致模态"的共通性，才使得不同时代、不同种族的人在面对同一艺术品及其审美意象体系的时候，都有相近的审美心理活动，都能产生大致类似的情感情绪。从以上的分析来看，汪裕雄先生还是以一种非概念、非逻辑的"意象思维"直指统摄艺术品审美意象体系的"情致模态"，从而使得审美经验中最难把握的"情感"，有了可供探寻的入口，有了属于自己的言说方式——情致模态和符号系统——审美意象体系。

在理解了汪裕雄先生的"审美意象审美心理基元论"与"审美意象艺术心理本体论"之后，就能理解汪裕雄先生的"审美意象心理中介论"理论阐释了。首先，需要明确一点的是，艺术活动其实也是一种心理交流。因为艺术活动涉及的对象不仅是创造主体，还有接受主体，两者的"交流"是在艺术传达与艺术欣赏活动中完成的，并且是心理的，不是物理的。既然是"交流"，那么就不仅仅是创造主体一个人在"表达"，还有接受主体的"言说"，二者是一种"对话"的关系。既然是"对话"，难免会带有主观成分，在接受主体那

---

① 汪裕雄：《审美意象学》，第138页。
② 刘勰著，周振甫注：《文心雕龙注释·神思》，人民文学出版社1981年版，第295、296页。
③ 参见《心理学大词典》"动情力"词条，北京师范大学出版社1989年版。
④⑤ 汪裕雄：《审美意象学》，第140页。

里其实就是在对艺术品意象体系的解读之后的"再造"。整个过程，照汪裕雄先生所言就是："作者通过意象体系发送信息，欣赏者通过重造意象体系作出应答……重造的'体系'是原有'体系'的孪生物，而不是原有'体系'的简单回复。"① 梁宗岱先生也有言："文艺底欣赏是读者与作者间精神底交流与密契；读者底灵魂自鉴于作者灵魂底镜里。"② 王夫之亦有言："作者用一致之思，读者各以其情而自得。"③ 所以，汪裕雄先生说："通过意象体系来体验某种情感，即是对整个人类情感的'再体验'……它并不要求你将所体验的情感立即转化为现实行动，但却给你未来的行动准备好充足的意志情感力量。"④ 其实，从汪裕雄先生的话中，不难发现汪先生对审美教育的关切。接受主体对意象体系的再造，其实就是审美教育的开端，它带给接受主体的影响是潜移默化的，它有一个"潜在期"，但是"艺术主要是组织我们未来的行为，是前进的方向，是一种要求，它也许永远不会实现，但却迫使我们去追求生活表面以外的东西"。⑤

最后，谈谈汪裕雄先生的"审美意象生成论"。这一部分，只能放到最后来谈。为什么？因为，仅从个体来看，审美意象的产生与完善过程贯穿了审美经验过程的全部环节，在此过程中，审美心理发生了很多变化，把审美意象的产生放到最后来谈，容易较为清晰地看到它是在哪些因素的影响下诞生的，这些因素又扮演了怎样的角色、从属于审美心理活动的哪个环节。（至于审美意象的历史演化，笔者会在下一节"审美意象的哲学——文化学溯源与嬗变"中介绍。）

就个体审美心理来说，汪裕雄先生首先关注的是"审美态度"。审美态度并不难理解，关键是究竟是什么促使主体在具有审美态度之后，进一步通过主体心理结构的运作完成审美意象的构造获得审美体验？想要回答这个问题，就不得不重新审视审美态度的特殊性。它的特殊性体现在：一、当审美态度出现时，日常态度就会中断；二、审美态度出现时，审美感官的敏锐性异常强烈。

---

① 汪裕雄：《审美意象学》，第171页。
② 梁宗岱：《谈诗》，见《诗与真二集》，外国文学出版社1984年版，第95页。
③ 王夫之：《姜斋诗话》。
④ 汪裕雄：《审美意象学》，第176页。
⑤ 列·维戈茨基：《艺术心理学》，上海文艺出版社1985年版，第337页。

由此两点特殊性可以看出，的确存在着某种东西促使主体心理主动抛弃了日常态度，转而进入审美态度，并且由心理层到感官生理层都处于主导地位。据汪裕雄先生，这种东西就是"审美指向力"。"审美的指向力，来源于意识水平之下的广大无意识领域。在那里，审美的动力曲折地、隐蔽地和人的意欲联系着"，"审美态度是审美心理中两种意识水平的分界线和交汇点：向下，可追索无意识领域的深层动力系统；向上，可考察意识水平之上的表层操作系统"。① 这项工作之后，汪裕雄先生就阐释了何为审美心理结构的深层动力系统与表层操作系统。在无意识领域的深层动力结构中，起关键作用的是人的原初需要和审美需要。二者的关系是，审美需要潜藏在原初需要中。原初需要具体表现为维持生命活动的饮食需要、安全需要、种族繁衍需要等。在原初需要不再成为人类的唯一需要后，审美需要就出现了，审美需要具体表现为对对象的形式、外观、结构等的需要，是一种人类特有的社会性需要。当然，人类的审美需要出现经过了相当漫长的实践与时间，与此相适应的是人类审美感官的进化和生产力水平的发展，以及人类想象力的发展。虽然这个过程可以用理论阐释，但是当主体一旦以审美态度面对对象的时候，无论是原初需要还是审美需要，都处在意识水平之下了，审美态度就是分界线。而此时审美心理的深层动力系统所提供的审美指向力，就会将主体自动带入审美心理的表层操作系统中，这是主体可以意识到的，因为主体在"虚静"的审美态度时，就已经有意识地抛弃了杂念，这个"弃智去欲"的过程，是主体必须自觉去完成的。那么接下来就是主体的"审美知觉"与"审美体验"了。审美知觉在主体与对象猝然相遇的瞬间就开始发挥作用了，这时产生的是知觉意象，这时的意象仍然保留着其作为对象的自然形态，同时也带有主体的自我情感，当主体的审美体验达到最高峰，主体情感的郁结达到最饱和的状态时，即发愤抒情，情感就会推动想象力自由地驰骋，这时候产生的就是想象性审美意象，它既是对知觉意象的超越，又是主体自身的超越，主体同意象一起携手在精神世界中自由地遨游。其实，笔者认为，想象性审美意象比较清晰地展示了何为"意象思维"，其实就是无思维模式可言的超越思维，是超验的，是真自由的，是一种"不真而真"的。这一点在庄子的美学思想中体现得淋漓尽致。

---

① 汪裕雄：《审美意象学》，第93页。

## 三、审美意象的哲学——文化学溯源与嬗变

要想全面地理解汪裕雄先生的"审美意象学"理论体系,仅从其《审美意象学》一书来看是不够的,必须要结合《意象探源》。《意象探源》当中所阐释的问题其实就是从哲学—文化学的角度,为审美意象寻找哲学文化背景,而且是站在中国传统文化的产生与演变的角度。汪裕雄先生做的此项工作,一方面是因为先生觉得写完《审美意象学》之后意犹未尽;另一方面,笔者认为也是最主要的,就是汪裕雄先生想为中国传统美学的产生与发展找到一条能够关涉全局的线索,以及为当代美学的未来走向找到一条符合中国传统文化特性的研究路径,并力图从这两方面入手,发掘出中国传统文化最有别于西方的特质,以及尝试构建一套最具中国本土特色的美学理论语境。正如汪裕雄先生所言:"近代以来,许多中国学人持西方逻辑理性传统以参照中国古代文化,多少忽略了中国文化的独特之点。"[①]甚至有海外学者明确指出,20世纪中国学术理论界最有价值的,反而是那些最少涉及西方理论的。这不得不让人有所反思。而呈现在读者面前的《意象探源》一书,就是汪裕雄先生"反思"与"寻求"的结果。在此书中,汪裕雄先生还是继续以"基于意象的思考",对意象进行了哲学、文化学、历史学、文学及美学的考察,整部著作可以说是体大虑周,但又不失精致。其中谈及的某些问题,时至今日仍有很大的参考价值。

汪裕雄先生的"反思"究竟是以怎样的脉络进行的呢?大致如下:原"象"→"言象互动"符号系统与尚象思维的产生与确立→"易象"的哲学突破→"意象"的审美化。

首先,原"象"。原何"象"?汪裕雄先生给出的答案是原"生物之象"与"文化之象",并且还要"原"二者的演变过程。此项工作,汪裕雄先生借助的是现有的考古发现以及历史资料,结论是:一、根据考古资料可以证明,殷商时期黄河流域盛产大象;二、"殷人服象"使得殷人与象建立了精神文化上的亲密关系,导致了文化之"象"的产生。其中,发挥关键作用的是殷商时期殷王以象名,王以象祀,氏以象名和器以象名,从中都可以看出"象"文化用途

---

[①] 汪裕雄:《意象探源》,第1页。

以及文化涵义的扩展,这个过程促进了"象"作为文化符号出现。"象"真正作为文化符号出现是在西周时期"龟象"一词的普遍应用。在西周以前,甲骨文中有"卜"字,却未见"兆"字,更未见"象"字有"龟象"之义,但《尚书》中却有多处提及了"龟兆"与"龟象",说明在春秋时期这种说法已经颇为流行。例如"历象日月星辰"(《尧典》)、"象以典刑"(《舜典》)、"崇德象贤"(《微子之命》)、"乃审厥象"(《说命》)等。"象"这个字不仅由专有名词引申出其他含义,而且更为重要的是。"龟兆"向"龟象"的演变最终促成了"象"的符号化的完成,它与占卜的操作过程紧密相关,更与卜辞的阐释过程密不可分。正如汪裕雄先生所言:"龟象符号是一个言象互动符号。在这里,被提到首位的,不是语言或文字,而是象——由龟甲灼痕和与其相应的自然物象组成的意指符号。"[1]而"辞"从属于"象",且"辞"往往是带有超感性所指意味的,所以"象"与"辞"在被阐释与阐释的行为中、在"龟象"与自然物象的彼此对应中,完成了"象"的符号化进程,"象"便成为文化之"象"。

紧接着,汪裕雄先生从文化之"象"的"言"与"象"的关系入手,阐释了中国传统文化中的"言象互动"符号系统的产生与发展,以及背后的"尚象思维"。

汪裕雄先生把眼光投向了"神话意象",特别是神话意象的构成法则"触象而构"与"象物以应怪"。"触象而构"和"象物以应怪"的法则最早见于晋人郭璞的《山海经·叙录》:

> 夫以宇宙之寥廓,群生之纷纭,阴阳之煦蒸,万殊之区分,精气浑淆,自相喷薄,游魂灵怪,触象而构,流形于山川,丽状于木石者,恶可胜言乎?然则总其所以乖,鼓之于一响;成其所以变,混之于一象……是故圣皇原化以极变,象物以应怪,鉴无滞赜,曲尽幽情,神焉瘦哉,神焉瘦哉!

在神话的世界里,万物都是有灵的,在此观念的影响之下,远古初民看待世界时,认知与情感是不分的,而后特别是神话的某些信仰与禁律,更使得初民的情感态度最终优位于认知态度。"神话的真正基质不是思维的基质而是情

---

[1] 汪裕雄:《意象探源》,第32页。

感的基质。"① 语言的逻辑表达并不适合神话意象背后的情感基质，情感才是神话意象构成的真正动力。由此上升到符号系统，汪裕雄先生说："语言服从意象，意象传达情感，情感背后隐藏着先民对世界的认知，理解，这便是神话'言象互动'符号的大致面貌。"② 由此，笔者认为，中国传统文化的抒情传统不是没有源头的，中华民族把"情感"放进了文化符号系统以及思维当中，比如"尚象"思维。

在"尚象"思维正式形成之前，需要注意的是，有一个因素刺激、加速了它的形成，那就是"绝地天通"。"绝地天通"从客观上来讲，造成了"天人相分"的事实，也因此，先民们才会急于超越现实之维，力图实现"天人合一"。若没有"相分"，人就不会意识到"合一"。当人急于寻求"天人合一"时，那么"尚象"是最有效的途径。周礼的特征就很能清楚地反映这一点。在周礼的符号体系中，自然与人伦可以在功能上互相指涉，具体操作方法是比附、象征和类比推理，将自然与人事在感应中相统一，这其实就是"尚象"思维最淋漓尽致的表现。

"言象互动"符号系统与"尚象"思维再一次发挥助推作用，是在"易象"的哲学突破过程。其中的关键环节是"易象"走出神学背景，这全赖《易传》的出现。《系辞》："一阴一阳之谓道。"此一语，顿时将"易象"符号结构纳入统摄宇宙的模式上来。从前代表奇偶的两爻变成最基本的阴阳两元，人事与自然的偶然与必然的关涉皆归于阴阳两元的相互作用，并且最终统一于"道"的运行，"易象"成为沟通形上与形下的媒介。显然，在整个过程中，老学为其提供了宇宙论的借鉴和支撑，同时也体现了"尚象"思维的助推作用。老子是主张"非言"的，"非言"不是拒绝使用语言，而是要超越日常语言，如何超越，则又是在"言象互动"符号系统内进行的。可以说，每一次"言"与"象"关系的变动，都是"言象互动"符号系统的完善与发展。

需要说明一点的是，"易象"即"意象"。这一点可以从以下三方面来看：一、《系辞》："易者，象也。"二、"易象"最初虽然是卦画符号，且是在神学背景下的，但是其情感态度优于认知态度的事实却是肯定的，且它的卦画符号本

---

① 卡西尔：《人论》，上海译文出版社1985年版，第104页。
② 汪裕雄：《意象探源》，第43页。

就是意义集合。三、到"易象"的哲学突破以后,"象"说传达的即是"意",何者之"意"?"道"之意。"道"是阴阳两元、阴阳两气的化合,万事万物莫不如此,故而"道"可以在"虚静"状态做体悟。这就落实到心理层面上了,因此,"易象"即"意象"。

从"意象"到"审美意象",据汪裕雄先生,"当意象向情感意志倾斜,情感价值判断占绝对优势,终于成为情感的符号和情感意志的激发手段时,审美意象也就产生了"。[①]可以说,庄子的"逍遥游",乃是人在精神领域求得审美理想与人生价值的第一次实践。自此以后,中国人在现世世界以一种超越的情怀,孜孜不倦地构建一个超越的世界,在这个超越的世界中安顿中国人的人生理想。

活跃在中国审美意识史上的大致可分为两派,一派是以儒家为代表的"诗乐"意象派,他们关注的是诗乐意象与儒家的伦理教化相统一,"发乎情,止乎礼义"。另一派是以道家思想为依托的楚骚意象,他们冲破了伦理教化的藩篱,在汪洋恣肆的想象世界中抒发着个人的情感,寄托着对理想世界的追求。此二者,形成了两种不同追求,不同创作路径,不同价值取向的理论形态,推动了意象审美化的进程,对中国传统的诗论与艺术论也产生了深远的影响。

在"尚象"的思维方式与"言象互动"符号系统之下,中国的审美活动没有止步于艺术领域,在魏晋时期,审美泛化的潮流把审美引向艺术之外的自然山水、人物品藻等,这一时期的审美理论也得到空前的发展。关于魏晋时期审美泛化的现象及审美研究成果颇多,汪裕雄先生在书中也只是简单地做了梳理,笔者在此就不再重复论述。

汪裕雄先生的审美意象学理论创构,是汪裕雄先生毕生之心血。从中我们可以看到汪裕雄先生思考问题的特殊视角——"基于意象的思考"、研究问题的多种方法:哲学—心理学、哲学—文化学以及架构理论的方式——以"审美意象"核心范畴为基元,向外,延伸到审美意象的活动场域;向内,剖析审美意象的微观构成因素。可以说,在整个理论架构过程中,汪裕雄先生能做到中西结合,文史哲结合与古今结合,实属不易,其中涉及的某些问题与理论创见在今日仍有很大的参考价值。

---

① 汪裕雄:《审美意象学》,第13页。

# "文以载道"与民谣的"观风知政"

## ——论中国口头歌谣的诗学审美话语与"载道写实精神"[*]

张文杰[**]

（安徽滁州学院文学与传媒学院　239000）

**摘　要**：无论是古代反映民俗风情的歌谣，还是当代社会转型之后出现的时政歌谣，都反映了人们的生存处境、道德理想和审美趣味所发生的嬗变。当代歌谣传承了古典文学直面现实与"文以载道"的实录精神。首先，中西诗学阐释和关注口头歌谣方法、视角各有不同，中国歌谣却关注对读者内心感受的抒发和对社会现实的批判精神；其次，中国儒家诗学理论长期重视诗歌作品的道德教化和社会功能功利性作用，它主张文学关注民生，反对无病呻吟的表达，担当"怨刺上政"的政治使命；再次，中国当代歌谣是对转型社会之后出现的社会矛盾的批判性关照，旨在劝谏执政者反思弊端，改良社会不正之风，促进社会和谐发展，这也是当代中国歌谣的诗学价值和文化价值所在。

**关键词**：口头民谣　诗学话语　美刺精神　载道传统

研究民间歌谣，首先有必要从中国古典诗论和西方口头诗学的研究谈起，因为民间创作和文人写作是互相影响和互相启发的，民间写作受文人诗歌的启蒙，文人诗歌也需要从民间歌谣中吸纳新鲜的血液，因此它们具有互文性的诗学特征。在中国文学古典文学发展演变过程中，古典诗歌表现方式和手段绕不

---

[*] 基金项目：2016年国家社会科学基金项目："'文以载道'传统与中国当代民谣传播导向研究"（16BZW027）。此文为课题阶段性成果之一。

[**] 作者简介：张文杰，1965年12月出生，甘肃庆阳市宁县人。复旦大学文艺学博士。现为安徽滁州学院文学与传媒学院副教授，南京大学访问学者。主要研究方向：文艺理论、美学与媒介文化。

开赋比兴，但却很少关注诗歌传唱和继承过程中的读者体验、作者感受和集体阅读的反映。从宋代朱熹到清代鸿儒，他们探究的所有诗话、词话和诗学问题都还只是局限于书斋里的经典文献查阅、对照、注释和引证。至重视作者写作时代，使得这些对诗歌自身审美话语特征的研究变成了一个古典文献或修辞学问题，而不是将它们仅视为活生生地来自生活自身体验的鲜活文本。明代文学家李梦阳看到了民间歌谣的清新鲜活有力的特质，提出"真诗乃在民间"的主张，以赞叹的语气肯定了民间歌谣的文学价值。研究古典诗歌和传统歌谣的传承与读者反映，我们也应该借鉴西方学界的经验。西方学者从民族志和田野调研去发现诗歌文本之外的诗自身的现实，他们对歌手演唱的传承和文本不断补充的问题比较关注。西方学者认为，用文字符号写出的诗歌文学文本，是借助于基本固定的语言符号系统组成的符号串，这种文本一般不会因为阅读环境和读者喜好而发生改变；而诗歌与歌谣的文本就不一样了，它们是由声音发出而产生的，伴随着音节、节奏和表情的变化而变化，并且在时空中只会线性传播，且受到时空限制很容易消失，很难保存和收集整理。

　　本文首先从中西诗学不同的研究视角来阐释东西方对口头歌谣研究的方法和关注点的异同；其次，以儒家诗学理论重视诗歌作品的"文以载道"传统，强调其道德教化的功利性作用，从而揭示出古代歌谣讽喻现实、"怨刺上政"的特点；再次，结合转型社会后出现的当代歌谣，分析当代歌谣的传播与直面现实的"载道"批评精神，从而揭示出当代中国口头歌谣的审美话语特征和诗学价值。

## 一、诗性审美话语：中西诗学研究歌谣的不同视角

　　西方的人类学家、古典学家和口头诗学研究者十分重视民族志和田野调查，他们的关注点远远超过文学表达自身。如戈雷格里认为，古典学的实证性研究的进步之处就在于吸纳了与传统研究思路，不同于人类学调研中的比较研究的方法；帕里在20世纪留学法国之时也注意到了民族志的实地考察和田野记录的启示意义；拉德洛夫在对中亚突厥民族的口头传统的现地考察中，发现一些口头诗歌的表演（即兴创作、变异、典型场景、套语）痕迹，他指出，人们从来没有将表演中的变体视为新的创编。另外一些民族志学研究者，如克劳斯

（Kaurs）、热内普（Gennep）、格斯曼（Gesmann）、穆尔科（Murko）这些19世纪末20世纪初的学者，大多都通过实地调研与考察，对这些相似的问题做了不同角度的思索。特别是穆尔科，他独辟蹊径，以现代民族志的方法，研究了南斯拉夫口头史诗和歌手，对帕里影响最大，决定了帕里的学术新视野：从传统的荷马到荷马史诗的口头传统。① 洛德在多年考察口头诗歌文本的过程中发现，在口头文学传统的诗歌文本中，根本就没有什么"权威本"或"标准本"，表演者或演绎者虽然讲的是同一个故事，但文本前后的出现与补充相互影响，对象相同，但联系之中有区别，传承中有增删。在西方学界，从大量的人类学、地方志学的田野调查结果来看，那些叙事篇幅较长的歌谣文本都经过每一个歌手的演绎，包括地域性的民族史诗之类，在歌谣传播过程中加入了许多新的元素。虽然故事框架没多少变化，但也不是逐字逐句原封不动地将其背诵下来，而是以口头诗学的单元组合方式记在心中，重新演绎时再加入新的元素。因此，歌手表演熟悉的程度往往取决于其曲目库的丰富程度，以及表演者所熟悉的"结构性单元"（程式、典型场景、主题等）的丰富多彩的程度。因此洛德认为，故事的每次演述，都是一次现场"创编"。②

中国的口头歌谣传播研究和关注点与西方不同。一般学者认为，大多数传统歌谣作品很难找到具体的作者是谁，歌谣的作者只不过是一个假借表达现实和抒发情感的文化符号。无论是个人创作还是集体酝酿，这个不出面的"作者"都来自普通平凡的草根阶层。可能是作者不想出头露面，但他们是熟悉文学语言和富于才情的"无名氏"。另外一些流传歌谣的真正作者和实际时间、地点也很难得到确切的考证。国内著名的民歌、民谣研究专家钟敬文先生认为，歌谣不仅仅是某个人创作的，而且产生于社会的民众之中，出于共同的精神需要，借助当时社会现实土壤提供的仅有的条件，在流行和传播过程中"又不断受到广大群众之补充或修订，一世代又一世代，一地域又一地域，流传与扩大"。③ 因此，在某种程度上不妨可以这样说："不是刘三姐创造了民歌，而是民歌的传唱中诞生了刘三姐。"依照西方的口头诗学研究理论来看，中国的民歌、民谣产生之初肯定有其创作者，只是在流传、继承和延续中发生了许多

---

① 转引自尹虎彬：《口头诗学与民族志》，《民俗研究》2002年第2期。
② 阿尔伯特·贝茨·洛德著，尹虎彬译：《故事的歌手》，中华书局2004年版，第156页。
③ 钟敬文：《谣俗蠡测》，上海文艺出版社2001年版，第85页。

方面的变化，作品的内容、语调等主要方面被保存继承下来，由历代的编创者不断地补充和完善，而真正的作者却退在幕后或销声匿迹了，个人吟诵的过程没有保留和传承，作品最后成了集体创作的成果。民谣可以关注生活中某个热点事件，或记录街谈巷议，或收集闲言碎语，一旦用具有赋比兴的手法和押韵流畅的口头诗学语言编写出来，再在流传中用民众喜闻乐见的曲调传唱或演绎出来，就成了人们熟悉的民谣或歌谣。如果同一主题在不同歌谣中反复出现，并不断经过人们的融合、转化和润色修饰，能够丰富多彩或幽默风趣地反映当时的社会习俗，抒发人们的喜怒哀乐情感，那就推进了民谣自身的发展。

中国的民间歌谣在传播过程中，多少会受传统诗歌表达方式和诗学准则的影响与渗透，"文以载道"和教化人心的命题与责任受到关注和强调，常常会附着在地方歌谣的骨髓里，如《重修汝南县志》卷二十一贯穿了尊敬老人的传统和重视继承学习老人的生活体验与劳动智慧："家中有个啰嗦虫，管保一世不受穷。不听老人言，饥荒在眼前，老人口内有福田。"[①] 中国古典诗论中的"诗言志"说的本意指向政治教化，带有一定的功利性，希望诗歌表达能改善风俗，教化人心，因而与通过道德文章来传达道义伦理的"文以载道"说的内涵比较接近。从"诗言志"发展到"思无邪"，都要求文学作品净化人的精神，使人的道德灵魂接受儒家正统思想的改造，最后演变为"文以载道"和干预现实的命题。

在整个中国文化思想发展演变的过程中，儒、道两家的"道"本来是一个内容十分宽泛的概念，它包含了对宇宙、社会和人生多方面的本源探求。在宋明理学产生之前，儒学复兴属于"外王"之道的政治儒学，开始向"内圣"修炼的心性儒学过渡，而唐代的韩愈和柳宗元就属于"内圣"儒学的代表人物。韩愈打着孔孟的"仁义"旗帜，大力宣扬儒家道统思想，认为做官执政或属文也是为了阐明儒家的道统思想："君子居其位，则思死其官；未得位，则思其辞以明其道。"（《争臣论》）到了北宋时，文坛领袖人物欧阳修则提出"文应为道"的命题，把"道"在为文中的重要性强调到了相当高的地位："夫学者未始不为道而至者，鲜焉。"真正解决文与道的内在统一性的是北宋的那些道学家们，如周敦颐积极倡导"文以载道"，突出道德内容的核心地位，认为"圣人之道"倾向于重道轻文："文所以载道也。文辞，艺也；道德，实也。笃其实而艺者书之；

---

① 转引自田涛：《民谣里的中国》，山西人民出版社2004年版，第19页。

美则爱，爱则传焉，贤者得以学而至之，是为教。"①（《通书·文辞》）周敦颐把这种内圣修养和礼义道德看作身心性命的义理之学，而文仅仅是用以明道的手段和技巧，或看作仅仅达到目的所需要借助的工具。之后的程颐认为，作文会"玩物丧志"，有害于志意、道德的培养，于是提出了"作文害道"，走向极端，否定了"文"的价值与意义。道德教化和礼仪修养不只影响在文章和诗歌写作中，也渗透到民间文化的精神骨髓之中。

## 二、"观风知政"："文以载道"和"美刺"批判精神

中国许多古代歌谣注重内在情感和思想的抒发，会不自觉地抒发一种对社会现实矛盾问题的怨言或不满，也算是受抒情言志的古典诗歌与诗学理论影响的体现。在古典文献里，"怨"的本义是"不满""埋怨"，如《尚书·康诰》："爽惟天其罚殛我，我其不怨"②，《诗·卫风·氓》："及尔偕老，老使我怨"③，即此义。这种对社会问题的埋怨之情绪的表达进而发展为"恨"，如《周易·系辞下》："益以兴利，困以寡怨"④，《荀子·尧问》："禄厚者民怨之，位尊者君恨之"⑤，皆"怨""恨"同义。"诗可以怨"是孔子诠释诗经的"兴观群怨"说中讨论文艺作品社会功能的一个重要观点。孔子在《论语·阳货》中写道："小子何莫学夫诗？诗，可以兴，可以观，可以群，可以怨。迩之事父，远之事君。多识于鸟兽草木之名。"⑥ 这一段话想阐明的是，教育未成年人要多读诗，多识字，这样会对自己与人相处或将来长大后事父、事君都有很大的启发和帮助，强调文学的功利目的和社会功能十分明确。同时，孔子也主张宽恕一切的"无怨"品行，在《论语·宪问》中有"不怨天，不尤人"之说，《里仁》亦曰"事父母……劳而不怨"，《卫灵公》则云"躬自厚而薄责于人，则远怨矣"，所以当子张问其"何谓五美"时，他答以："君子惠而不费，劳而不怨，欲而不贪，泰而不

---

① 转引自郭绍虞、王文生主编：《中国历代文论选》（第二册），上海古籍出版社1979年版，第283页。
② 侯光复主编：《儒家到家经典全释》，大连出版社1998年版，第127页。
③ 于夯译注：《诗经》，山西古籍出版社2001年版，第32页。
④ 侯光复主编：《儒家到家经典全释》，第178页。
⑤ 周先进编：《荀子全本注译》，中国文史出版社2013年版，第464页。
⑥ 《论语·阳货》，南京大学出版社2009年版，第243页。

骄,威而不猛。"(《尧曰》)①之所以将"劳而不怨"作为其一,他如此解释:"择可劳而劳之,又谁怨?"因为这是与"因民之所利而利之"的"惠而不费"(见《论语·尧曰》)密切相关。但是,现实并不是那么简单,并非所有君主都会认为"百姓足,君孰与不足?百姓不足,君孰与足?"(《论语·颜渊》)②古代封建社会历史演变中处处却不乏"苛政猛于虎"的吃人现象,老百姓屡遭压榨,生活在水深火热之中,人民焉得不"怨"?因此,在面对现实社会上存在的民间"怨诗"时,孔子还是采取了肯定和接受的态度,认为"诗可以怨",可以表达讽刺和揭露现实的"怨言"和愤懑之情,从而获得心理上的宣泄和平衡,同时也为统治阶级提供了反思自身过失的文化资源。

在中国古典诗学理论中,孔子评价"诗三百"对读者的影响和文学产生的社会功能时,提出的"兴观群怨"说成为古代文学批评史上的一个关注点,其中"诗可以怨",对历代统治阶级如何执政为民提出了政治劝谏,也说明民间歌谣的产生离不开社会现实的土壤和时代背景。如《国语·周语下》中写道:"自我先王厉、宣、幽、平而贪天祸,至于今而未弭。""防民之口,甚于防川。"③因为从周厉王开始,周王朝就出现了"民不堪命""乱生不夷"的严重危机:朝政混乱、佞逸专权、忠良被难、黄钟毁弃。正因为如此,统治阶级内部也有一些对国家和百姓的生存担忧的知识分子,他们具有一定的责任感、使命感和正义感,面对现实的残酷无情和民不聊生的生存环境,开始清醒而理智地创作出一些针砭时弊、惩恶扬善的劝谏诗作,以期能够引起统治者的重视和改良,从而达到稳定纲纪、息祸弭乱、匡扶周室的目的。因此,在西周末年,一些文职官员在朝廷内部形成了一种陈君之失、匡君之过的创作风气,写出了诗在为谏、歌在补阙的大谏之诗,实际上就是用劝谏诗歌来矫正统治者的骄奢淫逸的不正之风,促进了政治治理的改良和社会进步发展。如:

> 民亦劳止,汔可小安。惠此中国,国无有残。无从诡随,
> 以谨缱绻。式遏寇虐,无俾正反。王欲玉女,是用大谏。
> ——《大雅·民劳》④

---

① 孙芝斋编注:《论语今译》,浙江大学出版社2008年版,第270页。
② 《论语·阳货》,第157页。
③ 张华清译注:《国语》,山东画报出版社2014年版,第8—9页。
④ 于夯译注:《诗经》,第157—158页。

上帝板板，下民卒瘅。出话不然，为犹不远。
靡圣管管，不实于亶。犹之未远，是用大谏。
——《大雅·板》①

  这两首诗都产生在厉王姬胡在位之时，前者是召穆公所作，后者是凡伯所撰。此时周代的整体社会现状是赋敛重数，徭役繁多，人民劳苦。统治阶级是贤愚错勘，贪财聚货，遭人弭谤；而人民则是备受压制，只能道路以目。这时熟悉文学表达的诗人身为宗室大臣，目睹这种昏暗而是非颠倒现状，再也无法听任自然，于是遂然奋笔，激浊扬清，强以规劝。这些诗作旨在规劝统治者要体恤贫民劳苦，顺应民心，就应该让他们休养生息，从而达到国泰民安的政治效果。"王欲玉女，是用大谏""犹之未远，是用大谏"，这两句尤其令人感到诗人痛下针砭之中的一片拳拳之心。这些诗歌注意到百姓的生存艰辛，他们役事繁重、生活困苦，再加上天灾人祸，几乎无法生存下去。因此，这种谏言式的诗作具有极其强烈的民主性和民本倾向，也是当时人文精神的某种觉醒，因为它已经开始脱离了《颂》诗中"美盛德之形容"的"美刺"方式，而开始关注人类现实苦难和生存痛苦的情绪抒发，让诗歌的自我表白成为有的放矢的手段，而不是无病呻吟。

  长期受正统文学倡导的"文以载道"思想的影响，许多古代民谣、歌谣也潜在地接受了"诗言志"的抒情传统和"怨刺上政"干预现实的批判精神，拒斥那些当时回避现实矛盾的浮靡华丽文风，厌恶那种风花雪月而空洞无物的创作倾向。如汉代何休解诂《公羊传》宣公十五年曰："男女有所怨恨，则相从而歌；饥者歌其食，劳者歌其事。"② 来自民间的歌谣、民谣更是写实者居多，语言质朴，直率流畅，一方面是因为创作者属于享受文化教育不多的底层人民，识字不多，只能口头传诵，读起来大致押韵和朗朗上口即可；另一方面，这种表达方式通俗易懂，又能激起许多普通民众的感情共鸣，在偏远城乡地区传播速度快，范围广。一些民谣、歌谣受传统文学习惯的引导和官方支持而倾向"文以载道"传统，旨在传达民情、民意和民声（"上以风化下，下以风

---

① 于夯译注：《诗经》，第158—159页。
② 转引自郭绍虞、王文生主编：《中国历代文论选》（第一册），第5页。

刺上"），这样也便于统治阶级"观风知政"，了解民情，体察民意，也就保留了民谣、歌谣反映现实问题时的大胆实录精神，同时也流露出人们内心的忧患意识和真情实感，也才能够打动人和感染人。如古谣："天下大乱兮市为墟，母不保子兮妻失夫"，这首谣谚透露出在战乱中家破人亡、妻离子散的凄凉。又如这首西北地域的陕北民谣歌唱男女的情感交往，倾诉他们彼此思念的离愁别绪："羊羔上树吃柳梢，拿上个死命和你交。鸡蛋壳壳点灯半哟半炕明，烧酒盅盅淘米也不嫌你穷。半碗黑豆半碗米，端起碗来想起你。三天没见哥哥的面，畔上画着你眉眼。三天没见哥哥的面，大路上行人都问遍。前沟里糜子后沟里谷，哪达儿想起那达儿哭。说下日子你不来，畔上跑烂我十双鞋（西北方言读"hai"）。有朝一日见了你的面，知心的话儿要拉遍。"这首歌谣里，许多地方开头都用了兴的手法，如"羊羔上树吃柳梢""半碗黑豆半碗米"，继承了"诗三百"的比兴的表现方法，又保持了陕北信天游中的清新流畅格调，具有和谐自然的天籁之美。诗学审美话语洋溢其中，有很高的文学价值和审美价值。

## 三、"载道"写实：当代民谣亦可"观风俗，知得失"

大多数中国当代民谣、歌谣继承了传统歌谣"文以载道"和干预现实的诗学精神，不回避现实矛盾，敢于揭示当代社会发展中出现的不良现象。如20世纪50年代末至60年代初，中国农村经历严重困难，粮食不够吃，基层干部下乡包队遇到困惑，有一首歌谣就微妙地写出了当时农民的复杂心情："干部同志到我家，叫我怎么招待他，吃孬怕他肚子饿，吃好怕他搞浮夸。"老百姓既担心对下乡调研的干部招待不周到，又怕他们吃不饱，暗含的内容就是当时农民家家都缺粮食，处于揭不开锅的困境；又想尽力让干部们能吃好、吃饱，又怕人家说是"浮夸风"，真是左右为难。但整个歌谣告诉读者，农民兄弟在最艰难时期，依然那么善良厚道和真诚友好，很能打动读者。

进入20世纪90年代，中国社会进入深化改革开放与转型发展的特殊时期，市场经济与体制改革引起了各个领域的变化，生产关系引起的各种矛盾开始浮出水面，引起了民间歌谣的关注和反思。如一首名为《百姓献心谣》的歌谣描写20世纪90年代前后，随着经济体制变化，人们彼此之间的相处关系也发生变化,老百姓对政治的参与关系也发生微妙的变化:"50年代献真心;60年代献红心;70年代献忠心;80年代献良心;90年代献爱心。"① 从50年代到70年代,人们对政府和新的共和国充满无限热爱和期待,再加上每次政治运动的宣传和鼓动,人们积极"献真心""献红心""献忠心",成了当时的政治风气和普遍情绪;而到了改革开放初期的80年代,土地开始承包,"大锅饭"和计划经济被打破,人们开始各顾各,满脑子想着自己的利益,自私自利情绪产生,"献良心"开始显得非常珍贵和稀有;到了90年代,因为市场经济不断推进,人们开始外出下海经商,出门做生意赚钱,并且日益看重物质享受,崇拜金钱,对政治宣传和与人际关系相处相对变得冷漠和疏离,传统道德伦理遇到挑战,"献爱心"就成了当时少有而值得怀念的传统伦理道德的文化现象。因此,这种对时代风气和社会习俗发生嬗变的揭示和担忧,体现了当代民谣不回避社会矛盾和揭示现实存在问题的可贵之处,同时也传达了普通民众对社会转型时期世道人心发生嬗变、传统美德缺失的忧患意识。

众所周知,历代统治阶级和执政管理者都习惯或乐于聆听来自下层的高唱赞歌、润色鸿业的宏大史诗叙事,或粉饰太平、婉转优美的附和表达,但随着各种社会矛盾的激化和利益的复杂化,这些民间歌谣又不得不引起统治者和政治家们的重视,也受到人文学者的关注和研究。尤其是来自民间底层的声音和表达对国家治理有批评建议的歌谣更为重要,因为采纳和听取下层百姓的苦情怨言,可以争取民心,能充分得到广大老百姓的支持,才能真正实现社会和谐。中国古典诗学中,虽然南宋理学家朱熹以《朱子语类》的文本重新阐释了儒家道统思想,最终从理论上确立了"文以载道"的命题,但他实际上还是继承了唐代古文运动中的文学家们关注现实、讽喻现实、劝谏朝廷、以民为本的思路。唐代的韩愈、柳宗元们不过是想利用文学达到教化风俗、修养内心,最终服务统治阶级的道德伦理目的,因此完成了"文以载道"理论的系统阐释。唐宋以来,中国一直是享誉世界的诗歌兴盛之国。诗本来借以言志抒情,也可以发挥"厚人伦、美教化"的功利作用,但唐代以后的一些文人只强调"载道"中将文学功利化的片面性,对文学的社会政治功能的强调高过了其审美享受的功能,这样走过头也会损害文学话语自由畅达的审美精神。但唐代古文运动发起者

---

① 甄言:《社会热点——现代流行民谣》,远方出版社2001年版,第326页。

之所以这样矫枉过正,是因为看到当时朝廷内外文风浮靡,专写闲情逸致,才要求以文济世,效法三代两汉的"风骨";文章写作要言之有物,反映社会现实风貌,这也许是"文以载道"的核心价值和矫枉过正的指向所在。宋代的诗歌之所以说教味很浓,就是过度受唐代强调"载道"说教化功能的影响,但宋代文学家在作文倾向与文学说教宣传的同时,也重视文学与诗歌表达的文采、语言和形式美,他们做到了"文道并重",尤其对修辞文采和文学外在形式的重视,也促进了宋代散文佳作多。这一点也促进了当时文质并重,突出文学审美,关注文学遵循自律和自由表达的内在精神。

因为传承了古典文学直面现实的"载道"教化的精神,无论是反映古代政治治理和民俗风情的歌谣,还是当代中国社会转型发展之后经济体制引起的各种波动所产生的歌谣,都跟当时社会经济发展和人们的生存状态、道德理想和审美趣味分不开。民谣就是一面社会镜子,折射出社会发展的各个方面的问题,正如国内学者认为:"民谣的颠覆性、不妥协性、讽刺性决定了它与主流意识形态之间永远保持着相当的距离,发挥着其独特的舆论功能。"[①]民谣带着乡间的泥土味和草根味,不遮遮掩掩,不吞吞吐吐,不故作雕琢,而清新质朴,出语天然,继承了《诗经》中"约之以礼""温柔敦厚"的"中和"之美[②],虽然它不属于"正史",反映和暗示的内容却远远比正史所描述的还要直截了当和丰富多彩。民谣的创作主体常常以消失的虚拟身份出现,以"无名氏"的集体身份来解构、嘲弄和讽喻现实的不合理之处,许多诗性审美话语的表达,值得当代执政者和社会管理者反思、自省。虽然民谣也讽刺、批判和鞭挞现实,但"哀而不伤,怨而不怒"。这种用古典文学中的诗学话语来"美刺"上政、劝谏政治,其实也值得当代人文社会科学工作者的关注和研究,因为它毕竟是了解某个历史时期的社会风情和政治得失的第一手珍贵的资料。民谣来自偏僻乡野,可能会有不登大雅之堂、口头流传较为粗糙低俗等缺点,但这种草根文学话语却十分新鲜而富于生命活力,再加上继承了古典文学中的诗学韵味,它显得既简洁精练,又合辙押韵,既幽默风趣,又通俗易懂,既琅琅上口,又易传易记,其传播范围之广和速度之快,不亚于每日的新闻事件和新闻热点报道的影响力

---

① 刘晓春:《当下民谣的意识形态》,《新东方·人文广场》2002年第3期。
② 霍松林:《古代文论名篇详注》,上海古籍出版社2002年版,第10页。

和渗透力。在某种程度上,民谣在传播社会舆论上有重要作用,满足了民众对新闻事件、热点问题和突发现象评价的政治欲望和心理需求,同时也可以帮助我们从中了解社会习俗发生的各种变迁,以及各部门政治治理的得失状况,因而具有许多当代文化建设的参考价值。

综上所述,口头歌谣或民谣在某种程度上满足了普通民众参与国家政治的朴素愿望,最能抒发和宣泄下层老百姓的政治情感和不满情绪,也平衡了大众政治诉求的某种心理,延缓和疏解了政府与小民、官员与百姓、执政者与被管理者之间出现的误解、分歧和矛盾。在当今中国市场经济大潮卷来之后,国家经济的发展和物资的丰沛供应,促进了人们生活质量的提高,人们的物质生活和精神生活水平都得到改观,但面对市场利益和各种诱惑,一些领域和行业的传统美德和职业道德日益沦丧,社会各阶层的问题和矛盾表现更为复杂化。当代民谣继承了传统歌谣中的干预现实的"载道"传统和"美刺"批判精神,对社会不良风气的讽刺和劝谏有时委婉含蓄,有时锋芒毕露,引起人文学科学者的关注和探究。同时,我们还要看到,民谣本身是一种民间文艺,其诗性审美话语在押韵和节奏上继承了古典诗歌的文学表达优势,便于配曲演唱,流传广泛,因而它除了具有社会舆论所具有的政治功能外,还具有口头歌谣所具有的诗学价值。

# representation 中译名之争与当代汉语文论

徐 亮*

（浙江大学人文学院　310058）

**摘　要**：赵毅衡教授《"表征"还是"再现"？一个不能再"姑且"下去的重要概念区分》一文建议，把当代批评理论中至关重要的 representation 一词从"表征"译回"再现"。本文认为，从学理上看，这与该词在英语中意涵不符，且它本身标志了客观反映的旧模式，比"表征"离题更远。本文也同时讨论了应该如何对付语言流行中的"乱象"问题。

**关键词**：表征　再现　译名　representation

## 一、事情的缘由

《国际新闻界》2017年第8期刊载的赵毅衡教授的文章《"表征"还是"再现"？一个不能再"姑且"下去的重要概念区分》（以下简称《再现》》）里面涉及的问题我也很感兴趣。作为赵教授提及的引起这个问题的主要根源之一，斯图尔特·霍尔《表征》一书的第一译者，我对赵教授叙述的"表征"一词在中文学术界和专业教学方面带来的种种后果（赵教授斥之为"乱象"）感到不安，也很好奇。我不是国内第一个用"表征"翻译 representation 一词的人，但是霍尔的这本书影响很大，而我翻译的时候又"姑且"使用了"表征"的译名，对后面发生的问题自然难逃干系。赵教授提及的这个译名引起的困惑，我也经常从我周围的学生那儿听到，这是用"再现"或"表现"之类译名所不会引

---

\* 作者简介：徐亮，浙江大学人文学院教授，斯图尔特·霍尔《表征》中文译者。研究领域：批评理论、文化研究等。

起的那种困惑：不很清晰，但似乎有点深奥。而实际上，对于译者而言，使用这个译名只是一个权宜之计，"姑且"。迄今，我仍然认为这不是一个准确的译名。

我对赵教授在对待这个问题时所表现出来的专业精神和学者的责任心敬重有加，这篇文章的讨论方式总的说也令人舒服，摆事实，讲道理，都是学理探讨。既然我自己也认为是"姑且"的译名，对它加以深入讨论，显然只会对学术有增益，所以不安是有点不安。

本来是不会写应对文字的，但是赵教授把讨论引向了一个确定的解决方案："回到"representation 的原有译名"再现"。这个方案的具体内容是这样的：representation 的主要译名应该是"再现"；再现的对象是"尚未符号化的世界"，而考虑到这些对象中的一部分已经被文化研究者解释为"携带文化权力意义"，所以可以把这部分的 representation 译为"表征"，而把其他的译为"再现"，再现和表征两个译名并存。由于这儿的"表征"被解释为"再现"的一部分，而且是一小部分，所以，这个方案的要旨就是把 representation 译回"再现"。（这儿的一个直接的问题是：这个译名不仅没有统一，反而变成了两个，是不是更乱了呢？）

这让我深感不安。这次的不安与我自己无关，而是对一种理论倒退的不安，我觉得，这次的"返回"会让我们从理论上回到一个我们从中出走的地方。顺便说一句，《"再现"》一文在提出这一解决方案时说道："应当遵从译者徐亮建议的做法，representation 两层意义，即意义功能的'再现'，与文化研究的'表征'，分别用两个不同的词。"这不是真的，我从未这么建议。在翻译该书的时候，我也许想到过许多其他的译名，但是从来没有想过用"再现"来译。我在 1987 年发表的《再现，表现，还是显现——关于艺术本体论的一个探讨》文章中已经表明了对再现论的明确拒斥态度。实际上，《"再现"》一文讨论的不只是一个译名的问题，作者认为这事关"意义理论和文化研究一些最基本的问题"，我同意这个判断；另一方面，"再现"这个译名从学理上也与 representation 相去甚远。所以我准备把我的不安和对 representation 译名的学理分析呈示（represented）于下列文字，以就教于赵教授和所有对此有兴趣的专家学者。对《"再现"》一文的解决方案，套用一句古话："余期期以为不可。"

## 二、"再现"辨义

一个译名的合适与否要从两方面论证：第一，这个译名在本种语言语境中的用法及含义，在我们的个案中，就是"再现"一词在当下汉语中的用法和含义；第二，被翻译词语在该种语言语境中的用法和含义，在我们的个案中，就是 representation 在英语中的用法和含义。两者的契合程度就是译名是否合适的检验标准。因此，我们需要辨明"再现"一词在中文里的用法，然后才能清楚用它来译 representation 是否合适。

"再现"是一个现代汉语词汇。在心理学中，它被用来表示记忆表象之类，指留在大脑的印象未经刺激而再次重现。虽然是心理学名词，但对于接受这种心理学假设的人而言，这个意思简单明了；这里的要点是再次出现。越出心理学场域，"再现"一词使用最多的场合就是文艺理论了。"再现"对于中国当代的文学和艺术爱好者和学者来说是再熟悉不过的了，那就是著名的文艺"再现论"理论，《"再现"》一文对此也做了印证："早在上世纪80年代初，王朝闻提出'表现'与'再现'的区别：'前者着重反映客观性特征，后者着重反映主观性特征。'自从那场辩论之后，文学艺术变成大体上可以分为再现论、表现论两派。"不过，作者（或者文章排印者）似乎把两者弄倒了：强调反映客观性特征的应该是"再现论"的观点，而强调反映主观性特征的应该是"表现论"的观点。"再现论"认为，文学艺术是客观社会生活的再现，强调对客观社会生活的忠实程度是文学艺术作品好坏的标准，使用的是车尔尼雪夫斯基的理论，后者把艺术作品与现实生活的相似性作为他理论的基础，以两者相似性的程度为判断艺术作品成功与否及高下得失的标准，得出生活好于艺术，所以最好的艺术是与生活相似度最大的艺术的结论。王朝文先生持的就是再现论观点，这个观点在80年代后很快就遭到了质疑，被认为有机械唯物主义之嫌，取而代之的最谨慎的理论，例如审美反映论，也对此进行了批评和修正。在我看来，新时期后的理论质疑它的最重要的动因应该是当时语境中所遗留的政治迫害的色彩：我们记忆中，新时期以前所有被批判的文学作品都戴着一顶帽子："没有反映（或歪曲）社会主义革命及阶级斗争的客观现实。"

从学理上看，再现论的要点，就是客体对象的再次出现或呈现，它令我们强烈注意的甚至不是对象，而是"再一次"，类似拷贝。"再现"这个词最适用的英文词应该是 reproduction，《牛津简明英语词典》对它的解释是："creating or bringing into existence again; cause to be seen or heard again; producing copy of..." 这些解释中赫然可见的是 again，还有 copy，它们能够反映中文"再"的意思。所以，不能因为 representation 是 re（再）和 presentation（呈现）的结合，就用"再现"来译它。"再现"这个中文词有自己的语境和用法。

同时，representation 也有它在英语语境中的用法和含义。

## 三、representation 的意涵

representation 的意涵，可以以赵毅衡教授在《"再现"》中的定义作为讨论的出发点，他说："再现是用一种可感知的媒介携带意义，成为符号载体。"这个定义比斯图尔特·霍尔在《表征》第一章所引用的牛津英语词典定义 1 还要直截了当一点。霍尔所引的定义是："1. 表征某物即描绘或摹状它，通过描绘或想象而在头脑中想起它；在我们头脑和感官中将此物的一个相似物品摆在我们面前……" 赵教授强调了媒介的作用，霍尔说的"通过描绘"，这"描绘"就需要一个媒介，"相似物"也是此媒介下的相似物。不过如果我们同意表征（或按赵教授的翻译——"再现"）是用了一个不同于被表征的原物的媒介中出的，我们就得考虑这个新的媒介在表征过程中的作用。就按《"再现"》一文提出的"一幅画苹果的画"为例，如果它不是以果肉、果皮等三维植物体的方式存在，而以一幅画布构成的平面及画布上的颜料的方式存在，它就完全是不同的另一个事物了吗？画布、颜料和平面，这些东西侵入了画的方方面面，画的构思也是从此开始或以此为前提的，画家拿了一批颜料，在一块绷上画布的画架上从无到有地创作。他创作出来的是一个人们没有见过的苹果——画中的苹果；所以它不是一个现实生活中植物苹果的拷贝，一个复制品。我们不能因为画中的平面形象令我们想起苹果，就说它是苹果的再次呈现；毋宁说，它是一个新事物的出现。在这个语境下，把 representation 翻译成"表现"亦无不可。事实上，"表现"也确实是它的译名之一。赵教授的上述表述改为"表现是用一种可感知的媒介携带意义，成为符号载体"，也是可以的。所以麦克卢汉说媒介即信息，建立在媒介基础上的存在发出自己独一无二的信息，它是一个独一无二的

构造，这个构造自身就带有其特殊的信息。

其实，对于representation，霍尔引用的牛津英语词典定义2是与定义1紧密联系在一起的。定义2说："表征还意味着象征，代表，做（什么的）标本，或替代。"一幅苹果的画代表了苹果，是苹果的符号，它在苹果缺席的情况下替代苹果。替代，就把媒介符号作为一种新的存在的性质很好地表达出来了。车尔尼雪夫斯基说，画面中的海是真正的大海的替代品，画中的橙子是真橙子的替代品，我们只有在看不到真正大海的情况下，暂且通过大海或橙子的画过过看海的瘾，过过享用橙子的瘾。他没有注意到，只要是符号或替代，就不能在原物的价值系统中做出评估。替代有替代的逻辑，也有它自身的评价方式。斯图尔特·霍尔特别提醒说，狗会狂吠，但"狗"的概念或符号不会狂吠或咬人，就是要告诉我们这一点。霍尔通过representation一词来表达一种与过去的反映论（即再现论）和意向论（即表现论）完全不同的构成论符号表征理论，在这个理论视野中，媒介符号是用来"意指（符号化）"的，其中的意义是被符号化制造出来的，而不是先于符号就存在的，它不是任何东西的再次呈现。所以，对于霍尔的这本书，把作为名词的representation译为"表象"是最合适的；而如果强调它动词的方面，对于霍尔，那就是"意指实践"，就是赋意义予文化符号的活动，所以他给《表征》指派的副标题是"文化表象与意指实践"。

representation是西方理论的一个关键词，从18世纪以后它就是西方主流哲学——认识论哲学的一个基本概念。康德的主要著作中，德语vorstellung一词在不同的英语译者那里，被不约而同地翻译成representation。这个德语词，意为表象、观念、上演、想象等，没有"再"的意思。在康德那里，表象vorstellung与知觉相关，主观的知觉表现为概念表象，客观的知觉表现为直觉表象。直觉表象似乎是对直觉对象的再现，要符合直觉对象，但这样的理解正是康德要纠正的；康德认为，直觉表象应该符合主观的概念表象才对，因为概念表象是先验的或类先验的范畴，它规定了所谓的对象。这正是康德"哥白尼革命"的主旨。在这种情况下，如果把直觉表象翻译为"再现"，我们就把重心扭转到假设的、对康德而言不存在的对象物上了；而如果把概念表象翻译为"再现"，就离题更远了，因为概念表象是先验的，是人们思想的规定性，它"再现"什么呢？邓晓芒的康德中译本《判断力批判》把这个词主要译为"表象"，而《纯粹理性批判》则译为"展示"等。可见，这个词的翻译确实颇费思量，在不同语境下还很难给出相同的译名，但是把它统一到"再现"则与西语此词意涵相去太远。赵教授在《"再现"》文中抱怨把 representation 翻译成一个新的中文词"表征"，导致了现在的乱局，他说："注意，霍尔的英文原文 representation 依然如故，他并没有创用新词，也没有启用两个词。出现'重大发展'的是中文的翻译方式，以及这个译法引发的中国学界的推想。"我同意赵教授所说这个英文原词没有变，但是我们是不是可以想一想，过去我们对 representation 的理解有偏颇，把它理解为"再现"本来就不对？现在是不是需要随着对西方思想了解的深入而重新审视某些明显失据的译名？如果想在这一方面更进一步，应该对 representation 做一个深入的学理辨析，或不如说，对近代以来关于 representation（而不是"再现"）的理论进展做一梳理，这样我们就有了从康德到德里达、保罗·德曼、福柯的一个思想路线图，然后在这个背景下讨论汉语思想对此的表述问题。

《"再现"》提到了罗钢、刘象愚主编的《文化研究读本》对 representation 的翻译问题，说他们"在翻译讨论霍尔的时候，不得不反复加注，恐怕他们自己也不胜其烦"。在我看来，该书把 representation 译为"再现"，又在译名后面标注英文原文，正是因为如果不加注，这个耳熟能详而且在中文里有着再现论解释背景的译名会显得非常奇怪，歧义横生。举例来说，在该书前言，两位主编有这么一段话："如果把文化研究作为意识形态来分析，核心就是'再现'（representation）问题。阿尔都塞把意识形态界定为'一个再现的体系'。近年来，由于后结构主义的推波助澜，'再现'问题受到普遍的关注。德里达说，在当代'再现是一个最重要，最富于生产性的问题'。……再现不仅是可能的，而且是唯一的可能性，是意识的唯一形式。……'文本之外一无所有'，再现就是我们所能拥有的一切。"① 试想，如果不标注英语，阿尔都塞把意识形态界定为"一个再现的体系"就毫无新意可言；意识就是对客观现实的再现，这一直是人们认定的常识，莫非阿尔都塞只是重申了这个常识？而在德里达那里，这个"再现"是否定文本之外的一切的，如果我们的意思是说文本是对客观现实的再现，那正好否定了德里达的基本思想；如果不是，那么文本再现什么呢？实际上，是 representation，而不是"再现"，才是这些新思想的焦点。

---

① 罗钢、刘象愚主编：《文化研究读本》，中国社会科学出版社 2000 年版，第 20 页。

## 四、怎么对付译名"乱象"？

如果中文"再现"不适合用来翻译英文 representation 的理由很充分，既由于它学理上的不合适，又由于它带有令人心有余悸的历史印记，那么，正确的做法是什么呢？

像罗钢、刘象愚教授那样加注英文，表明这"再现"不同于那"再现"，当然也是一个办法，但正如赵教授所说，这不是一个好办法，这办法甚至不如直接用英语；但那也就不是翻译了。我在翻译的时候曾经想到过用"表现"，这个中文词体现了 representation 的主动性和积极性，但是由于一方面"表现"在英文里已有非常直接的对应词 expression，另一方面它无法区分 representation 偏名词的方面和偏动词的方面，特别是在那两方面建立起明显联系，所以也放弃了。于是采用了"表征"，代表这个词偏动词的方面，它的偏名词方面则用"表象"。问题在于，"表征"一词在古文与今文的使用中有歧义。古文里的一个常用义是"表示征兆"，当代科技中文被认为是用了这个意思。而由于同是当代汉语，在人文学科中，它又用作"赋予符号意义"之义，这样就造成了所谓的"乱象"。

事实上，从古汉语的角度看，现代科技中文把"表征"当作 characterization（特征化），甚至 characteristics 来用是错的。character（特征）是指一个体或群体事物区别于别的个体或群体的诸品质或独特性（牛津英语词典："collective qualities or peculiarities that distinguish an individual or group."），它们是可以用数据测量和界定的，在相同的实验条件下，这些数据是可以再现的；而 characterization 就是对这种事物独特性的描述和显示。这跟古汉语里的用法相去甚远。现在我们从《辞海》《辞源》等常用工具书里能够查到的"表征"的古汉语例句只有来自刘勰《文心雕龙·史传》的引文，刘勰说编史书须"表征盛衰，殷鉴兴废"，"表征盛衰"讲的是"使历史盛衰形于表征"的意思。虽然这儿的"表征"与 characterization 所指的"特征"里都有一个"征"字，但二者完全不可同日而语：表征盛衰可不是描述独特性，它正是要在各个不同朝代的具体事迹里彰显出一种共性，以供统治者借鉴。

科技中文不足以成为"表征"的正确用法的范本，它本身也是"乱象"之一。回到 representation 本身，用"表征"译它是否合适，还是在乎"表征"在中文里的意思和用法。刘勰的"表征"，两个字都可解作名词，名词在这儿又用作动词："名之""征之"；合并而为"表征"（使其形于表征）。这样理解与 representation "表现意义"的用法（动宾结构）稍显不合。但这两个字也可以解作"表现盛衰的征兆"的意思，即把"表"当作动词"表现"，而把"征"当作名词"征兆"，赵教授文中似乎也有这么用的。古文中"表征"用作动宾结构"表现征兆"是常见用法，如裴松之注《三国志·魏志·文帝纪》引《献帝传》中的"圣瑞表征，天下同应"，又如梁代僧人慧皎《高僧传》卷十三《释慧达传》中的"屡表征验"，这后一个例子用副词"屡"来修饰"表"，表明了"表"的动词性质。这样，问题就集中到了"征兆"这个名词与经过 representation 而呈示出来的意义，二者是否合拍；但这取决于我们的理论立场。如果认为那意义是客观存在的，那么它就不符合"征兆"所具有的谶纬性质或者微弱的主观猜测性；但如果把意义理解为经过符号操作而发生的新的意义，那么称之为"征兆"，虽不贴切，也勉强可以，因为这意义也是要揭示出来才有的，而不是原已客观存在的。

笔者为撰写这篇回应文字，又对"表征"一词的用法做了进一步的查考，结果发现1."表征"一词在古代还有完全不同的用法，表示"以表征之"，即用"表"（一种文体）上书，要求征招某人，如《资治通鉴·汉纪》说"（汉献皇帝建安三年）曹操表征王朗，策遣朗还"；《资治通鉴·晋纪》："（晋怀皇帝永嘉五年）初，太傅越以南阳王模不能绥抚关中，表征为司空"等。这个用法我以前既不知道，更未想到（读书甚少）。2."表征"用作文化研究意义上的用符号表现意义之义，并不是当代新创的，至少清代就有人这么用。清末绘画理论家金绍城《画学讲义·下卷》："绘学之表征，其笔墨无不具，其功效无不周，乌可视游艺无关乎世运哉"，这里面的"表征"正好是就绘画这样一种媒介符号表现意义而言的，其中的"征"已经是有关"世运"的现实世界的意义。这至少意味着两点：其一，"表征"在古代也是多义词，我们只能猜测，最多是争论，而绝不可能确定其本义是什么。因此以它的古代用法之一作为本义来澄清并规范它在今天的用法并不妥当。其二，"表征"现在流行的用法"表现意义"也不是今天生造出来的，如果清代算近古的话，也可以算是古已有之，而这个意义是可以用来翻译 representation 的。

而如果推开去想,语言流传中如赵教授所指的"乱象"似乎是我们不得不接受的相当普遍的现象。普通汉语使用者对于未被用到的那些意思(如"表征"的"以表征之"的意思)可能就完全没有意识。正在使用的只是人们觉得好用,觉得理解,甚至理解得也模模糊糊的。这是否表明,语言的流传和定型并不是按照对错标准进行的,因为根本就没有这种标准?一种词语,包括一种译名,它在普通使用者那里流行,这就是硬道理,而至于哪个能够流行,哪个不能够,则完全是无理据的。也就是说,很难通过知识分子的理性论证而使得人们接受某些词而拒斥某些词,这也是索绪尔所谓语言的任意性和武断性理论的一个表现?错误也许就是语言本身的组成部分?现代科技中文对"表征"的误用很可能会作为一个既定事实继续存在下去。事实上,现代汉语中的一些流行词比这个更无厘头,我们之所以对它们麻木不仁,是因为我们已经完全被它们同化了。例如"经济"这个词,在古代汉语里的意思应该更接近于现代意义上的"政治"(经世济国),但是我们现在称呼做生意赚钱为"经济",因为我们已经被这个来自日语的"错误"译名同化了;我之所以在错误上打了引号,是因为我们现在已经不知道 economy 正确的译名为何或应该为何,"经济"流行了这么久一直到今天,它就成了正确译名本身。王国维曾经把 logic 翻译为"辨学",我认为这是比简单的音译"逻辑学"(同样来自日语)更好的译名,但它完全没有被采用。语言的流行根本不跟我们讲道理,奈何?赵教授和我之所以在这里讲道理,在赵教授的本意上是为消除译名的"乱象",这是知识分子的责任感使然,但未必能够达成这意向;流行语言最后采用的可能是知识分子讨论过的方案,也可能根本不是,对此我们都是无能为力的。更重要的是,我们的方案的后果未必是我们能够控制的,我相信如果把 representation 译为"再现",确实会召回这个词在最近的过去所带有的令人不堪的意识形态色彩,这未必符合赵教授的本意。我们的本意是消除"乱象",但不能保证我们自己不增添"乱象"。这就涉及我们论题的深水区,涉及翻译的可能性,以及选词作为一种设定的武断性及其与意向的根本性龃龉。我无意在这方面展开讨论,只是想指出,后者是导致赵教授所谓"乱象"的根本原因。所以,我在此回应赵教授的文章,并非为消除此"乱象",而是想表达对此词译回"再现"的一种忧虑,以及我对把它暂且译为"表征"的争辩。我相信,这两者都只具有历史(当下中国理论的记忆史)的和特定语言的相对性。译名或者选词,只能以相对合适而不是以绝对正确为目标，争辩只存在于特定语境。从合适的角度看，用"再现"译representation显然比用"表征"更不合适。我们期待有更合适的词语来翻译representation，同时我也知道，即使有了这样的译名，将来也不见得能够取代不太合适的"表征"，就像"辨学"再好，也没有取代"逻辑学"，而对于用别的什么译名来取代完全无厘头的economics中文译名，就更不用奢想了。

# 现代性视阈下的生存与毁灭

## ——读《百鸟朝凤》*

赵 臻**

(遵义师范学院教师教育学院 563000)

**摘 要**：电影《百鸟朝凤》在单一现代性路径下必然被视为传统社会的挽歌，其由前置的现代性的内在逻辑决定，预设了现代性与传统文化之间冲突，必须通过对传统文化的摧毁来实现现代性。然而，这绝不是现代性展开的唯一路径。由于诸多历史条件制约，造成了我们对现代性的误解和对现代性单一路径的"幻象"，使得我们对现代性的理解只把握到了启蒙与传统不兼容的法德路径，没有把握到启蒙与传统和谐相处、互相促进的英美路径。只有消除对现代性的误解和现代性单一路径的"幻象"，转换现代性的实现路径，方能实现优秀传统文化与现代性之间的有效整合，如此《百鸟朝凤》将不是遥远的绝响，而是中国文化复兴的前奏。

**关键词**：现代性 误解 科学 路径 传统 反思

"生存还是毁灭，这是一个值得考虑的问题；默然忍受命运的暴虐的毒箭，或是挺身反抗人世的无涯的苦难，在奋斗中扫清那一切，这两种行为，哪一种更高贵？"[①] 这是莎士比亚在《哈姆雷特》中借哈姆雷特之口，道出了面对现实时遭遇到的两难选择。这一"两难"时隔四百余年之后，降临在电影《百鸟朝

---

\* 基金项目：国家社科基金重大项目"当代美学的基本问题及批评形态研究"（项目编号：15ZDB023）阶段性成果。

\*\* 作者简介：赵臻，1979年生，云南大理人。文学博士。遵义师范学院教师教育学院教授，主要从事文艺美学研究。

① 莎士比亚著，朱生豪等译：《莎士比亚全集》（第五卷），译林出版社1998年版，第330页。

凤》中"游家班"身上，不同的是，前者面对的是命运无情的捉弄，后者则面对原有文化"秩序"的崩溃。

这一崩溃在《百鸟朝凤》中体现为代表传统文化的民间唢呐匠地位变迁上，即从原先焦三爷吹"百鸟朝凤"时，"一个人坐在太师椅上，孝子贤孙跪了一地"的八面威风，变成了"游家班"的无活可接。"游家班"成员为了生计背井离乡，放弃精湛的民间技艺，到城市中打工，缓解经济困境，增加经济收入之时，城市所代表的现代性却给他们带来了严重的创伤：二师兄被锯断了手指，三师兄落下了严重的咳嗽。

班主游天鸣在城墙上遇见没落的老唢呐艺人，这一幕成为以唢呐匠为代表的传统文化在遭遇现代性时必然没落与毁灭的隐喻，命运天平似乎不可避免地向毁灭这一端倾斜。对《百鸟朝凤》的读解很容易得出农业社会向现代社会转型时的无奈和悲伤，是一曲优秀民间技艺无尽的挽歌等结论。值得注意，《百鸟朝凤》中表现了优秀民间技艺面临的生存危机，却不代表其本身没有价值。

换而言之，《百鸟朝凤》表现出了"事实"与"价值"之间的不兼容。毋庸置疑，在中国传统文化中，由于"事实"与"价值"不分①，使得我们常常遭遇"事实"与"价值"之间的撕裂，很容易用现实存在的"事实"来衡量事物的"价值"，用"事实"来"颠覆"、否定事物的"价值"。同时，在情感上，我们更多地看到事物的"价值"，难以接受现实世界中的"价值"颠覆。这一点在《百鸟朝凤》影片中显示得尤其明显，民间唢呐匠所表征的传统文化无疑是有价值的，然而在中国急速现代化的过程中，它体现为一曲无尽的挽歌，它的衰落似乎是不可避免的。

值得思考的是，《百鸟朝凤》表征的中国优秀传统文化无可避免地衰落、毁灭，是否为中国现代性所不可避免的"宿命"？如果这是一种"宿命"，则造成这一"宿命"的根本原因何在？笔者认为造成了导致此种"宿命"的根本原因有两个：对现代性的误解和对现代性途径单一性的认知。它们导致了我们对现代性的狭隘理解，"理所当然"地认为现代性途径"单一性"的"唯一性"；这两个因素的叠加使得现代性被国人视为"理所当然"地对传统文化的"毁灭"，通过此种"毁灭"来"扬弃"传统文化，实现社会向更高层级的"跃进"。笔者认

---

① 参见李亦园：《人类的视野》，上海文艺出版社1996年版，第188页。

为，有必要对此进行"澄清"，这将有利于我们对现代性的全面把握，更有利于更改与转换现代性的"理所当然"的实现途径，这将对处于现代性进程的中国有着极为重大的意义和价值。

## 一、对现代性的误解

现代世界之所以不同于古代世界，核心在于由现代性精神造就了现代性社会。现代性精神肇始于启蒙时代。通过对自我的"占有"和"确定"，确立了现代性精神，它通过"古今之争"和"东西之争"确立了自我的地位，对此周宁深刻地指出："西方现代性精神最终在启蒙运动中确立，今胜于古、西胜于东，在'古今之争'中定夺现代胜于古代，是'进步'概念，在'东西之争'中定夺西方胜于东方的，是'自由'概念，现代西方是进步与自由的西方。"①

换而言之，现代性精神通过"进步""自由"两大观念确立了今人优胜于古人、西方优胜于东方的核心观念。尤其是随着西方文艺复兴以来，西方科学技术的突飞猛进、一日千里使得人们对上述观念不断确认，甚至将其视为"自明的前提"。科学自从诞生以来一直被视为人类理性的典范，文艺复兴以来，科学的这一权威地位有增无减，使得人文科学有在科学面前证明自我合法性的"要求"。这最终导致了启蒙时代对科学与艺术标准的讨论，这种论争的真相却被历史所"掩盖"。

值得注意，历史中被掩盖的真相却是"古今之争"在科学与艺术上所达成的不同标准："这场争论实际上是人文主义者与笛卡尔主义者之间的一场辩论。最终大家承认，虽然自然科学中存在着进步，但在艺术中并非如此，每一个时代都有自己的艺术完美性标准。"② 换而言之，"进步"观念对于艺术是不适用的，艺术有着自我的评价标准，科学不能超范围使用。

中国现代性过程中，由于对现代性精神把握不足、传统文化对西方文化的"逆反式"吸收和过于紧迫的社会救亡任务，使得国人在对现代性精神的把握上陷入了误区，片面地将科学等同于现代性精神，将科学视为"万能"，这一情

---

① 周宁：《影子或镜子》，厦门大学出版社2015年版，第334页。
② 米歇尔·艾伦·吉莱斯皮著，张卜天译：《现代性的神学起源》，湖南科学技术出版社2011年版，第12页。

况正如胡适描述:"近三十年来,有一个名词在国内几乎做到了至上尊严的地位;无论懂与不懂的人,无论守旧和维新的人,都不敢公然对它表示轻视或戏侮的态度。那个名词就是科学。"① 更为重要的是,中国文化对西方文化价值的吸收是一种逆反式的吸收,这使得科学获得了在西方不曾获得的地位,金观涛、刘青峰指出:"到了五四时代,由于伦理中心主义突破带来的价值逆反的推动,科学获得了至高无上的地位,成为'建立人生观的基础'。"② 更为可怕的是,科学万能的意识形态倾向在中国现代社会中越演越烈,甚至在某种程度上取代了宗教和哲学,对此杨春时先生指出:"五四文学革命作为新文化运动的组成部分,同样是在科学、民主的旗帜下行进的。五四时期,科学树立了绝对权威,它不仅战胜了传统的道德主义,而且也排斥了宗教,甚至取代了哲学的地位。"③

需要指出的是,作为现代性精神代表的科学,本身不是万能的,科学就因其起源的"不科学"备受质疑:"黑格尔在《逻辑学》导言里指出:科学由此出发的那套公理体系,是科学无法证明的,故只好求助于人心的共识,即'常识'。可是,常识无法提供'真理'。后者是确定性的,前者则可对可错。于是,科学因前提的不科学而成为不科学。对此,黑格尔提出的解决方案是建构一个从问题的核心出发加以循环论证的体系。如同一群盲人,既然他们当中的任何一个都无法确定地指出大象的样子,那么,为什么不采取盲人之间广泛对话的方式呢?围绕'大象'这一问题的核心,通过'对话'—— 与'辩证'分享同一个希腊词根——循环往复并且不断上升,从而可以趋近那个真实的'象'。"④ 因此,科学本身就存在一个无法为自身起源证明的问题,科学本身也会因为自身的前提的不科学而成为问题,因此其本身无力提供衡量一切价值的标准。

同时,科学无法承担其超范围使用,拉卡托斯指出:"波普尔提出了一个相当惊人的分界标准。一个理论即使没有丝毫有利于它的证据,也可能是科学的;而即使所有的现有证据都支持一个理论,它也可能是伪科学的。也就是

---

① 胡适:《科学与人生观序》,《胡适文集》,北京大学出版社1998年版,第152页。转引自杨春时:《现代性与中国文学思潮》,生活·读书·新知三联书店2009年版,第114页。
② 金观涛、刘青峰:《开放中的变迁:再论中国社会超稳定结构》,法律出版社2010年版,第199页。
③ 杨春时:《现代性与中国文学思潮》,第113—114页。
④ 汪丁丁:《情境笔记》,上海人民出版社2005年版,第54页。

说，确定一个理论的科学性质或非科学性质可不依靠事实……典型的描述重大科学成就的单位不是孤立的假说，而是一个研究纲领。科学决不是试错法、一系列的猜测与反驳。"①

科学作为现代性精神的代表不是因其不会出错，而是其代表了一种对真理的不断追求，在不断追求中不断扬弃自身的精神；科学或从严格意义上来说是科学精神，是现代性精神的代表。值得注意，启蒙时代就明确了自然科学与人文科学各自的标准是不同的，不能将自然科学作为评价和衡量人文科学的标准，由于中国现代以来，对科学非理性崇拜、传统文化对现代性的"阻碍"、中国社会紧迫救亡任务，使得我们对现代性精神缺乏深入、全面的理解，造成了将现代性精神等同于科学，将科学塑造为"万能的意识形态"。当科学成为一种意识形态时，所有事物都必须在科学面前为自我的合法性证明，科学所包含的"进步"观念，被广泛地应用于一切事物之上，与科学相容的便是"进步"，便是"先进"，与之相反的便是"退步""落后"。此种逻辑在社会学上的使用便成为社会达尔文主义，此逻辑本身就预设了与社会进程不相容的就是"落后"的，应该被"淘汰"的这一"先天"观念。

因此，《百鸟朝凤》中唢呐匠所代表的传统文化在此种误解下，必然表现为一曲农业社会或曰传统社会的挽歌，无法逃避其被历史车轮碾压的宿命。然而，如果我们深入把握了现代性精神之后就会明白，这看似不可挽回的毁灭的"宿命"，只是一种似是而非的"误解"。值得注意的是，这种毁灭的"宿命"除了源头上对现代性精神的误解之外，还被现代性单一路径的"幻象"所强化。

## 二、现代性唯一路径之"幻象"

现代性发源于西方，主要有两种推进路径：一为英美路径，一为法德路径。前者使得现代性与传统兼容，后者则现代性与传统不兼容，现代性的展开以摧毁传统为代价。这是启蒙运动在不同国家展开的不同路径。美国当代历史学家格特鲁德·希梅尔法布明确指出："英国启蒙运动体现了'美德的社会学'，法国的体现了'理性的思想'，美国的则体现了'自由的政治'。英国的道德哲

---

① 伊·拉卡托斯著，兰征译：《科学研究纲领方法论》，上海译文出版社1986年版，第4—5页。

学家们是社会学家,也是哲学家;他们关心与社会相关的人;他们视社会美德为健康和人道社会的基础。法国人有一个更崇高的使命;使得理性成为社会和思维的指导原则,在某种程度上,使世界'理性化'。谨慎得多美国人则寻求创造一门在自由的稳固基础之上建立新共和政体的新'政治科学'。"①

值得注意,英、美的启蒙运动的侧重点虽有不同,实质是一致的,美国启蒙运动继承的是英国传统,德国现代性则承继的是法国传统。具体说来,英、美启蒙运动所锻造的现代性与传统是兼容的,是建立在尊重过去的基础上的,它极大地促进了社会整体利益的良性发展:"英国的道德哲学是改革者,而不是颠覆者,即使在企盼更光明的未来时,他们也尊重过去和现在。它还是乐观主义的,至少在与所有的人、而不仅仅是有教养和出身良好的人分享道德感和常识这个方面,它还是平等主义的。"②

与此形成鲜明对比的是法国启蒙运动:"在法国,理性就是这种权威和思想体系,这是一种如此至高无上的思想,以至于它不仅仅挑战宗教和教会,而且挑战所有依赖于它们的制度。理性天生具有颠覆性,它的眼中只有理想的未来,鄙视当前的各种缺陷,对过去绝口不提——它同时也蔑视缺乏教养者和出身微贱者的信仰与习惯。"③更为重要的是,法国启蒙运动将理性置于一切之上,使得理性可以摧毁一切的东西,包括自身的传统、宗教,同时带来了社会的巨大灾难,这一点正如伯克的先见之明一样:"用来摧毁宗教的武器可能会用来同等成功地颠覆政府。"④置于一切之上的理性必然带来走向反面的残暴,更为严重的是,它通过自身实现自身的进程,将历史传统一切排斥出自身的道路之外,正如美国当代著名史学家希梅尔法布指出的:"在哲人们相信可以自由地歌颂理性,将其置于宗教之上时,后现代主义者发现理性和宗教本身一样残暴、'极权'。"⑤

德国在实现现代性的过程中面临着特殊性⑥,使其更多地借鉴和采用了法国现代性的路径,通过建立强大中央集权国家,利用强大国家政权强力推进现

---

① 格特鲁德·希梅尔法布著,齐安儒译:《现代性之路:英法美启蒙运动之比较》"序言",复旦大学出版社 2011 年版,第 13 页。
②③ 同上书,第 19 页。
④ 同上书,第 48 页。
⑤ 同上书,"序言",第 1 页。
⑥ 参见单世联:《中国现代性与德意志文化》(上),上海人民出版社 2010 年版,第 1—73 页。

代性进程。明白了此,我们就能有效理解英国学者德兰蒂所言的现代性的两种逻辑:"现代性的一种逻辑,即西方世界里资本主义和民主的斗争,导致了从有组织的现代性向后现代性的运动;而另一种逻辑,即由国家推进的现代性,既压制了民主也压制了资本主义,导致了极权主义。在前一种逻辑中,文化现代性保留了一些资产阶级和基督教的传统;在后一种逻辑中,前现代的和现代的传统几乎被毁坏殆尽。"①

笔者认为,德兰蒂所言的现代性的两种逻辑就是现代性展开的两种路径或传统,即与传统兼容的英美传统和现代性与传统不兼容的法德传统。这两种路径或逻辑,不是如德兰蒂所言的以西方国家和非西方国家作为区分,更应是以该文化中孕育的现代性的成熟程度来划分,高度成熟的国家如英、美,其现代性是自然而然生发的,法、德的现代性本身孕育程度不如英、美②,加上英国现代性的先行性使得法、德具有追赶英国现代性的紧迫性,其在条件不成熟时必然选择利用强大的国家政权,强力推进现代性的途径。由于诸多原因和制约,中国现代性之路锚定的是法德路径,在此路径中,德国对中国现代性的影响尤深。③ 中国现代性路径锚定的是法德路径,它必然体现为通过建立强大中央集权国家,通过强大政权强力推进现代性进程,必然导致对传统文化的破坏,这是由于其路径本身决定的。

笔者认为,《百鸟朝凤》影片作为一种文化符号,深刻地表征出了中国传统文化在现代性进程中何去何从的问题,我们可以对优秀传统文化在遭遇现代性时不可避免地消亡的"命运",发表无尽的感慨和叹息;也可以沉溺于优秀的传统文化中而顾影自怜,不管今夕是何夕。然而,现代性是中国文化不可避免的命运,历史上由于诸多制约使得我们在现代性路径选择上没有更多的余地。今天在中国经济取得巨大成就之时,在中国社会呈现出前现代、现代和后现代杂糅之时,我们有必要对现代性进行重新、全面的理解,通过对现代性误区的"消除"和对单一现代性路径"幻象"的"驱除",将中国现代性路径进行转换,

---

① 杰拉德·德兰蒂著,李瑞华译:《现代性与和后现代性:知识、权力与自我》"前言与致谢",商务印书馆2012年版,第4页。

② 不可忽视,美国人是英国人的后裔,其未独立之前属于英联邦,其现代性之路在血缘上与英国有着天然的联系。

③ 参见单世联:《中国现代性与德意志文化》。

此种转换基于对现代性的重新理解和把握的前提上是可能的,这将会有效地消除单一现代性所带来的弊病。

这将是一个巨大的危机或转机,是一种生存或毁灭,如果能对现代性进行深刻理解,转换现代性的路径,中国优秀传统文化将可能避免毁灭的命运,在现代性危机中找到转机;反之,则影片中所描述的优秀传统文化的崩溃并非耸人听闻。有理由认为,导演吴天明朦胧地感觉到这种巨变,在《百鸟朝凤》结尾处用"隐喻"的方式表达出来:游天鸣在焦三爷坟头吹"百鸟朝凤"时,显现出焦三爷形象,他起身离去,离去的地点背后是悬崖,不正隐喻着两种可能的前途,即"悬崖绝壁"或"柳暗花明"。

综上所述,电影《百鸟朝凤》表达了优秀民间文化在遭遇急剧现代性时所面临的困境。"困境"不一定是"绝境",如果我们能够消除对现代性的误解,改变以往过于单一的现代性路径,将原先通过摧毁传统文化实现现代性的路径,转化为传统文化与现代性兼容的路径,《百鸟朝凤》中传统社会无尽的"挽歌",就有可能转变为"欢乐颂"的"前奏"。当然,这需要极高的智慧和努力,却不是一个不可实现的现实!

# 论后现代语境下审美的价值性维度

## ——兼论日常生活审美化之"美"的价值

孟姝芳

（山西大学　030006）

**摘　要**：在以消费文化为主导的后现代语境下，"美"已经由艺术领域延伸至日常生活领域，突破了自身区域的局限，演变为日常生活的行为准则。在此基础上，其又联合科技的力量为人们塑造了一个"美的生活现实"，提升了人们的生活品质，认同了感性的生命价值，接受了日常生活的审美诉求。但是，在影像狂欢的背后蕴藏的却是人的主体精神和生命意义的消解，是对自然和时间的藐视，是生命虚无感的蔓延，故应肯定审美的超越性价值，重塑其人文精神灵性，恢复其厚重的生命意味。

**关键词**：美　日常生活审美化　审美价值　历史感　生命厚度

## 一、"科技色彩"的社会现实

随着现代科技的不断创新，人们生活的社会也越来越倾向于呈现具有"科技"的色彩。

如果前现代社会是用人的身体感官直接感受外部的世界，那么其生活的社会现实场域仅仅局限于物质感官的生理阈限，具体呈现为真实的身体体验，即其生活的社会空间是实存的，可见且可感。

现代社会则表现为身体感观借助科技力量来感受外部世界。科技力量延伸了身体感官的生理阈限，使其感受范围远远超出了人体生理可控的范围，但却局限于科技力量对人类生活领域的侵入程度。然而，在现代社会，借助科技力量感受外部世界并没有取代身体的直观感受而成为构成人们现实生活场域的主流方式；其具体表现为实存与虚幻的结合，且是以实际人体感官感知的社会生活领域为主，即以实存为主，以虚幻为辅，虚拟的空间仅是现实空间中微小的一部分，虽然存在，却没有深刻侵入人们的社会生活领域，在真实与影像之间还没有明确的区分界限。

  后现代社会则在现代社会发展的基础上更加快速深刻地运用科技于社会生活的各个方面，使一切都变得不那么确定，一切都有改变的可能，颠覆了前现代社会及现代社会形成的"真实"的概念及其背后蕴藏的本质观念。如转基因产品的出现，整容产业的兴盛，"美丽"事业的繁荣，微博、微信的普及，等等。在后现代社会中，在科技产品的不断入侵下，人们生活的社会空间已成为由各种科技力量所形成的影像空间、数字空间，呈现为"在"而忽略了"实"。在这个时代，人们对社会生活领域的感知由身体感官借助科技力量转向了由科技力量借助身体感官，也正是在这个意义上，韦尔施将后现代社会界定为美学的时代。他说道："毫无疑问，当前我们正经历着一场美学的勃兴。它从个人风格、都市规划和经济一直延伸到理论。现实中，越来越多的要素正在披上美学的外衣，现实作为一个整体，也愈益被我们视为一种美学的建构。"[①] 作为生存于其上现实的公共空间，已经"没有一块街砖，没有一柄门把手……逃过了这场审美化的蔓延。'让生活更美好'是昨日的格言，今天它变成了'让生活、购物、交流与睡眠更美好'"。[②] 后现代社会的"建构"感及影像性成了社会空间的主要特性，其已经取消了"真实"的是实在性，转而将一切都表述为"正在路上"，将虚无缥缈的"影像"作为追逐的对象和行动的动力，如对"青春"的追求、对美丽的渴求、对容颜永驻的痴迷、对明星的追捧、对权力欲望的奉行、对质量生活的畅想、对时尚达人的信服，等等。人的社会生活的空间由此变成了一个取消了时空差异、个体差异、语言差异与文化差异的共在体，也由此，人的生活空间扩张到了整个地球，甚至太空。在这个空间中，身体感官直接感受到的生活空间已经弱化为后现代社会生活空间的注解，而将经由科技力量的运用而形成的虚拟社会空间变成了确证自我存在感的依据。

---

① 沃尔夫冈·韦尔施著，陆扬、张岩冰译：《重构美学》，上海译文出版社2002年版，第8页。
② 同上书，第164页。

由"实在性"前现代社会到"实在与虚拟并存"的现代社会,再到"影像性"的后现代社会,这表征着"美"正一步步地走下艺术的神坛,变成整个社会生活领域的主导原则。在追逐"美"的过程中,美学的泛化一方面对现代美学提出了拷问,为美学的进一步发展提供了新的契机。由康德确立的现代美学将"日常生活"排除在美学研究领域之外,将"世俗性"的感性视为是对"美"的神圣性的玷污,然而后现代社会的社会现实却呈现为感性的解放深度的消解、本质的解构、世俗性的扩张、展示性价值的突起等,身体性的感受取代了精神性的关照,成为人们存在价值的确证方式。这样的社会现实与现代美学理论的脱节向"美学"提出了拷问,拷问其理论对社会现实的阐释力,由此导致了美学研究的"转向"——日常生活审美化的论域的生成,提供了美学发展的新的增长点。日常生活审美化的研究扩充了美学的研究对象,实现了美学向日常生活领域的突围,重申了艺术经验与生活经验的关联性,确证了美学的"感性学"维度,恢复了人的感性存在的合理性。

另一方面,美学泛化的社会文化现实也在一定程度消解了美学精神。在后现代社会对"美"的追逐过程中,人们逐渐偏离了"美"精神实质,将"时尚"误认为"美",将"自由"误认为"经济条件允许下的购买力",将"无限"误认为"消费选择的多样性",将"生命价值"误认为"经济价值",不再沉思活着的价值、求索生命的意义、相信乌托邦的存在,不再将"救国忧民"的社会责任感作为自己生命终极追求,而是将关注的眼光聚焦在现世可以感受到的东西,如健康、美丽、权利、身份、品位等这些可以证明人们存在于现世的真实生命体验。他们将美视为骄人的身材、漂亮的脸蛋、高人一等的优越感、肆意挥霍的畅快感、为所欲为的自由感等。在这里,感性的愉悦体验取代了理性的沉思性体验、世俗性生活体验取代了神圣性的精神体验、观光感受性的五官取代了沉思洞见性的心脑。"活在当下、永葆青春、实时行乐、享受生活",成为现代人生活追求的目标。

## 二、审美的双重价值性维度

"科技色彩"的社会现实催生了审美泛化的文化现象,刺激了现代美学发展的内在分化,实现了审美向日常生活领域的越界行为,引起了日常生活审化论域的大讨论。在这持续了十几年的美学大讨论中,虽然众研究者的立场不同,观点各异,但无疑大家均承认了"日常生活审美化"的社会现实,均看到了美学原则已进入政治、经济、文化、城市建设、家居生活等各个领域。"美丽中国""美丽城市""美丽乡村""美丽人生"等提法也不绝于耳,"建构"变成了这个时代的关键词。这个时代,人的日常生活状态已经不再是与精神超脱相对的纯然物质性、琐碎性、无序性的,其已经服从了眼睛的视觉快感——悦目。日常生活借助眼睛直观的感受形式将"精神性"的艺术从神坛拉下,使得艺术和生活的界限不断缩小,直至艺术成了日常生活本身的构成要素。日常生活变成了美的舞台,不断地上演着令人悦耳悦目的剧目,生活直接演化成了"美的生活"并直接而成了人的存在价值和意义。在这样"美"的世界里,美获得了自己从未获得过的殊荣——成为社会各个领域竞相追求的目标,由此形成了积极主动的"生成性价值";与此同时,美也承受着自己从未有过的失落——精神关怀的陨落和身体欲望的伸张,由此形成了消极被动的"消解性价值"。这审美的"生成性价值"与"消解性价值"便构成了后现代语境下审美价值性的双重维度。

不管是审美的"生成性价值"还是"消解性价值",都不建立在艺术的神圣性之上,不是集中视野于审美的救赎性及其生命的终极关怀价值。恰如王德胜教授所言:"今天,艺术审美的价值主要维系在对人的生存现实的心理补偿可能性方面——精神的美学成了'身体的美学',艺术成了人在'泛审美化'情势中所获得的一种心理满足。艺术在现实文化语境中实际指向了一种非伦理性的价值方向,即艺术、艺术活动既不承担'救世'的文化义务,也不具有为人的生存进行精神救赎的能力。由这种艺术审美的价值限度所产生的,乃是一种新的审美意识形态。"[1] 新时代赋予审美以新的价值衡量方式。在后现代语境下,审美与其所原本承载的神圣性、救赎性、自由性、彼岸性、本真性、精神性相分离,与其情感体验生成的"凝神观照"的静观与玄想方式相分离,与其所指向的人的本真状态和生命本体相分离,转而与感性、欲望、参与、现在、形式、新奇等相关。艺术审美价值的衡量不再是其与现实的距离感以及其由此产生的神圣感,而是与现实的亲和度以及由此产生的现时体验感。因此,后现代语境下审美的价值性不再指向虚无缥缈的精神性领域,指向未来,而是指向人的感

---

[1] 王德胜:《试论艺术审美的价值限度》,《文艺研究》2003年第3期。

性生存状态,立足现在。

分而论之,所谓的审美的"生成性价值",是指在追逐"美"的心理驱动下而产生的一系列积极的、正面的行为方式及价值寻求。"美"的价值寻求若从哲学的层面讲,其可以界定为生命的自由和无限的活泼状态,重点指向人的精神世界,超越物质性的存在。审美对象不是自在地存在于世的死寂的、孤立的、僵化的存在物,其指的是由人的创造力所创造出的意象世界,是"如此这般的事物","在显现为某种适合概念描述的知识或外观而尚未成为确定的知识和外观时的状态,是在显现的途中"。①

换句话说,这审美对象的生成具有创化性、唯一性和动态性,不是对客观对象的机械反映,也不是对象在意识中呈现出的依然固定的形象,而是灌注主体情感的生命活动在客观对象的牵引下所产生的运动和表达,是"生机"的动态呈现。与此相应,审美经验也不呈现为一种认知性的知识体验,即先在地存在一个与审美客体相对的审美主体,而是"在无任何确定身份而有可能获得任何身份时的逗留,一种自由的开放状态"②,呈现于一种情感性的生命体验。在这追索事物的活泼状态、寻求情感性的生命体验的背后蕴藏的是人对生命自由的渴望,对"定而未定"的原初状态的迷恋,对旺盛的生命力的执着。然而形而上层面的"美"的寻求在后现代的社会语境下转换了方向——这便是对身体、感性、大地等的正名与价值回归。在"视像社会"中,眼睛、现在、身体、感性这四个词几乎成为现代人生活现实的全部维度,精神、未来、心灵、理性遭到了流放,人们不再将"眼睛"放在"心灵"中,通过"沉思""玄想""辨析"去分辨真假善恶,而是将"眼睛"放在"身体"上,通过"感受""体验""看见"去阅览美丑、哀乐。但是,正是这种美感经验的体验方式及内涵转变确证了人的真实存在,还原了人的感性生命,使人们不再忽视自己的情感、身体、情绪等感性生命的表达方式,从虚无的"幻想"中转向了实在的"大地"。在此基础上,人们以"身体"为基础"完美"着自己的人生,追求美丽的面容、高雅的生活方式、精致的生活态度、舒适的居住环境、自由的生命感受等,社会也以此为基构建"街心花园""宜居城市""现代都市""美丽乡村"等。在这样的"求美"驱使下,人们和社会都在尽自己的能力去构建更好的生活,都在以一个参照物

---

①② 彭锋:《日常生活审美化批判》,《北京大学学报(哲学社会科学版)》2007年第4期。

为标准完善自己,使个人和社会都朝更好的方向去发展。

虽然后现代语境下的审美具有这样的"生成性价值",它激发社会和个人向更好的方面去完善自己,实现各种各样的斑斓"梦",求得身心的愉悦感和满足感,进而澄明自己的存在,获得生命的价值和意义。但是,值得关注的是,激发他们改变的不是兼具精神性与永恒性的"信仰",而是物质性和流变性的"影像",由此也就为美的"消解性价值"埋下了伏笔。

费瑟斯通在《消费主义与后现代文化》一文中就曾指出:"由于大众电子媒介的迅猛发展,人们的生活环境越来越符号化、影像化、他越来越像一面'镜子',构成现实虚幻化的空间。"[1]后现代语境下的中国亦是如此。一方面,科技色彩的社会现实已经构成了人们现实的社会生活空间,其虚幻的影像和符号业已成为人们追求的目标。影像嵌入现实,无限刺激人们的感性欲望,尽情挖掘人们巨大的消费潜力,充分地魅惑人们"长生不老"的心理诉求。人们将"影像"等同于"现实"。譬如,中国现在崇尚"以瘦为美"的审美取向正是银屏上奥黛丽·赫本等形象展现的结果。象征身份的"奢侈品牌",表征高雅生活情调的"咖啡时光",体现生活品位的"着装饰品"等这些符号或影像成了人们追逐的对象。在追逐的过程中,人们似乎忘记了这些是制造出的"文化影像",其变异性和流动性极大,更新换代的速度亦较快。人们在乐此不疲地追随着不断变动的潮流,亦在疲于奔命的追逐中感受着生活的失落和精神的空虚,人的精神世界受到了放逐。另一方面,人们在迷幻斑斓的日常生活中借助消费的方式得以自我陶醉和满足,其激发了人对美好事物的绝对占有欲,由此将会导致戕害,甚至牺牲生命的行为。人们意在通过对自身之外的商品和符号的迷恋以及信仰来彰显自己的独特存在,路易·威登、阿玛尼、香奈儿、古奇以及各种所谓的"轻奢"品牌成为其可以证明自己的媒介。人们意在通过货币以交换的方式获得对"虚假自己"的占有以及"美好生活"的想象性实现。在审美化的生活现实中,人们的享乐欲望和功利欲求被不断地刷新,人们也不断地为由审美想象构建而成的美好生活一次又一次地挑战自己的底线和真实的生存状态。有的人为了追求一个美丽的面孔而不惜数次整容;有的人为了获得一部苹果手机而愿意卖掉自己的一个肾脏;有的为了过着别人眼中的幸福生活而透支自己

---

[1] 费瑟斯通:《消费主义与后现代文化》,译林出版社2000年版。

的父母……

　　"美"之所以令人着迷、爱不释手,是由于其精神性和超现实性,而在影像时代,人们却要将"美"变为自己的私人物品。基于对影像的追逐,人们不断跨越自己的底线,为了"美的影像"能成为自己拥有的生活"资本",做一次又一次的冒险尝试,有的甚至不惜戕害自己的身体健康。从某种程度上说,审美向日常生活领域的入侵,或者说审美与日常生活的联合解构了人的生存之基——生命的信仰。日常生活审美化是消费文化与唯美主义在资本运行下的嫁接,是将艺术超越性的精神性魅力去除,转而仅仅将艺术的形式截取以满足人们浅表的价值追求,同时呈现为一种对过程的忽视,对结果的钟情。这里,人们将视野转向了能够呈现在人面前的视觉成果,对艺术的精神性和超越性进行了阉割。即是说,日常生活审美化表现为对"美的形象"的追求,而忽视了美对于生命的精神价值,即美的人文价值取向,其对生命价值的肯定与提升。恰如彭锋所指:"而霓虹灯、广告牌、亮丽时装和小资休闲这类以身体快感为指归的审美价值观,从根本上说是非审美甚至反审美的,简言之是消费主义和享乐主义的变种。"[①] "'日常生活的审美化'表面上是对人的感性的解放,实质上却是工具理性对于人的更为严酷的操控,是在盲目歌颂技术力量的同时,将自由定位在'自由的消费和消费能力',根本否定了人文理性对于人的存在与人类社会发展的重要意义。"[②]

　　美学的日常生活转向使美学的发展获得了崭新的生命力,形成了"五六十年代美学大讨论"和"八十年代美学热"后的又一轮的美学热潮,其辐射范围之广久未闻之,渐已成为人们及整个社会的行事准则,引导人们自身及社会向更完善的方向发展。其不再仅仅表现为对发展速度和规模等数量的要求,而是体现对其质量的追寻。品味、舒适、宜人等成为人们身份认同和社会发展的核心评价标准。单就个人而言,美学的生活转向解放了感性,肯定了身体的价值,为人民大众提供了一种追寻感性生命价值的可能通道,为人们在日常生活中所呈现出的身体审美诉求确立了合法性,为基于身体的感性生命活动的自由伸张确立了理论依据。但矫枉过正,基于理性的超越性美学走下神坛,与人交融的同时,也剥夺了人们的精神信仰和心灵家园。日常生活审美化对身体、感

---

①② 彭锋:《日常生活审美化批判》,《北京大学学报(哲学社会科学版)》2007年第4期。

性的解放，人们对生活品质的追求，社会发展对符号的倚重，受牵制于虚幻、易变、可塑的"数字影像"，呈现为在不断追寻"影像"中流放了精神家园，在欲望的不断狂欢中忘记了生命的价值和存在的意义，在不断流变的能指符号的追逐中疏离了所指的深刻意义。因此，在日常生活审美化的论域中，应该注意到审美的超越性和精神性价值，应该重视其作为人精神家园的守护神的意义，在肯定感性审美的基础上，确立起理性提升的精神引导意义。

## 三、审美灵韵价值的复兴

美学的生活转向使日常生活铺上了一层"迷离"的色彩，炫目多姿，五光十色，魅力十足，极大地激发了人们的生活热情，不断扩充着人们的想象，同时借助电视、网络、移动平台等强势电子媒体的资讯播报，整个社会被营造成一个"虚实相生、真假难辨"的"多元"社会。其为每个个体都提供了可想象的空间，以此实现主体自身的身份建构和社会认同。这种身份的想象及生命存在价值的追索方式可以用鲍德利亚的 simulacrun（模拟的假相）的追逐来概括。这个"假相"不是事实上是什么，而是在想象中应该是什么。其成为现实生活中追逐的对象，同时还规约个体和社会的行为。"以虚代实"成了社会及个人的存在方式。这一点从"中产阶级"的身份想象中便可窥见一斑。中国社会"中产阶级"的提法及构建基于理想社会类型——两头小、中间大的橄榄型社会——的确立，富人阶层和穷人阶层各占两头，中间阶层要成为社会的主体。随着社会经济的发展，社会上对中产阶层的定位也在悄然地发生着变化。中产阶层的具体呈现方式经历了"白领""小资""成功人士""BOBO 族""IF（international free）人士"等一系列的变化，其几乎肯定了每一个人变身为中产阶层的可能性，鲜明地为大众构建了一个可行的、与时俱进的、高品质的人生梦想。然而，这种不断流转的、迷幻色彩的人生现实在不断地激发人们的身份追逐的心理欲望之外，更明显的特质是对表象和想象的崇拜。人们不再考辨表象的真实性，不再顾及表象随着时间沉淀后积蓄下来的本体，不再思量"存"与"是"间的差异，而是沉溺于表象的现实，以娱乐的心态对待各种文化事件，成为"头不顶天、脚不踏地"存于空中的漂浮者。其留给人们更多的是繁华深处的"孤影自怜"和无法回避的"生命虚无感"。

台湾著名女作家朱天文在《世纪末的华丽》中形象地表现出了这种"虚无感"。在这部小说中，作者一方面展示的是色彩斑斓的国际性的都市镜像，另一方面则展示的是主人公在这"美丽迷人"的世界中所产生的虚无感。主人公米亚是一位二十五岁的模特儿，从头到脚用各种不同国家的品牌服饰包装着，在"漂亮""奢华""多彩""高档"的衣饰中肯定自己的存在意义和价值。其纯然就是生活在在一个色彩斑斓的"地球村"，跨越了空间和时间的局限性，高兴地生活在台北、米兰、纽约、巴黎、伦敦等城市里面，极尽视听之阈限，完全沉浸在人本身之外的消费王国中。然而，米亚在小说的结尾处却表现出其生命感受。她说道："当世界到了尽头的时候，所有男人以理性建立起来的所有的系统制度都会完蛋，而我就要用我的纺织和艺术，在深的像海一样的时间中重新塑造我的世界。"① 朱天文在《荒人手记》中同样表现出了这种繁华背后的"虚无"，其写道："这是颓废的年代，这是寓言的年代，我与她牢牢地绑在一起，沉到最低最低了。我以我赤裸之身作为人界所可能接受最败沦德行的底限。在我之上，从黑暗到光明，人欲纵横，色相驰骋；在我之下，出了深渊，还是深渊。"②

从上面两部小说的只言片语中，我们可以发现，除却身体的视听享受，视像表征物的无尽追寻，留给人们的只是深不见底、摸不到边际的"空"。正如李欧梵所言："'感官'也可以说是'色相'。既是'色'，又是'空'。小说的语言非常浮华浓丽，但是到最后却是只落得一场空。"③ 感官所集中的对象是视像，而视像具有虚拟性、流变性、排他性和可替换性，因此视像在不断的转换中忘却了其意指的内涵，而流于视像本身的不断追逐，成为一场没有终点和目标的能指游戏。这在"变"中缺失了"通"的支撑，带给人们的是"根"的消亡，是生命深度的消解，是对构成人类生活场域中存在的时空因素和自然因素的藐视。因此审美不应在消费社会语境下变成符码的流转，转化为影像的相互指涉物，构建成"空中楼阁"，而应恢复其灵韵价值。这灵韵价值不是神圣的光环或超现实存在的灵力，而是"空中楼阁"的"存在基底"；符码、影像存在的历史感，即由过去指向现在并影响未来的生命厚度；对自然的敬畏感和尊重感。其

---

① 朱天文：《世纪末的华丽》，上海译文出版社2010年版。
② 朱天文：《荒人手记》，山东画报出版社2009年版。
③ 李欧梵：《中国现代文学与现代性十讲》，复旦大学出版社2002年版，第101页。

所安放的是人类智慧和精神活动的结晶,是人的生命力的见证。恰如杨春时教授在论及作为后现代语境下生成的"日常生活审美化"问题时所言:"在这种情势下,不是放弃现代美学,接受后现代美学;也不是一味排斥后现代美学,僵化地固守现代美学,而是把后现代美学作为现代美学的一个自我否定的环节,进行否定之否定,重建现代美学,即重建'超越性美学'。"[①]这种重构即使在扬弃的基础上创新,做到"变"中有"通"。

综上所述,在现代与后现代杂糅的语境下,一方面要坚持审美的批判性和超越性,开展对大众文化和日常生活的审美批判,赋予艺术/审美以"形而上性",将其作为现实的批判之维,保存其"真理性"的价值;另一方面则要承认艺术/审美向日常生活转向的现实,正视日常生活审美化论题,肯定艺术/审美的现实根基和生命厚度。

---

① 杨春时:《"日常生活美学"批判与"超越性美学"》,《吉林大学学报(社会科学版)》2010年第1期。

# 身体美学及艺术原发点的审美人类学阐释*

张利群**

（广西师范大学文学院　541004）

**摘　要**：审美人类学通过跨学科交叉研究，旨在"原始以表末"，叩其两端，考察艺术与审美的"人学"，身体问题成为人与艺术关系讨论的聚焦点。人的身体是人类进化与文明生成的结果，身体意义不仅在于作为人的存在与意识关系的载体和本体，而且在于作为人与世界关系的工具、媒介和中介；艺术与审美起源的发生学探讨，不仅需要从工具探索艺术与审美的原发点，而且需要从人自身及其身体探溯艺术与审美的原发点，由此回归艺术与审美生成发展的人类学意义。

**关键词**：身体　身体美学　艺术发生学　原发点　审美人类学

当下审美文化发展与文化研究思潮的兴起，一方面，对推动文化实践发展以形成生活审美化与审美生活化趋向产生重大影响；另一方面，对推动学术转向与理论创新以形成多学科综合研究与跨学科交叉研究的趋势产生重要作用。审美人类学就是在这一背景与思潮中兴起的美学与人类学跨学科结合所形成的交叉学科、综合学科与新兴学科。审美人类学更为关注以人为本的价值取向，更为关注跨学科综合、整合、互补、协作、同构的研究思路与方法，更为关注古今中外贯通、学与术结合、学以致用的视野与视角，更为关注审美发生发展与人类发生发展同步的起源与现状。这种叩其两端、首尾照应、彰显"原始

---

\*　基金项目：2014年广西教育厅社科项目"广西生态艺术产业生产模式研究"，批准号：YB2014040；2015年广西社科项目"广西当代艺术生产方式研究"，批准号：15FZW002。

\*\*　作者简介：张利群（1952—　），湖北罗田人。广西师范大学文学院教授，博士生导师。研究方向：文艺理论与批评、古代文论。

以表末"[①]的研究思路与宗旨研究方式,更有利于揭示审美与人类的关系及审美发生发展的人类学意义与人类发生发展的美学意义。

审美人类学以"原始以表末"的研究方式探讨艺术发生发展,往往聚焦在身体问题上。身体作为人的发生发展的原发点而言,是人的需要与欲望、感性与感觉、生理与心理、肉体与灵魂的载体,也是人与世界关系及其联系的工具、媒介与中介,更是人的生命及其存在、生存的本体。身体作为艺术与审美的发生发展的发生点而言,是审美主体也是审美对象,是审美工具也是审美目的,是美与艺术创作的动力源也是快感与美感结合点。因此,本文试图基于艺术与审美发生发展中的身体问题探讨,阐发以身体作为艺术与审美发生点的以人为本的艺术发生学原理,继而发掘身体对于人及人与世界的审美关系建构的功能和作用,进而揭示身体的人类学及其审美人类学意义。

## 一、身体的构成性、建构性与整体性

身体在当下社会思潮及学界研究中早已形成讨论热点。其社会时代背景主要有三:一是大众文化、时尚文化、广告文化兴起,身体随着需要、欲望、感性、性感、肉体等话题被推波助澜地凸显;二是影视文化、网络文化、动漫文化等新媒介与多媒体生产、展示、传播方式兴起,身体借助传播媒介而聚焦与放大;三是图像时代及视觉文化时代感觉方式与感受方式,推动人体艺术的流行,包括人体绘画、人体摄影、人体艺术表演(舞蹈、杂技、艺术体操等),强化身体的艺术与美学体质及其身体文化、身体美学、视觉文化的功能。其学术背景主要有五:一是文化研究及其审美文化研究以文化唯物主义、物质与精神交融、生活审美化与审美生活化的研究视角切入身体政治、身体话语及其审美意识形态等话题;二是女性主义及其性别批评以女性及其性别视角切入身体写作与阅读、身体解放与身体权利等话题;三是后现代主义在解构逻各斯中心主义之后对感性、感觉、感受、体验、经验的注重昭示身体的回归与重构;四是精神分析及其心理学方法对潜意识发掘及生理心理的构成与建构,引发对身体的本体性与工具性的关注;五是人类学兴起从体质人类学与文化人类学研究视角交

---

[①] 刘勰:《文心雕龙·原道》,范文澜《文心雕龙注》,人民文学出版社 2008 年版,第 3 页。

叉于身体及身体文化研究，民族学、民俗学、文化学、考古学等也从不同学科视角聚焦身体问题。依托这些社会时代背景和研究背景，身体研究首先应该进行元研究，明确身体性质、特征、渊源、定位，才能知其功能、作用、价值、意义以及与之相关的关系。这需要解决身体元研究的三个基本问题。

其一，身体的建构性。正如人类起源与艺术起源、审美起源不是产生而是发生、生成、进化的建构过程，身体也是建构的。体质人类学及史前考古学研究资料表明，人类发生经历了几万年乃至几十万年漫长的新旧石器时期，从时间序列中根本无法认定人类起源的发生点；从猿到人的几十万年的进化更根本无法确定非人即猿或非猿即人的划分点，因为人经历过古猿、南方古猿、能人、直立人、智人（早期、晚期）以及新旧石器时期等人类发生阶段，都处于生物进化与文明进化过程中。由此可知，身体与人类起源发生、生成、进化同步，是一个生成建构的过程。身体无疑所指的是人的身体，而任何个体的身体虽然表面看来是生而有之、生而俱来的，但毫无疑问，个体身体都带有人类的类本质、类特征、类属性。这说明，人类身体并非生而有之、生而俱来的，而是千万年来人类发生、生成、进化的建构结果，也是在劳动及人类社会实践活动创造和改造的结果。恩格斯指出："我们的祖先在从猿转变到人的好几十万年的过程中逐渐学会了使自己的手适应一些动作，这些动作在开始时只能是非常简单的。最低级的野蛮人，甚至那种可以认为已向更加近似野兽的状态倒退而同时身体也退化了的野蛮人，也总还是远远高出于这种过渡期间的生物。在人用手把第一块石头做成刀子以前，可能已经经过很长很长的一段时间，和这段时间相比，我们所知道的历史时间就显得微不足道了。但是具有决定意义的一步完成了：手变得自由了，能够不断地获得新的技巧，而这样获得的较大的灵活性便遗传下来，一代一代地增加着。"[1] 劳动创造人其实就包含着创造人的手及其其他身体。当作为猿猴爬行、跳跃、攀援的前肢在几万年甚至几十万年的劳动改造与人类进化中转变为能够制作和利用工具的双手，当作为猿猴爬行、跳跃的后肢转变为双足而使人直立及行走，这或许就是猿到人的转化及人之所以为人的标志和表征，其中必然包含身体由猿到人的转化及身体也是人之所以为人的标志和表征。因此，基于身体是劳动创造及人类进化的产物，身体既具有自

---

[1] 恩格斯：《自然辩证法》，《马克思恩格斯选集》第三卷，人民出版社1972年版，第509页。

然属性又具有社会属性,既是自然的身体又是文化的身体,既是生成的又是创造的,既是"属人"的又是"人化"的。身体的建构性不仅可以从人类起源的发生学原理及人的个体身体的发生生成中验证,而且也可以从人类进入文明社会后几千年发展历程中身体经劳动改造与文化创造仍然还在不断建构中见出。直至今天,身体建构过程并未结束,只不过几千年的文明建构相对于几十万年的人类进化而言,在身体建构上打下的烙印程度不同而已。从这一角度而论,人类社会发展必然包含人的建构及身体建构,人及其身体的建构是不断完善、完美、健美的全面发展过程。

其二,身体的构成性。身体构成指其要素构成与结构构成。首先,身体构成从"身体"范畴而言,无论是"身之体"构成还是"身"与"体"构成,都应该有其内在结构及构成关系。"身之体"构成既强调了"身"之为"体"的功能性作用与本体论意义,又强调了"身"之为人之"体"的重要作用,人无"身"便无"体",身体是人的生命载体与本体,是人的存在、生存之所,也是人的本质及本质力量所在。"身"与"体"并列关系构成其同义性和同一性,"身"即"体","体"即"身",两者具有互文性,互为阐释,互为一体。如果两者含有一定程度的差异性的话,那么"身"侧重于人之外观形态之身体,"体"侧重于内在结构之身体,形成人之身体的内外结构与构成整体。其次,身体的构成从其"形"的外观形态与呈现状态而言,具有形体、形态、形貌、形状、形象、形式等构成,在表现身体的外形构造的"属人"性、人类性的群体普遍性、一般性基础上,突出作为个体身体的外貌特征与个性特点。再次,身体的构成从其"形"的特征所体现"神"的内在品质形成形神关系,无论是形神兼备还是以形赋神或离形得似,虽然各有侧重,但都指向身体构成的形神关系的认定及其协调。复次,身体构成还内在地呈现为身与心、灵与肉等关系构成,由此深化对于身体构成的理解范围与深度。最后,身体作为人的整体构成,既是人的自然与社会、生理与心理、物质与精神、存在与意识、群体与个体等"类属性"及其"类特征"的载体与本体,也是其表现形态与呈现方式,由此身体构成实质上表征为人的整体构成,是人的本质及本质力量的感性显现方式及人的存在方式与自我确证方式。之所以提出身体的构成性问题,其意义不仅在于辨析"身体"范畴的狭义与广义、内涵与外延、语义与语用等问题,由此摆脱就身体而论身体及单就身体自然性讨论的就事论事的局限性,扩大与拓展身体界定与阐释空间,揭示身体的功能性与目的性的本体意义;而且在于聚焦于"人"的身体及身体的"属人"性"类属性""类本质""类特征"讨论问题,从构成论与建构论研究视角还原身体的人类学意义。

其三,身心一体的整体性。以上所论身体的建构性与构成性已充分说明身体的整体性问题,由此决定身体研究的整体性。以往基于分工及其分类的需要,分门别类的分学科研究是必要和重要的;但随着科学技术发展、生产工具创新、大工业生产方式转型以及研究对象综合性的需要,跨学科、多学科的交叉研究、综合研究与整体研究势在必行。首先,人类学的整体性研究。人类学划分为文化人类学与体质人类学是必要的,使其各自隶属的自然科学与人文科学研究有所侧重,但也有必要相互协作、相互支撑、资源整合、优势互补,形成有机统一的整体研究。事实上,人类学研究对象的人是身心一体的整体的人,既是生物学、生理学、考古学以及生命科学意义上的体质人类学研究对象的人,又是社会学、文化学、心理学以及人文科学意义上的文化人类学研究对象的人。身体既可作为体质人类学的研究对象,亦可作为文化人类学的研究对象,身体构成两者的交叉点及其人类学整体研究。文化人类学研究者必须具备体质人类学知识才能更好地解释人的自然属性与社会属性的本质构成的整体性。因此,人类学不仅应该在人的整体性中确定研究对象,而且也应该在整体性中确定学科的研究方向。其次,以身体作为对象的人的研究应该考虑人文学科以及自然科学的整体性研究,必须将长期以来各学科将人进行分门别类的社会学、文化学、历史学、考古学、心理学、生理学研究资源整合起来,通过跨学科、多学科的交叉、复合、综合研究,深化拓展研究空间与领域。就此而论,不仅人类学研究应该将文化人类学与体质人类学结合,而且应该是多学科、跨学科资源整合,才能做到人的整体性研究。再次,审美人类学开辟美学与人类学结合及其交叉研究途径,美学研究必须运用人类学、生物学、生理学、心理学以及考古学知识才能以实证方式更好地阐释与美与审美、美的本质与感性显现、快感与美感等关系;人类学研究也必须具有审美视域与哲学思辨才能使其研究对象的意义及其实证研究意义深化,拓展人的存在论、价值论、本体论研究空间。因此,审美人类学研究不仅应该使美学与人类学研究结合,而且应该使文化人类学与体质人类学结合,以深化拓展人类学的研究空间。最后,确立身体研究的整体性。基于审美人类学跨学科交叉与综合研究视野,确立人的身心一体的整体性观念，身体研究问题就能够迎刃而解。因此，身体问题研究必须确立三个基本思路，一是从人类学研究而言，人的身心构成往往在生理学与心理学研究对象上进行了区分，但并不能否定身心关系及身心一体的构成性。也就是说，人的生理机能与心理机能互相联系，相辅相成，构成整体。二是从身体在人类发生、生成中的历史建构而言，无论是人的生理还是心理机能及人体的身体构造与外观形态，都是在劳动创造人及其在人类社会实践活动中发生、生成、进化的结果，也是人类文明、文化、人文进化的结果。人类在进化过程中不仅改造对象，而且也改造人自身，使自身"人化""属人化""对象化"。人从猿到人的生成进化过程中，不仅改造了人的身体及其生理机能，而且改造了人的心性及其心理机能。也就是说，人的身体是劳动及人类社会实践的产物，身体打下文明、文化、人文的烙印。从这一角度上说，人的身体是劳动及其文化建构起来的，身体既具有自然性、生理性、生物性，又具有历史性、社会性、文化性，是劳动及人类社会实践活动的产物。身体表征出身体文化、身体哲学、身体美学、身体艺术的审美人类学意义。三是从审美及其美感发生而言，人的生理与心理基础、感觉与知觉的综合、快感与美感的构成以及感性向理性的升华、快感向美感的生成，都离不开以身体为对象、载体、工具、媒介，离不开以身体为基础与条件，离不开身体机能与作用。身体既是人的审美需要、审美创造、美感产生的发生点，又是审美主体、审美工具、审美对象的生成基础与条件。由此可见，身体研究不仅提供人类学新的领域与视野，而且也提供美学研究新的领域与视野，无疑拓展深化了审美人类学研究空间。

## 二、身体作为人的存在与意识的纽带形成艺术审美发生点

以身体作为艺术和审美的发生点，不仅在于回归从人自身阐发艺术起源的发生学原理及其艺术与人类发生同步观念，而且在于建构以人为本的人类学艺术观和审美观，还原文学艺术与审美作为"人学"的本原、本源、本质及其功能、价值的人类学意义，形成文学人类学、艺术人类学、审美人类学研究价值取向。以身体作为艺术和审美的发生点，其理由主要在于三方面。

其一，身体是人的自我确证与群类认同的重要标识。人之所以为人有许多标识，以标志人类起源，诸如工具、劳动、群居、直立、语言、文明、文化、符号

等，使人区别于动物。这些标志无疑都与人有关，甚至直接与人的身体有关，如直立、语言等。由此，身体是人之所以为人的标识和标志，是人的载体和本体，是人类起源的发生点。人类起源于劳动，劳动不仅改造世界而且改造人自身，改造人的身体。身体既是劳动的产物，也是劳动的基础条件；既是人类进化的结果，也是推动人类进化的依据。因此，身体的"人化""人类化""属人性"进化过程实质上也是人类的进化过程，身体成为人类直观自身、自我确证与群类认同、本质认定统一的标志。人类发生并非作为个体发生，而是作为"类"发生，在其"类本质""类特征""类属性"的自我确证与群类认同中进行，主要依据人的形态、体貌、形象的身体特征而聚合群居形成人类，继而区分同类与异类。身体成为人之所以为人的载体与本体，不仅使人类逐步从自然界及其动物界分离出来，而且"人以群分，物以类聚"，使人类基于自我确证与群类认同而生成和强化了人类性、群体性与主体性。马克思指出："作为类意识，人确证自己的现实的社会生活，并且只是在思维中复现自己的现实存在；反之，类存在则在类意识中确证自己，并且在自己的普遍性中作为思维着的存在物自为地存在着。"① 因此，人类必须建立在"类"的自我确证与群类认同的基础上，同时也表征为身体的自我确证与群类认同，一方面使身体不断"人化""人类化""属人性"；另一方面使身体更为优化、优良和强健有力，以保证优胜劣汰的生存力、竞争力与种族繁衍力。拉康曾以"镜像理论"说明婴儿面对镜子中的"镜像"如何通过直观自身建构自我以及自我与"他者"、人与外界的关系，并在自我确证基础上如何建构主体的过程。从这一角度延伸，也说明了作为群类的人类发生及主体建构过程。其意义在于，个体通过自我确证与群类认同而发生"类"意识，不仅在区分同类与异类中强化自我确证与群体认同，而且确立起个体与群体、自我与"他者"、人与世界的关系，更为重要的是，逐步确立起以人为主体的感觉与认知自我与外界的视角。从"镜像"中不仅建构自我意识，而且建构人类意识，一方面是在自我与"他者"关系中建构自我，另一方面是源自人的直观自身与自我确证。无论通过"他者"反观自身还是直观自身，既包含自省、自觉、自立因素，又含有自我肯定与自我确证的因素，其中当然也包

---

① 马克思：《1844年经济学哲学手稿》，《马克思恩格斯全集》第四十二卷，人民出版社1979年版，第123页。

含直观自身人的审美创造与欣赏的因素。明乎此理,大体可知"照镜子"无论作为人类生活的普遍现象还是作为一种艺术意象与审美意象所寓含的意义了。"照镜子"不仅是为了梳妆打扮、正装正容,而且是为了自我欣赏、自我审美的"审己",实质上正是人的直观自身与自我确证的审美方式,这种"审己"的审美方式正是基于身体并以之作为审美的发生点。

其二,身体作为人的存在与意识的纽带。在史前人类进化过程中,一方面身体作为猿向人转化的标识,标志着人的存在,亦即人的存在表征为身体的存在,身体承载人的存在所有内容,包括形态与神态、生命与意志、本质与现象、生理与心理、感知与意识、物质与精神等身心一体构成内容。同时,人的存在必然也是人的意向性存在与意识到的存在,由此证明人的存在与意识具有双向同构性,人的存在决定意识,意识确认人的存在,在这一意义上说意识决定人的存在。身体由此成为人的存在与意识双向同构与互相交融的载体和平台。另一方面,身体是人与世界关系的纽带,基于身体的劳动及其人类社会实践活动必然呈现物质与精神浑然一体的状况,不仅证明表征于身体的人的存在与意识在劳动及人类实践活动中同步发生,而且也证明依托于身体的美与美感同步发生。因此,基于身体的人的存在与意识使其劳动及人类社会实践活动具有"属人"性质与属性,成为"人"的劳动及人类社会实践活动,由此形成人区别于动物、人类社会实践活动区别于动物活动的特征,构成人类社会实践活动的自觉性、意识性与目的性。马克思指出:"最蹩脚的建筑师从一开始就比最灵巧的蜜蜂高明的地方,是他在用蜂蜡建筑蜂房以前,已经在自己的头脑中把它建成了。……他不仅使自然物发生形式变化,同时他还在自然物中实现自己的目的。"① 劳动作为人的自觉的、有意识的、有目的的人类社会实践活动,不仅使之区别于其他动物活动,而且在于确定人类社会实践活动的主体性、意向性与自觉性的意识作用,将活动导向人预先设置的目标目的,从而在实现实用功利性目的的同时也实现人的本质"对象化"及自我确证所带来的生理快感、心理舒适与情感愉悦的目的。同时,人类通过劳动改造世界的同时也改造自身,不仅按人类需要与意识改造世界,而且按人类需要与劳动需要塑造人自身,改造人的身体,形成基于身体的人的存在与意识的双向同构性及身心一体的身体

---

① 马克思:《资本论》第一卷,《马克思恩格斯全集》第二十三卷,人民出版社1972年版,第202页。

建构性与构成性。

其三，以身体作为艺术与审美的发生点。人的身体既是人类在劳动中逐渐生成和进化的产物，又是展现人类本质及本质力量的载体与本体，更是人的直观自身与自我确证及"对象化"的产物。因此，人的身体不仅仅是自然的产物，而且是社会的、文化的、劳动的产物，本质上身体应该作为"人"来看待，即身体的"人化""人类化""对象化"。身体既承载了人的欲望、需要、生命、感觉、意识、行为、感性所表征的人的本质与本质力量，又成为人直观自身与自我确证的对象，成为回归"审己"的审美发生点。马克思指出："人作为自然存在物，而且作为有生命的自然存在物，……说人是肉体的、有生命的、现实的、感性的、对象性的存在物，这就等于说，人有现实的、感性的对象作为自己的本质即自己的生命表现的对象；或者说，人只有凭借现实的、感性的对象才能表现自己的生命。"① 人作为存在，身体既是其存在的本体，也是存在的载体与实体；既是感觉感受存在的对象，也是存在的意识主体。故此，身体是身心一体的人的存在与意识统一。以身体作为直观自身与自我确证的审美原发点，以身体作为审美对象与艺术对象，使身体也就成为人类创造的审美品与艺术品。伊格尔顿认为："美学是作为有关肉体的话语而诞生的。"② 这充分说明了审美发生与身体及其感性、感觉的关系，尤其对于史前人类及其前艺术、前审美而言更是如此。史前人类更多地基于身体来认知和把握世界及人自身，其观照与体验方式构成人与世界关系的最基本的感觉与体验方式。这其中既包含审美观照与艺术体验因素，又逐步转化为审美观照与艺术体验方式，由此在对人与世界的双重观照与体验中达到改造世界与改造人自身的目的，从而也达到人的本质对象化和自我确证的目的。这种基于身体的审美观照与艺术体验方式，通过身体的"人化"和"人类化"的发生和进化过程，在其生理与心理、体貌与形象、体质与本质的普遍性与差异性关系中确立了人类优化和选择的价值取向及审美取向。人类在改造世界过程中确立以人为本的价值取向的同时，也建构起改造人自身的以人为美的审美价值取向，形成建立在人与世界关系上的审美观

---

① 马克思：《1844年经济学哲学手稿》，《马克思恩格斯全集》第四十二卷，第169页。
② 特里·伊格尔顿著，王杰、傅德根、麦永雄译：《审美意识形态》，广西师范大学出版社2001年版，第1页。

照与艺术体验方式，也形成基于身体的审美建构的艺术发生机制。在人类发生过程中，劳动创造人也意味着改造和创造人的身体及身体感觉；劳动创造美也意味着创造以身体为载体的人体美；劳动创造艺术也意味着创造以身体为载体的人体艺术。因此，艺术起源与人类起源同步的发生学探讨，艺术与审美的发生无疑指向人及其身体的原发点。这既有利于更好推动人类的种族繁衍和优胜劣汰选择，也有利于推动人类的自我完善与自身完美。

## 三、由内向外的推人及神与推己及物的人与世界关系建构

以上讨论身体问题侧重于从人改造自身及身体内部结构的探讨，但并未脱离身体在人类社会实践活动中所缔结的人与世界关系语境；下面侧重于从人类改造世界所构成的身体与外部世界关系视角，讨论以身体作为媒介的由内向外的推人及神与推己及物的人与世界关系建构方式的生成。

其一，身体作为人与世界的接触媒介及感知世界的工具。身体既是人存在及其本质力量的感性显现的本体，又是人接触世界的工具及人与世界关系的媒介与中介。人类除制作和利用工具以便更好接触和改造世界外，身体本身也具有工具性功能作用，尤其是史前人类更多地借助身体为工具直接面对世界，并以之接触和改造世界。身体作为工具的理由在于：一是人必须依凭身体及其五官感觉与手足动作接触与体验世界，以人工、手工改造世界，身体成为人可资利用的最为直接的工具，而且通过实践活动使之身心一体，更为灵活、灵巧，更为聪明、智慧，更好地实现工具性与目的性直接统一的效能；二是工具制作与利用都离不开人及其身体，身体与工具的配合与协调构成两者的密不可分的关系，从这一角度看，身体是工具不可缺少的构成内容；三是工具按照人的需要、人与世界关系的需要、人改造世界的需要制作与利用，工具实质上是人的本质及其本质力量的"对象化"和"人化"，因此工具可谓人的身体及其五官与手足的延伸，是身体功能作用的扩展。由此可以认定，身体是人接触、感知、改造世界的最原始、最基本、最直接的工具，同时也是制作利用工具的主体及身体与工具不可分割的统一体。

其二，身心一体的原始崇拜中推人及神的接触世界方式。在史前人类与自然的对立统一关系中普遍产生的"泛神论"意识以及自然崇拜、图腾崇拜、

神灵崇拜等原始巫术与原始宗教观念，固然能够反映出人类因其自身力量弱小及其认知局限性所产生对自然的敬畏之情与神秘之感，但也可以从中也窥见人类其实是按照自身形象及其需求与愿望所建构的图腾、神灵、自然等拟人化形象。史前人类崇拜敬畏意识发生的心理机制，一方面源自人与自然的矛盾冲突，基于人自身的存在、生存、发展需求而希望获得神灵相助以缓解与解决矛盾；另一方面源自人与自然关系的对立统一性，人既力图摆脱自然又试图回归自然，既敬畏自然又亲和自然，既顺应自然又改造自然，既依赖自然又独立于自然，因此对于身体的认知既是自然的又是人类的，既是神灵赋予的又是人自身的，既是弱者又是强者；再一方面源自人与自然密不可分相关性及其表象思维认知，以"天人合一""物我为一""心物交感"的浑然一体状态，由此生成人神一体的图腾、神灵、自然意识。因此，人与自然关系一方面折射出人自身及其人与自我关系，是人的身心一体与形神兼备的关系；另一方面人与自然矛盾也折射出人自身矛盾及其身心、形神矛盾。矛盾协调以导向和谐，使人与自然关系与人自身的身心、形神关系具有双向同构性。人的身心、形神"对象化"为神灵，赋予其"人化"及其人格化、拟人化特征；神灵向人的身心、形神生成，由此构成人神一体关系。由此可见，人类对图腾、神灵、自然的原始崇拜不仅是为了解决人与自然的矛盾，而且也是为了解决人的自身矛盾。从人与自然关系而言，这既是为了解决人与自然矛盾而借助于神灵力量，使人具有超自然力，由此增强人的本质力量及其改造自然的能力；又是借助神灵保护以调和人与自然关系，使之导向协调与和谐。从人自身的身心、形神关系而言，这既需要在人与自然矛盾中借助神灵而获得心理慰藉与精神补偿，以缓解心理压力、焦虑与矛盾，又需要借助神灵而获得人自身的生理与心理协调，达到身心一体、形神俱备的目的。从这一角度而论，神灵发生是在人与自然关系和人与自我关系的双重推动下的结果，人的神灵化与自然的神灵化及其自然神灵的拟人化都是双向同构、互动共生的结果，是人类社会实践活动改造世界与改造人自身的结果。人类自原始进入文明后，史前神灵崇拜的神事逐渐转化为人事，但神灵一方面仍在宗教及其民俗中留下痕迹；另一方面转化为人的本质属性及其人性构成要素，形成人性构成的自然性（生物、动物、生理性本能，但也带有人的自然性的人性特征）、社会性（伦理、道德、文化构成人性）、神性（宗教、文艺、审美构成的信仰系统与理想追求），由此构成身心一体、形神兼备的人的完整性。由此可见，原始图腾、神灵、自然崇拜的造神运动，都是基于人的需要及其按照人的身心、形神以造神，与其说造神，不如说造人，由此缔结人与神的关系。依据人神关系塑造图腾、神灵、自然等崇拜对象，希望神灵能够赋予人以神性、神力与超自然力，由此将神灵人化、拟人化与对象化；依据人与自然关系，以人之身心、形神将自然人化，赋予天地万物拟人化、人格化与"对象化"特征。造神、塑神的最终目的回归造人、塑人，并以造人、塑人而改造自然、塑造世界。也就是说，人依照自身形象塑造神灵，塑造世界。人类不仅依据自身需要通过原始巫术、原始宗教产生神灵、鬼魂、图腾，而且在其崇拜与祭祀仪式中所派生出音乐、舞蹈、绘画、诗歌等祭祀形式，产生敬神、乐神、娱神的功能作用，由此形成艺术起源的发生点，构成前艺术形态，此后从原始宗教巫术及其仪式中分离出来，独立出艺术形式。主持仪式的巫师及其崇拜者进入神灵附体、神灵代言、人神交织的如痴如梦的迷狂状态，表面上似乎是人在模仿神灵的言行举止的代言、代步、代身，而事实上却正是还原人的"对象化"与神的"人化"。与其说人模仿神灵，不如说神灵模仿人而塑形。

其三，推己及物的人与世界关系建构。人与世界的关系建立在双向共生与双向同构基础上，而以人的存在及其社会实践活动为立足点所建构的以人为中心、以人的需要及其意向性指向的身体，成为人与世界关系的纽带，从而使世界成为身体体验与感知的世界，人的视域中的世界，建构起以人为本的人与世界关系的视角及其艺术与审美的发生点。建立在以人的身体为本体、载体、本原基础上的艺术与审美的发生点，立足于从以人为本的立足点出发进行人类社会实践活动，由此认识世界与改造世界，并形成推己及人、推人及物的由内向外的内窥—外观的认知方式。"近取诸身，远取诸物"[①]，就成为自然"人化"、世界万物"拟人化"与人类社会实践活动"对象化"的人的自我确证与自我肯定的方式，也就成为美与审美关系的呈现方式、理念的感性显现方式与人的本质及其本质力量"对象化"方式。如关于形式美发生及其原因的探讨，确实需要从世界万事万物现象的千姿百态与变化万千的形态与构成中反映、感受和认识，但必须基于人的身体的身心体验才能接触与感知。当然，更需基于人对自身的身体体验及其功能的认知，以及表象与抽象思维，从直观自身到反观外物

---

① 《周易·系辞下》，据《十三经注疏》本《周易正义》。

再到返观自身的循环往复,逐步形成具象与抽象、表象与本质的概括、归纳、演绎、分类、比较能力,才能获得形式及其形式构成的线条、色彩、形状、声音、节奏、韵律、图形等意识。可见形式与形式感、形式美与形式美感、美与美感是双向共生与双向同构的。如果不具备人类思维与感觉方式的表象与抽象、分类与综合、比较与区别、简化与符号化、归纳与演绎等素质与能力所构建的形式感与形式美感,显然也不可能以之形式作为感受与认知对象,也就难以构成形式及其形式美。由此进一步追溯形式与形式感、形式美与形式美感发生的源头,终究落实在人自身及其身体上。依托于身体的人的形体、形态、体貌等生理构造的人体形象,人的行为、动作、活动等人体运动的生理机能与心理节律,不仅在于构成对线条、色彩、形状、声音等形式要素的认知及其形式感,而且也在于形成形式、形式构成与形式美的发生点。从人的身体构造的双眼、双耳、双手、双足的形态、功能及其动作与运动,人类认知对称、平衡、均匀、和谐、协调、节奏、韵律、交叉、错落以及参差与整齐、多样与统一、复杂与简单、动静与快慢等关系的形式构成与形式美原则,并与之双向同构相应产生形式感与形式美感。由此以人的形式构成及其形式美为原发点,继而推及万事万物及人与世界关系,由之形成外观世界万事万物的形式、形式构成、形式美的普遍规律和原则。这既是人的形式构成之本质"对象化"与"人化"结果,又是相应于人的形式感及其形式美感双向同构的结果。

人类在改造对象世界中改造自身、复现自身、直观自身,通过劳动创造世界与人自身,既使人以对象世界作为审美与艺术对象,又使人自身成为审美与艺术对象。人类审美活动不仅以对象世界作为审美对象,通过移情、想象、象征、比兴等方式塑造艺术形象,使其拟人化和"对象化",由此反观自身与确证自我;而且直接将自身作为审美对象以直观自身,通过文身、服饰、装饰、化妆、美容、健体、养身、修养等方式塑造人的身体及其自身形象,既获得身心健美的目的,又获得身心愉悦的效果,以实现人类身心审美建构的目标。由此可见,审美人类学研究旨在以艺术与审美作为人类生成发展的重要驱动机制,推动人类不断进化、完善、完美,由此回归和导向以人为本的原发点与落脚点。

# "琴心剑胆"：论《溪山琴况》审美范畴对古典兵学思想的接受

## 王 婧

（武汉大学文学院 430072）

**摘 要**：明末清初，由著名琴家徐上瀛所著的《溪山琴况》集古琴美学思想之大成，系统而详尽地论述了古琴艺术的美学原则。武举出身的徐上瀛深谙古典兵学，其审美观念对古典兵学思想有所接受。该著蕴含"道""轻重""虚实""奇正""动静"等与古典兵学思想相融通且颇具辩证色彩的审美范畴。作者由"道"入"技"，在有着严格的规律与章法意识的前提下为我们展现了指法与琴音的变化之妙，让人领略古琴艺术之美。

**关键词**：《溪山琴况》 审美范畴 古典兵学

《溪山琴况》（以下简称《琴况》）是我国古代重要的音乐美学名著，它系统而详尽地论述了古琴艺术的美学原则，与《乐记》《声无哀乐论》一起，成为我国古代音乐美学思想鼎盛时期的代表性论著。《琴况》的作者徐上瀛，号青山，明末娄东（今江苏太仓）人，明朝灭亡后更名为谼。在对《琴况》的研究中，人们往往忽略了作者曾经的武举身份。徐上瀛武举出身，不但武艺高超，且擅古琴、工笔法。在那个风雨如晦、动荡不安的年代，曾经"弃琴仗剑，诣军门，请自效"(陆符《大还阁琴谱序》)。随后，他被派遣留守长江。因这并不是他的志向，所以请辞离去。从此在僧寺归隐，与古琴为伴。

自北宋朝廷颁布《武经七书》作为官方兵法丛书以来，此丛书即成为武举试士必备的兵书教材。既然徐上瀛武举出身，他的兵学素养对其古琴实践与理论有深刻影响便不足为奇。《琴况》中一些有关古琴演奏技法的审美范畴明显受到古典兵学思想的浸染,故而体现出作者独特的审美观念。

## 一、琴之"道"

《琴况》饱含徐上瀛对古琴艺术的探索与实践经验。武举出身的作者曾经受过严格的军事训练,所以有着较强的规则与法度意识。在兵学理论及思维的影响下,《琴况》也有着较为严密的理论建构。作者相当重视古琴演奏的整体规律与章法,即琴之"道"。徐上瀛在该著的首篇便提到:"音有律,或在徽,或不在徽,固有分数以定位。若混而不明,和于何出?篇中有度,句中有候,字中有肯,音理甚微。若紊而无序,和又何生?"("和"况)在他看来,音乐技术理论具有相当的严密性,体现在每首琴曲的结构、乐句以及字的音位都要遵循一定的规律,一旦打破,"和"便无从谈起。因此,弹琴之人最重视的是"和",而"和"的产生又万万离不开规律,作者对规律的高度重视可见一斑。另外,在"清"况中,作者还讲道:"故欲得其清调者,必以贞、静、宏、远为度,然后按以气候。"[①]凌其阵等的《〈溪山琴况〉译注》将气候解释为一种对乐曲组织的比喻。"如曲调的抑扬,段落的起伏,节奏的快慢,速度的缓急等,要像四时气候变化一样有着一定的规律。"[②]另外,从"古"况中徐上瀛援引《乐志》(苏夔著,见《唐书》)上的记载就可以看出,那个时代人们对音乐的规律给予了足够的重视。因为《乐志》的作者就如何把音乐引向正路而不受俗乐的干扰这一问题提出了自己的看法:"必也黄钟以生之,中正以平之,确乎郑卫不能入也。"("古"况)对于声律的标准音,一定要取用黄钟,并采用中正平和的节奏,避免掺入郑卫之音。

在古典兵学中,我们能够推寻到作者这一思想特点的来源。如孙膑对战争的规律即给予了高度的重视,他很善于研究和把握战争中的规律,并且把战争中具有规律性的东西命名为"道"。《孙膑兵法·威王问》:"孙子曰:'明主、知道之将,不以众卒几功。'"[③]贤明的君主和通晓作战规律的将帅,不会指望众

---

① 蔡仲德:《中国音乐美学史资料注译》,人民音乐出版社2004年版,第741页。
② 凌其阵、杜六石、傅景瑞:《〈溪山琴况〉译注》,《乐府新声》1983年第1—2期。
③ 骈宇骞等译注:《孙子兵法·孙膑兵法》,中华书局2006年版,第135页。

多一般的士卒来取胜。《孙膑兵法·选卒》云："知道，胜……不知道，不胜。"①意即懂得战争规律和原则之人能够取胜。《孙膑兵法·月战》云："故得其道，则虽欲生不可得也。"② 所以，只要掌握了战争的规律，敌人想逃生也是不可能的。《孙膑兵法·八阵》："夫安万乘国，广万乘王，全万乘之民命者，唯知道。"③ 要想巩固万乘之国的地位，扩大万乘之国君主的影响，保障万乘之国百姓的生命安全，必须懂得战争的规律和原则。《孙膑兵法·势备》："知其道者，兵有功，主有名。"④ 懂得战争的规律，作战才会有战果，君主才会有名望。孙膑这种严格按规律行事的思想，不仅对《孙子兵法》的相关理念有所继承与发展，也对我国古代军事思想产生了深远的影响。武举出身的徐上瀛显然对这一思想有所接纳和吸收，着眼于古琴演奏的根本规律。

此外，《司马法》中总结道："凡战，权也，斗勇也，陈巧也。"⑤ 意思是，所有的战争都要讲求灵活的手段，要充满斗志和勇气，并且在作战部署方面要讲求机巧安排。这与徐上瀛认为弹琴要有灵活的手指，要有力量，也要掌握演奏的技巧等思想相契合："惟是指节炼至坚实，极其灵活，动必神速。不但急中赖其滑机，而缓中亦欲藏其滑机也。故吟、猱、绰、注之间当若泉之滚滚，而往来上下之际更如风之发发。"（"溜"况）作者由"道"入"技"，为我们进一步展示古琴艺术之美。

## 二、运指之"轻重"

徐上瀛认为，在弹琴中必须处理好轻与重的关系。否则，"落指重浊"或"取音粗厉"都会落入俗态，难登大雅之堂。并且他在"清"况中谈道："是以节奏有迟速之辨，吟猱有缓急之别。"凌其阵等译注的《琴况》在注释中指出"吟猱"的含义："吟是用左手手指，在取音的徽位上左右摇动，取轻清的颤音，有如吟哦之声；猱如上法，手指摇动幅度较大，取苍劲的颤音。"⑥ 因此，在古琴弹

---

① 骈宇骞等译注：《孙子兵法·孙膑兵法》，第 147 页。
② 同上书，第 154 页。
③ 同上书，第 157 页。
④ 同上书，第 172 页。
⑤ 周百义译：《武经七书》，黑龙江人民出版社 1991 年版，第 121 页。
⑥ 凌其阵、杜六石、傅景瑞：《溪山琴况译注》，《乐府新声》1983 年第 1—2 期。

奏的指法中，轻与重是有严格区分的。

徐上瀛在总结"亮"况时提到："左右手指既造就清实，出有金石声，然后可拟一'亮'字。"① 作者认为，"亮"的获得先要取决于清劲坚实的十指，并能够弹出金石之声，而"唯在沉细之际而更发其光明"（"亮"况）。弹琴时取音或深沉，或细微，在这种变化中"亮"才愈显其光辉。此外，琴音缓急有别，手指要配合地恰到好处。若没有准确掌握指法的灵活度，就不能弹出妙音："音在缓急，指欲随应，苟非握其滑机，则不能成其妙。"（"溜"况）所以，下指有轻有重，声音才有高有低，"第指有重轻则声有高下，而幽微之后理宜发扬"（"重"况）。若想弹奏出美妙的琴音，必须把握轻重之间变化的度。"倘指势太猛则露杀伐之响，气盈胸臆则出刚暴之声。"（"重"况）而这种审美标准的最终目的在于弹出中和的正音："要知轻不浮，轻中之中和也；重不煞，重中之中和也。故轻重者，中和之变音；而所以轻重者，中和之正音也。"（"轻"况）我们需要明白的是，轻中之中和在于轻而不浮；重中之中和在于重而不煞。因此，轻音和重音皆是中和的变音，之所以要有轻有重，正是为了弹出正音的中和性。

作者首先明确了古琴轻重音的指法，然后指出指法的决定因素，接着强调如何把握轻重之间变化的度，最后点明取音有轻有重的目的，思想可谓连贯而缜密，而作者在古琴技艺审美中所体现的轻重观与古典兵学中的轻重说不无关联。

作为《武经七书》之一的《司马法》，在其军事思想中也蕴涵着轻与重辩证关系的统一。《司马法》主张克敌制胜的关键在于对轻重关系的协调与平衡。若充分认识并处理好二者之间的关系，要"相为轻重"。"凡战：以轻行轻则危，以重行重则无攻。以轻行重则败，以重行轻则战，故战相为轻重。"② 作者分析，在所有的作战指挥中，如果不能在"轻地"与敌后的"重地"行军中安排好轻、重兵力，后果不堪设想。所以，作战在战术上要轻重互相并用。在作战的节奏方面，要根据情况分清轻重缓急，因为"奏鼓轻，舒鼓重"。③ 正因为急奏的鼓，节多，音就急速轻短；舒击的鼓，节少，音就宽缓徐重。由此看来，《司马法》的轻重说不仅在军事史与哲学史上具有积极意义，其辩证思想也影响到徐上瀛对古琴艺术的总结。

---

① 蔡仲德：《中国音乐美学史资料注译》，第754页。
② 周百义译：《武经七书》，第130页。
③ 同上书，第131页。

## 三、按弦之"虚实"

《琴况》关于演奏技法的另一审美范畴是"虚实",其对古典兵学思想亦有所接受。关于古琴的弹奏技巧,徐上瀛非常重视虚与实的辩证关系。他在"清"况中写道:"然后按以气候,从容婉转。候宜逗留,则将少息以俟之;候宜紧促,则用疾急以迎之。"①"少息"与"疾急"是弹奏古琴的两种指法,一个间歇,一个急弹,分别表现节奏的慢与快。间歇逗留为"虚",紧促急弹为"实",以此来体现旋律的变化与丰富。但也要做到虚实有度,掌握正确的指法,不可盲目处理虚与实的关系,所以按弦该实时,切不可虚,否则下指柔懦,势难灵活。正所谓"若按弦虚浮,指必柔懦,势难于溜"("溜"况)。该虚时,实也不可。"右指靠弦则音钝而木,故曰:'指必甲尖,弦必悬落。'"("健"况)右手手指离弦很近,琴音就会具有钝感且麻木声闷。所以说,势必要用甲尖弹弦,入弦时要作悬落状。

古典兵学所涉及的"虚实"之辩证观念有章可循。唐太宗对《孙子兵法》给予很高的评价,并且认为整部兵书的论述以"虚实"为中心,如果用兵能分清虚实,则战无不胜。"太宗曰:'朕观诸兵书,无出孙武,孙武十三篇,无出虚实。夫用兵识虚实之势,则无不胜焉。'"②由此可见,"虚实"是《孙子兵法》的核心概念。以典型例子为证,《孙子兵法·虚实篇》中讲道:"夫兵形象水,水之形,避高而趋下;兵之形,避实而击虚。"③作战取胜的方法在于避开设防坚实的地方而攻击其薄弱的环节。作者对虚实之间的辩证关系有着深刻的认识与见解,兵不厌诈,所以战争取胜的关键在于对虚实的正确判断,其对虚实这一核心问题的阐释影响到徐上瀛对古琴弹奏技巧的体会与认知。

## 四、琴音之"奇正"

徐上瀛对琴曲中正音与奇音的含义是这样界定的:"疏疏淡淡,其音得中正和平者,是为正音,《阳春》《佩兰》之曲是也;忽然变急,其音又系最精最妙

---

① 蔡仲德:《中国音乐美学史资料注译》,第741页。
② 周百义译:《武经七书》,第167页。
③ 骈宇骞等译注:《孙子兵法·孙膑兵法》,第42页。

者,是为奇音,《雉朝飞》《乌夜啼》之操是也。"("速"况)在作者看来,"正音"的音节具有疏疏淡淡的特点,其音乐给人以中正平和之感。而"奇音"在琴音中是最精妙的,其节奏会从疏淡忽然变急。

琴音有"奇""正"间的转换之妙,"奇正"这一审美范畴对古典兵学中的"奇正"观有所吸纳与接受。许多兵书对"奇正"问题都有过详细地探讨,如《孙子兵法·势篇》云:"凡战者,以正合,以奇胜。"① 对一般的作战来讲,都是以"正"兵会合交战,而用"奇"兵出奇制胜的。骈宇骞等译注的《孙子兵法·孙膑兵法》一书将"奇正"解释为古代军队作战的方法:"奇,指变化无端、出敌不意的作战方法。正,指正规的和一般的作战方法。"②

又如,《唐太宗李卫公问对》(以下简称《问对》)也是一部著名的古代兵书,为《武经七书》之一。书中对"奇正"问题也有自己独到的见解,"奇正"主要是指正确地使用兵力和灵活的变换战术。"善用兵者,无不正,无不奇。使敌莫测,故正亦胜,奇亦胜。"③ 李靖认为,凡是擅长用兵的将军,没有不用正兵,也没有不用奇兵的。他们使用的是奇是正,令敌人无法揣测,所以他们指挥作战,无论奇兵还是正兵,都能取得胜利。《问对》一书中又说:"其正如山,其奇如雷。"④ 李靖认为,正兵像山,奇兵像雷,意即前者具有不动摇的特性,后者则行动迅速。李靖又说:"夫正兵受之于君,奇兵将所自出。"⑤ 所以,正兵乃君王授予,而奇兵的运用是出自将帅自己的意志。分和变通,完全听从将的命令。

由此看来,在古典兵学中,"奇正"的意义不仅关涉作战方法和战术,也涵盖士兵的分类。但"正"的正规与一般性和"奇"的灵活、变化性则是共通的。徐上瀛对奇音与正音的界定与描述,与兵法中的奇正观念有异曲同工之处。

## 五、心态之"动静"

"动静"是《琴况》有关演奏技巧的另一重要审美范畴。"抚琴卜静处亦何

---

① 骈宇骞等译注:《孙子兵法·孙膑兵法》,第31页。
② 同上书,第30页。
③ 周百义译:《武经七书》,第148页。
④ 同上书,第172页。
⑤ 同上书,第149页。

难?独难于运指之静。然指动而求声恶乎得静?余则曰,政在声中求静耳。"("静"况)徐上瀛认为,在僻静的地方弹琴是件非常容易的事情,困难在于运指拨弦之时达到"静"的状态。然而指动才能发声,又如何取得"静"的效果呢?作者认为"静"正存在于琴声之中。事实上,作者理想中的"虽急而不乱,多而不繁"的效果不纯乎技巧呈现,它与主体的心态密切相关。在古琴的弹奏过程中存在着静与动的辩证关系,这一审美观念融会了古典兵学的相关思想。

《孙子兵法》一书对动与静的关系有许多独到的论述。如《孙子兵法·行军篇》云:"敌近而静者,恃其险也;远而挑战者,欲人之进也……众树动者,来也……旌旗动者,乱也。"[1]敌人距我很近而悄无声息,说明险要的地势已被敌人占据;敌人离得很远却敢于向我挑战,目的在于引诱我前进。许多树木枝叶摇动,是敌人隐蔽前来;敌人的旗帜摇动不整,是敌军队伍混乱的表现。孙武从现实经验出发,告诫人们要通过动与静的变化来甄别假象。又如,《孙子兵法·军争篇》云:"以治待乱,以静待哗,此治心者也。"[2]这说明,要想掌握军心,必须要用规整来对待敌人的混乱,用沉静安稳来对待敌人的浮躁和喧哗。再如,《孙子兵法·九地篇》云:"将军之事,静以幽,正以治。"[3]这就表明,作为将军,带兵作战要沉着冷静而幽深莫测,要端庄持重,有条不紊。《孙子兵法·九地篇》又云:"是故始如处女,敌人开户;后如脱兔,敌不及拒。"[4]所以,战争伊始就要像处女那般安稳沉静;要相时而动,抓住机会,动如脱兔,不容敌人反抗。

《孙子兵法》不仅对行军作战中的动静现象有着详细的区分,而且阐明了掌握军心的正确方法,以及作为将领应有的心理状态,最后提到战争中动静结合的灵活的作战方法,策略可谓极具妙法。此种对将领的要求同样适应于古琴的演奏主体,无论行军打仗还是弹奏古琴,都要求主体沉静而端庄,有条不紊,方能取得理想的效果。另外,用严整对待敌人的混乱,用沉静对付敌人的躁动,这种正确掌握军心的方法亦与徐上瀛指动而发声,在琴声中求"静"的观念相契合。因此,表面看来,"动静"这一审美范畴关涉的是指法问题,指法的

---

[1] 骈宇骞等译注:《孙子兵法·孙膑兵法》,第65页。
[2] 同上书,第50页。
[3] 同上书,第85页。
[4] 同上书,第90页。

变化造就了动静的区别状态。而往深处推究,其实质是弹奏者的心态问题,它关乎主体的心理状态、修养及境界。

## 六、余 论

综观以上古琴演奏技法的审美范畴,其实无论是"奇正""轻重",抑或"动静""虚实",全部体现了琴音与指法的变化之妙。因为指法技巧的"奇正""轻重""动静""虚实",正是指法灵活多变与曲调旋律丰富而变化的集中体现。"指法有重则有轻,如天地之有阴阳也;有迟则有速,如四时之有寒暑也。"("速"况)徐上瀛认为,指法的轻重之分犹如天地有阴与阳的区别;快慢有别,如同四季中有寒暑的区分。"若迟而无速,则以何声为结构?"("速"况)倘若一首琴曲只有慢而没有快,那么怎样才能表现节奏的变化呢?因此,指法有轻有重,曲调有慢有快,这种变化与自然之中的阴阳与寒暑交替现象是相通的。另外,作者极力强调和推崇在各种指法的作用下,乐曲所呈现的变化莫测之妙,他在"溜"况中提到:"筋力既到,而用之吟猱则音圆,用之绰注上下则音应,用之迟速跌宕则音活。自此精进,则能变化莫测,安往而不得其妙哉!"①

在《孙子兵法》一书中,作者孙武也观察到了变化的作用。《孙子兵法·虚实篇》云:"故兵无常势,水无常形;能因敌变化而取胜者,谓之神。故五行无常胜,四时无常位,日有短长,月有死生。"②可以看到,在行军打仗中,情势的瞬息万变也是普遍存在的,所以要想取得战争的胜利,达到用兵如神,就要善于分析敌情的变化。用兵作战和五行的运行,四季的更替,白日的长短以及月的阴晴圆缺,都处在无穷无尽的变化之中。而徐上瀛在"重"况中提到:"及其鼓宫叩角,轻重间出,则岱岳江河,吾不知其变化也。"③作者认为,在弹奏古琴时,轻音与重音交替出现,其美感会使欣赏者联想到自然中山川的变化。但这种变化又是理性分析所不能揭示的。变而捉摸不透,实在是达到了一种很高的境界。

《孙子兵法》中有许多辩证性很强的成对范畴。"关于敌我、攻守、胜败、彼

---

① 蔡仲德著:《中国音乐美学史资料注译》,第764页。
② 骈宇骞等译注:《孙子兵法·孙膑兵法》,第42—43页。
③ 蔡仲德著:《中国音乐美学史资料注译》,第768页。

己、主客、众寡、强弱、虚实、奇正、分合、利害、进退、勇怯、久速、劳逸、治乱、远近、迂直、安危、动静等军事领域中矛盾对立的现象,给予一定概括,从而形成古典军事学中一些范畴。"[①]李泽厚认为,如果要真正了解中国古代辩证法,就应该追溯到先秦兵家,他把兵家思想看作中国辩证思维的灵魂,因为它具有"把握整体而具体实用,能动活动而冷静理智的根本特征"。[②]这对中国实用理性的构成具有一定作用。因此,徐上瀛的古琴美学思想在对我国古典兵学思想的吸纳中,也充满了浓厚的辩证色彩,并具有强烈的严整与规则意识。令人钦佩的是,徐上瀛本人既有高深的艺术造诣,又有非凡的兵学素养和军事才干,称得上是一位文武双全的奇才。

---

[①] 周百义译:《武经七书》,第16页。
[②] 李泽厚著:《中国古代思想史论》,生活·读书·新知三联书店2008年版,第82页。

# 论中华美学精神核心范畴"中"的哲学原点*

## 黄石明

（扬州大学文学院　225002）

**摘　要**：中华美学精神核心范畴"中"的哲学原点为"尚中"。"尚中"即推崇中正不偏，其主要包括三层含义：其一是"执两用中"，把握两端，取用中间；其二是"以礼制中"，使"用中"具有鲜明的原则性；其三是"因时而中"，使"用中"的原则性和灵活性有机地结合。

**关键词**：中华美学精神　中　尚中　哲学原点

中华美学精神核心范畴"中"的起源很早，"尚中"即中华美学精神核心范畴"中"的哲学原点。"尚中"观念源于远古时期人们的天地自然之宇宙意识以及对社会存在秩序的体验。"尚中"观念在三代已经流行，主要体现为天文历法的北斗"天枢"意识、建都的"土中"意识、建筑的中轴意识等方面。[①] "尚中"观念渗透在古代人们的原始宇宙观、原始政治观、原始伦理观、原始哲学观及原始宗教意识等方面，是早期华夏民族精神认同感中不可或缺的组成部分。早在原始氏族社会，帝喾就"溉执中而遍天下，日月所照，风雨所至，莫不从服"。[②] 这段话是司马迁依据先秦文献中相关论述写成的，由此可以推论，帝喾时期人们已有"执中"观念。"执中"的本义是指掌握"中"的标准，引申义是

---

\* 基金项目：2017年江苏省高校哲学社会科学基金重点项目"论'中'：中华美学精神核心范畴研究"（项目编号：2017ZDIXM157）。
① 夏静：《"中和"思想流变及其文论意蕴》，《文学评论》2007年第3期。
② 司马迁：《五帝本纪》，《史记》，中华书局1982年版，第13—14页。《史记集解》引徐广语曰："古'既'字作水旁。'遍'字一作'尹'。"《史记索隐》解释"溉执中"一语曰："即《尚书》'允执厥中'是也。"《史记正义》解释"溉执中而遍天下"一语曰："溉音既。言帝喾治民，若水之溉灌，平等而执中正，遍于天下也。"

掌握最高的政治权力，强调最高统治者行事处世都必须符合"中"的标准。

据吉成名、雷建飞《论先秦时期"尚中"思想》一文考证，尧舜时期"允执其中"的思想就已形成。《论语》"尧曰：'咨！尔舜！天之历数在尔躬，允执其中。四海困穷，天禄永终。'舜亦以命禹。"[1]尧把帝位禅让给舜、舜把帝位禅让给禹的时候，都始终坚持"允执其中"这个标准。这就表明"允执其中"观念在尧帝时期已经形成，而且被尊为最高行为准则。尧、舜时期的"允执其中"观念与帝喾时期的"执中"观念是一脉相承的，尧、舜继承了帝喾时期的"执中"观念。由"执中"到"允执其中"，"尚中"观念得到了强化，强调最高统治者要"执中"，即把握"中"的标准。

"尚中"观念在成书于殷周之际的《周易》中得到一定程度的理性升华，在《易经》的爻序、爻位及卦爻辞中，"尚中""用中"观念屡屡可见。如《周易》六十四卦中，直接使用"中"概念的有"讼""师""泰""复""家人""益""夬""丰"等卦，而被《易传》及后来的易学称为"中爻"的二、五两爻吉辞最多，合计占比达47.06%，其凶辞仅占13.94%。[2]历代易学家们解《易》崇尚中爻。中爻，即处中位之爻。"中位"的说法，首先是由《易传·彖传》提出来的。它在解释《易》经时，以爻象在全卦象中所处的地位来说明卦爻辞的意义，从而创立了"当位""应位""中位"等爻位说，并被《易传》中的《象传》《系辞传》等所采用。

《易经》中的卦象是由阳爻（—）与阴爻（--）所构成的，《彖传》称阳爻为刚，阴爻为柔，并以"刚、柔"的术语来概括卦象和爻象的对立。所谓"当位"，是说《易经》一卦六爻，各有其位，一（初）、三、五是奇数，为阳位；二、四、六（上）是偶数，为阴位。《彖传》认为，凡阳爻居阳位，阴爻居阴位，就是"当位"，反之，阳爻居阴位，阴爻居阳位，就是不当位。一般来说，当位则吉，不当位则凶。所谓"应位"，是说一卦的初与四、二与五、三与六（上），其位能够互相呼应，凡阳爻和阴爻相应则为有应，如初爻为阳，四爻为阴，就为有应。凡阳爻遇阳爻或阴爻遇阴爻则为无应，如二爻为阴，五爻也为阴，或二爻为阳，五爻也为阳，就为无应。一般说来，有应则吉，无应则凶。所谓"中位"，指二、五两个爻位，二居下卦之中，五居上卦之中。居于二五之位的爻象称为"中

---

[1] 孔子：《论语·尧曰》，见朱熹《四书集注》（怡府藏版影印本），巴蜀书社1985年版。
[2] 黄沛荣：《易学乾坤》，台湾大安出版社1998年版，第146页。

爻"。居于二、三、四、五之位的爻象,《系辞传》有时也称为"中爻"。

《象传》认为,"中"则无不正,故"中"又称为"中正,正中,中道"。"中正",其义为"无过,无不及","无偏,无邪"。在一般情况下,中爻往往吉利。如《象传》释解卦说:"'其来复吉'乃得中也。""中",指九二爻。九二处解卦的"中正之道","来复"都吉。释离卦说:"柔丽乎中正,故亨。""中正"指六二与六五两爻,它们都附着于二阳刚之间,又居上下两卦的中正之位,这即是柔附丽于中正之道,因此能发挥其柔中作用,该升则升,该降则降,总是通达无阻。释升卦说:"刚中而应,是以大亨。"这是说,九二爻以刚中而应六五爻柔中,相应则相得,九二可以上升而亨通。这种有应可以亨通,正与"应位"原则相符合。但九二是阳爻居阴位,六五是阴爻居阳位,按"当位"原则考察,它们都不当位,应是凶、不通;然而由于它们居中,彼此相应,所以吉利、亨通。即使爻位既不"当位",又彼此不相应,只要居于"中位",也吉利亨通。上述诸例,足可见出《象传》对中爻的崇尚,进而强调了"尚中"的观念。[1]

春秋时期,老子《道德经》曰:"多闻数穷,不若守中。"[2] 此处"守中"即"执中"之意,意即人们对各种意见如果听得太多,就可能不知所措,难以做出决断;而人们如果把握好"中"的标准,就不难做出决断。由此可知,老子也有"尚中"观念。

孔子继承了传统的"尚中"观念,并以此为出发点并且使之系统化,成为中华美学精神核心范畴"中"的哲学原点。从《论语》记录的孔子的言行可以发现,"中"是孔子为人处世与自我修养的行为准则。如:

> 子贡问:"师与商也孰贤?"子曰"师也过,商也不及。"曰:"然则师愈与?"子曰:"过犹不及。"[3]
> 
> 子曰:"不得中行而与之,必也狂狷乎!狂者进取,狷者有所不为也。"[4]

从中可以看出,"中"是孔子臧否人物、为人处世的标准之一,也是其自我修养

---

[1] 李兰芝:《易学的"尚中"思想》,《南开学报》1994年第3期。
[2] 陆元炽:《老子浅释》,北京古籍出版社1987年版,第20页。
[3] 孔子:《论语·先进》,见朱熹《四书集注》。
[4] 孔子:《论语·子路》,见朱熹《四书集注》。

的行为准则。《先进》篇记载的是孔子衡量其弟子优劣的标准为"中",即"无过无不及"。"过犹不及"意即"过"和"不及"都不符合"中"的标准。《子路》篇记载的是孔子为人处世的原则,他认为,如果得不到合乎"中行"之人与他交往,只好不得已而求其次,也一定要交到激进的人或狷介的人。因为"狂者"有进取精神,"狷者"也不会做坏事。孔子依据"中行"原则,培养弟子的"中行"品质。即采取抑"过"扬"不及"、抑"狂"扬"狷"之法。冉有举止谨慎,孔子即激励他进取("求也退,故进之"),而子路比较鲁莽,孔子就劝诫他谨慎("由也兼人,故退之"),从而使其弟子符合"中行"原则。

"中"也是成就君子人格的行为准则与行动指南。《雍也》篇记载,"子曰:质胜文则野,文胜质则史;文质彬彬,然后君子"。"文质彬彬"就是前文所指的"中行",《颜渊》篇中一段对话正好可做注脚:"棘子成曰:'君子质而已矣,何以文为?'子贡曰:'惜乎,夫子之说君子也,驷不及舌。文犹质也,质犹文也。虎豹之鞟,犹犬羊之鞟。'"卫国大夫棘子成认为,君子只要内在的精神品质好就行,不一定要重视外在的礼仪形式。而子贡认为,内在的精神品质与外在的礼仪形式这两方面,对君子来说同等重要,因为如果把两张兽皮的毛全部拔去,就分不出哪张是虎、豹的皮,哪张是犬、羊的皮了。因此,对一个人而言,美好的内在精神品质与合乎礼仪的外在行为都是不可偏废的。

孔子本人也是以"中"作为自己的思维方法和行为准则的,其云:"吾知乎哉?无知也。有鄙夫问于我,空空如也,我叩其两端而竭焉。"① "叩其两端"是孔子在认识事物、获取知识、解疑释惑的过程中体会到的一种思维方法,此种方法的核心就是"用其中"。在道德修养方面,孔子强调要克服四种毛病即"意""必""固""我","毋意"就是不悬空揣测、胡思乱想;"毋必"就是不主观武断、意气用事;"毋固"就是不拘泥固执、目光短浅;"毋我"就是不唯我独尊、刚愎自用。意即人不能主观(我)臆测(意)地、固执(必)不变(固)地看问题、想办法、办事情,而应该随机应变处理问题。孔子"四毋"的核心仍是"中",也即"允执其中"。

概而言之,"尚中"观念在先秦诸子的著述中广泛存在,墨子以"天志"为"中",有明确的"尚中"意识,但与孔子的"尚中"观念不同。老子之"守中",

---

① 孔子:《论语·子罕》,见朱熹《四书集注》。

庄子之"养中""环中"与"敬中",与《周易》之"中行"等在价值取向上一脉相承,与三代以来的"尚中"观念大体相当。先秦时期"执中"的"中"字有多种含义,有时指适度、恰如其分,有时指事物的本质、规律,有时指解决问题的正确方法等。秦汉以后,一词多义的现象逐渐减少,词的含义越来越明确,人们一般不再用"中"字表达上述含义。①

综上所述,"尚中"观念即中华美学精神核心范畴"中"的哲学原点。"尚中"即推崇中正不偏,其主要包括三层含义:其一是"执两用中",把握两端,取用中间;其二是"以礼制中",使"用中"具有鲜明的原则性;其三是"因时而中",使"用中"的原则性和灵活性有机地结合。

---

① 吉成名、雷建飞:《论先秦时期"尚中"思想》,《湘潭大学学报(哲社版)》2014年第6期。

# 生命"无"境:庄子哲学"本无论"文本的解释学阅读

## ——简论《庄子》一书以"无"为核心的概念系统

史鸿文  史丽晴

(华北水利水电大学图书馆  450045)

**摘　要**:"无"是庄子人生哲学的重要概念之一,它表明了庄子人生追求的超越性、开放性和虚无化特点,并蕴含了丰厚的人生解脱及精神解放意义。《庄子》一书中有关"无"的延伸概念和相关范畴,构成了一个完整的系统,表明了庄子人生哲学浓重的"本无论"色彩,并对以后的中国文化产生了深远而持久的影响。本文从解释学角度对这些概念及其系统做了多维阐释。

**关键词**:生命　无　《庄子》　本无论

"无"是庄子人生哲学的重要概念之一。长期以来,由于人们单纯地从"虚无主义"的角度给庄子哲学定调,而这里所谓的"虚无主义"又具有较强的政治色彩,因而鲜有从积极意义上对庄子的"无"这一范畴做深入研究。其实,在《庄子》一书中,"无"及其延伸概念和相关概念不仅包含作者对人类生存本体的深刻反思,而且昭示了人生哲学的一种本体论趋向,即由"本体"走向"本无",又从"本无"还原到"本体",并对中国社会和文化乃至中国人的生存方式产生了深远影响。本文试图从方法论解释学和哲学解释学相结合的角度,对这些概念加以梳理和探讨。也就是说,笔者一方面要着眼于对《庄子》一书中"无"及其类概念本身的文本性考察,另一方面,考虑到《庄子》文本的活脱性和模糊性,人们对它的歧解在所难免,所以笔者力争采用多种手段对之做出深度挖掘,并表达出自己的见解。

# 一、超越存在的生命之"无"

中国传统哲学常常假道自然感悟而弘扬人的生命价值,而对人的生命存在的哲学反思,却有种种不同的价值趋向。庄子以哲学、文学和美学浑然一体的方式,通过对自然物象"景界"和非物象"境界"的颂赞与深玩来反思人的生命存在,走出了一条与众不同的具有鲜明个性的学术道路,这一点显著地体现在庄子的一个重要的思想范畴——"无"之上。可以说,庄子的人生哲学具有浓重的"本无论"色彩,庄子哲学处处显得"无"路可走。

庄子之前,老子曾通过"有"和"无"的关系的论述说明了"无"的重要意义:其一,"有"和"无"是辩证统一的对峙关系,即《老子·二章》所谓:"有无相生。"其二,"有"虽不可缺少,但没有"无","有"便不能发挥作用,说明"无"是根本,是第一位的,"有"是属从,是第二位的。老子论"无"乃着眼于对大道的体识,"道"的根本特点是"无",真正的"道"(常道)是不"可道"、不"可名"的,但它却是万物之始。这说明,道作为自然事物的永恒规则,具有超验性和神秘性的特点,这一特点即"无"或"空""虚无"等。

《说文解字》卷十二谓:"无,奇字无也。通于元者,虚无道也",说明"无"的基本含义是虚、空。庄子对"无"作为一个独立概念的论述并不多,《齐物论》中有一段关于物质本源的论述,其中写道:"有始也者,有未始有始也者,有未始有夫未始有始也者;有有也者,有无也者,有未始有无也者,有未始有夫未始有无也者。俄而有无矣,而未知有无之果孰有孰无也。"从这段话明显可以看出,庄子对物质世界的有无之辩的必要性是存怀疑态度的,因为"有"和"无"只是人们观察事物的角度不同而已。《庄子·秋水》谓:"因其所有而有之,则万物莫不有;因其所无而无之,则万物莫不无。"但他又说:"万物出乎无有。有不能以有为有,必出乎无有,而无有一无有。圣人藏乎是。"[①]"泰初有无,无有无名。一之所起,有一而未形。"[②]这些说明,"有"还是从"无有"

---

[①] 《庄子·庚桑楚》。本文所引《庄子》言论,均据陈鼓应《庄子今注今译》,中华书局1983年版。
[②] 《庄子·天地》。

中来的，有不能来自有，而只能来自无有，即"无"中生"有"。这种能生化万物之"有"的"无"，其实就是虚无的大道。这种虚无的大道便是先于存在的自由，正如有的学者指出的："道是本体论性的自由本质，它超越现象界具体的现实对象，它把自己的自由当作存在之先的本质确定自我之中，它牢牢守护自己的家，这个家就是虚无化的存在。因此，在上述意义，虚无即类同于道或者说道是最高的虚无，它们都因为对现象界的超越性而获得先于本质的自由。"①

在《庄子·大宗师》中，庄子认为道的根本特点是："有情有信，无为无形；可传而不可受，可得而不可见；自本自根，未有天地，自古以固存；神鬼神帝，生天生地；在太极之先而不为高，在六极之下而不为深，先天地生而不为久，长于上古而不为老。"《庄子·知北游》中谓："道不可闻，闻而非也；道不可见，见而非也；道不可言，言而非也。知形形之不形乎！道不当名。"可见，道是事物的终极法则，它生化万物却隐寂不显，道的特点就是不可闻、不可见、不可言、不当名。所以，道就是虚无之道、"无有"之道。《庄子·知北游》中还谓："有问道而应之者，不知道也。虽问道者，亦未闻道。道无问，问无应。无问问之，是问穷也；无应应之，是无内也。以无内待问穷，若是者，外不观乎宇宙，内不知乎大初，是以不过乎昆仑，不游乎太虚。"可见，道是不可追问的，追问便不会得道。对道的体验应通过坐忘之术来自省，不应外求。总之，道处处都体现着"无"或"无有"，要人们游于大道，其实就是要人们游于"无有"，即《庄子·应帝王》所谓："立乎不测，而游于无有者也。"这是一种超越存在的精神自由，是超现实的纯粹的精神家园。

庄子在"无有"之外，又提出过"无无"的概念。《庄子·知北游》载："光曜问乎无有曰：'夫子有乎？其无有乎？'无有弗应也。光曜不得问，而孰视其状貌，窅然空然，终日视之而不见，听之而不闻，搏之而不得也。光曜曰：'至矣！其孰能至此乎！予能有无矣，而未能无无也；及为无有矣，何从至此哉！'"这里讲的"无无"看起来很神秘，其实它不过是对大道更加无限性、无穷性、开放性和更加虚无化的说明，是庄子"本无论"生存哲学的极端化表现和最迷离超验的境界。

庄子对大道之"无"的认识虽然和老子一样带有宇宙本体论的色彩，但相

---

① 颜翔林：《美即虚无》，《湖南师范大学学报》1995年第6期。

较而言，庄子的"无"更多的是一个文学性的规定。庄子的"本无"具有消解一切的意味，但其出发点却是对人类存在本体的一种超验性反思，所以他的"本无"终究要回到"本体"的层面上，即回到对人类生存本体如何获致自由的指证上。表面看起来，庄子对有限世界的否定来张扬自然之道的无限境界，是积于对物质存在的形而上把握。其实不然，庄子的意图是让人们超越人世间的是非恩怨而达到对人生本性的无差别认同。因为在庄子看来，人世间的是非恩怨往往是基于人们认识问题和看待问题的有限性造成的。由于人们受个体感性欲念和利益关系的限制，往往不能客观地看待问题（即不能做到邵雍、王国维所谓的"以物观物"），于是是非、好恶、美丑的差别便不可避免，人类社会也因此陷入了种种难以克服的矛盾，这便是社会动乱的根源。庄子所谓的"有"在遍在层次上往往是指存在于每一个身上的那些有害于生命自由的欲念、利欲和狭隘的个体意识，同时也包括人们用功利的眼光来看社会。所以，"有"是现世的、此在的、感性的，而要摆脱人世间的生命桎梏，就要摒弃"有"而达于"无"，即《庄子·在宥》所谓"大同而无己。无己，恶乎得有有。睹有者，昔之君子；睹无者，天地之友"。这种"无"便抛弃了各种差别的齐同境界，即大道境界。这正是庄子创作《齐物论》初衷。在这种境界中，人们不再受物欲、感性之累，而使精神得到了最大限度的释放，所以"无"是超现世、超存在、超感性的，由"有"而达于"无"，就是由现世而达到广漠无穷的天道超世，即："出六极之外，而游无何有之乡，以处圹埌之野。"① 由俗世之乐而达到无限自由的"至乐"。概而言之，要想获得人格上的大解放、精神上的大自由，人们必须由"世有"走向"虚无"。这是庄子反思生命本体的根本所在。

哲学解释学的倡导者海德格尔说："困扰着人的本质的威胁生自人的本质本身。人的本质存在于存在对人的关系、对人的牵引之中。因此，人由于他的自我意愿而在本质意义上处于危险之中，也就是说他需要保护。但与此同时他却由于他那同一个本质而变得不受任何遮掩或保护。"② 人的悲哀就在于他的物欲冲动作为一种无法逃避的事实威胁着他自己。雅斯贝尔斯指出："人往往认为自己受事情的摆布，而原先他曾乐观地希望能走在事情的前面。"③ 庄子所构

---

① 《庄子·应帝王》。
② 海德格尔著，张月等译：《诗·语言·思》，黄河文艺出版社1989年版，第121页。
③ 雅斯贝尔斯著，黄藿译：《当代的精神处境》，生活·读书·新知三联书店1992年版，第3页。

筑的以虚无为本的精神乐园实际上是把人们这种"乐观地希望"从存在层次上提高到超越存在的层次上，使这种在存在层次上无法实现的希望实现在超存在的层次上。这显然是一种终极性的精神救赎方法。事实上，"人就是精神，而人之为人的处境，就是一种精神的处境"。① 庄子的这种终极性反思是对人的精神困境的一种终极性解脱。这是一种本体意义上的"内在召唤"。海德格尔说："内在召唤把我们那种一味意愿去盘剥的本质连同它所盘剥的对象一起转入心灵空间的最内在的不可见领域中。在这里，任何事物都是内在的：它们不仅一直保持向意识的真正领域转移，而且在这一内部领域中它们中的每一个都可以不受任何阻碍地、自由地转入他者之中。世界内在空间的内部性为我们扫清一切阻碍，打开敞开者的大门。只有如此，被我们留驻在我们内心的，才是我们真正凭心而知的。在这种内部领域中，我们是自由的，超脱了那些建立在我们周围似乎只是在保护我们与对象的关系。"② 当然，庄子所构筑的本体意义上的"内在召唤"虽以虚无之道为本，但却有它的可以炼就的此在性方法。所以他的"本无论"又难免和"存有论"纠缠在一起，但这种"存有论"只是通向"本无"的路径和通道，从根本上讲，他的人生哲学仍然是"本无论"性质的。至于这些方法，可以从后面所讨论的"无"的延伸概念和相关概念中明显看出。

## 二、"无"的延伸概念的生存论释说

纵观《庄子》一书，"无"作为一个独立的概念虽不多见，但由"无"而延伸出来的相关概念却极多，这些延伸概念更能反映出庄子人生哲学的"本无论"色彩，这也是本文谈论的重点。在这些众多的延伸概念中，具有较强的形上学意义的主要有"无己""无情""无辩""无为""无待"以及"无功""无用""无名""无心""无乐"等，本文仅对"无己""无情""无辩""无为""无待"五个概念加以重点辨析，并阐明其生存本体论的意义。

先看"无己"。"无己"的基本涵义就是消解自我，超越自我，所以也可称为"无我""虚己"。《庄子·逍遥游》中说："至人无己。"《庄子·秋水》中说："大

---

① 雅斯贝尔斯著，黄藿译：《当代的精神处境》，第3—4页。
② 海德格尔著，张月等译：《诗·语言·思》，第136—137页。

人无己。"何谓"至人无己"或"大人无己"呢?《庄子·齐物论》中有一段解释:"至人神矣!大泽焚而不能热,河汉冱而不能寒,疾雷破山而不能伤,飘风振海而不能惊。若然者,乘云气,骑日月,而游乎四海之外。死生无变于己,而况利害之端乎!"庄子如此神奇的夸大至人的能量,无非是为了说明"至人"能走出自我为中心的生存观,做到心静如水、无欲无求,甚至连生死都置之度外,即"死生无变于己,而况利害之端乎!"连生死都对其无可奈何,何况利害之欲呢?在这层意义上,"无己"是超越利害、生死的一种处世态度,用《齐物论》的另一个概念表述就是"吾丧我",即用"真我"(至人)推翻"俗我"(众人)。庄子的"无己"亦可称为"虚己",如《庄子·山木》谓:"人能虚己以游世,其孰能害之!"庄子讲的"无己"与慎到讲的"去己"、儒家讲的"克己",都可以看作一种超越个体欲求的生存精神,但它们的旨趣却大不相同。徐复观先生说:"庄子的'无己',与慎到的'去己',是有分别的。总说一句,慎到的'去己',是一去百去;而庄子的'无己',让自己的精神,从形骸中突破出来,而上升到自己与万物相通的根源之地。"[①] 至于儒家的"克己",则主要是突出人际关系中的舍己为人的利他主义精神和舍生取义的卫道者精神。可见,庄子讲的"无己",事实上是要打破生命的有限性,摆脱束缚心灵自由的感性枷锁,追求对生命本体意义的纯粹观照,把"此在"状态下的"我"提升到生命本真意义上的超验的大道境界。

次看"无情"。"无情"就是要超越个体俗情,摆脱感官享乐的束缚,达到"至乐无乐"的心游境界,在这层意义上又可称为"无乐""无名""无心"等,它们也可以看作"无己"的一种表现,即无己之情、无己之乐。《庄子·德充符》谓:"有人之形,无人之情。有人之形,故群于人;无人之情,故是非不得于身。"又载:"惠子谓庄子曰:'人故无情乎?'庄子曰:'然。'惠子曰:'人而无情,何以谓之人?'庄子曰:'道与之貌,天与之形,恶得不谓之人?'惠子曰:'既谓之人,恶得无情?'庄子曰:'是非吾所谓情也。吾所谓无情者,言人之不以好恶内伤其身,常因自然而不益生也。'"可见,庄子所谓的"无情"就是不要卷入人间的是非恩怨,保持心灵的自由无碍。在《庄子·至乐篇》中,作者提出了"天下有至乐无有哉?"的疑问,作者认为,俗人所追求的"乐"无非是

---

[①] 徐复观:《人性史论》,转引自陈鼓应《庄子今注今译》,中华书局1983年版,第17页。

一些感官的享乐，即"所乐者，身安厚味美服好色音声也"。在现实生活中，这种"乐"虽为人人所求，但往往不能实现，因此便"大忧以惧"，于是"人之生也，与忧俱生"。但这不是人的生命的真相，所以这种所谓的"乐"，很使人怀疑它到底是不是真正的"乐"，而真正的"乐"又是什么呢？《庄子·至乐》还说："至乐无乐，至誉无誉。"所以，生命本真意义上的快乐，就是要摆脱世俗的感性快乐。无情无乐，就是要抛弃俗情世乐，步入对生命本真意义的观照。无情无乐的典型表现之一是"无名"，即不追求显赫的声名，《逍遥游》中称"圣人无名"。圣人是那种表面上看起来愚钝无知、不谙世道的人，这正是其不求声名的表现，所以他们不像"众人"那样去为声名而忙碌，正所谓："众人役役，圣人愚芚，参万岁而一成纯。"① 刘笑敢在《庄子哲学及其演变》中说："如果就精神与现实的关系来说，庄子的精神自由就主要表现为无心无情，无心即无思无虑，无情即无好无恶，无心于万化之无常，无情于万物之盛衰，无心无情就是超然于世外，也就是绝对不动心。"② 但更应看到，庄子的"无情""无乐""无心""无名"等概念，意在超越生命的桎梏，即生命的超越现实、超越物质、超越个体、超越社会性的存在意义。当然，超越是有根基地，按照海德格尔的意思，不关注人的"此在"状况，是难以超越的，但从人的生命本相的反思层面上看，这种超越意识是无可厚非的。正是在这层意义上，庄子与现代主义奉行的"终极关怀"不谋而合。

再看"无辩"。即不要沉迷于对事物差别的追根求源和喋喋不休的辩论，这正是庄子《齐物论》的宗旨。《齐物论》谓："化声之相待，若其不相待，和之以天倪，因之以曼衍，所以穷年也。何谓和之以天倪？曰：是不是，然不然。是若果是也，则是之异乎不是也，亦无辩；然若果然也，则然之异乎不然也亦无辩。"庄子的"无辩"论和"不辩"论，既有其认识论根源，亦有其社会根源。从认识论根源上看，如他说："道行之而成，物谓之而然。有自也而可，有自也而不可。有自也而然，有自也而不然。恶乎然？然于然。恶乎不然？不然于不然。恶乎可？可于可。恶乎不可？不可于不可。物固有所然，物固有所可。无物不然，无物不可。故为是举莛与楹，厉与西施，恢恑憰怪，道通为一。其分

---

① 《庄子·齐物论》。
② 刘笑敢：《庄子哲学及其演变》，中国社会科学出版社1987年版，第158页。

也，成也；其成也，毁也。凡物无成与毁，复通为一。"①从社会根源上看，如他说："毛嫱、丽姬，人之所美也；鱼见之深入，鸟见之高飞，麋鹿见之决骤。四者熟知下之正色哉？自我观之，仁义之端，是非之涂，樊然淆乱，吾恶能知其辩！"②事实上，庄子更关心的问题是人生问题，而不是认识论问题，庄子的"无辩"论，仍然是从人生解脱的意义上讲的，"无辩"就是要像圣人那样"存而不论"或"论而不议"。③庄子生活的时代现实中本来就美丑不辨、黑白颠倒，庄子认为对这种现实中根本无法改变的东西喋喋不休地争论，事实上对拯救人的生灵毫无意义，由于受人的观察问题的角度所限，这种是非、美丑的争论是纠缠不清的，不会有什么实质性的结果。因此，从生命解脱和生命自由的本体意义上看，这种关于是非、美丑的争论都是应该超越的，所谓"大言不辩"即是如此。

又看"无为"。"无为"即不追求有所作为，它是庄子人生哲学中最重要的核心概念之一。"无为"既是道的根本特点，如《庄子·大宗师》中称道"无为无形"；同时又是人们认识"道"、体验"道"的根本途径，如《庄子·知北游》所谓："无思无虑始知道，无处无服始安道，无从无道始得道。""无为"的另一层涵义是"观于天地之谓"，即顺应自然，消解自我，采取"以物观物"、"以天合天"的观照态度。如《知北游》谓："天地有大美而不言，四时有明法而不议，万物有成理而不说。圣人者，原天地之美而达万物之理，是故至人无为，大圣不作，观于天地之谓也。"说明"至人""大圣"都"观于天地之谓"而不以人事去干预天地自然。《庄子·达生》中说："夫形全精复，与天为一。天地者，万物之父母也。"所以"不开人之天，而开天之天。"④《庄子·达生》还用梓庆削木为鐻的例子说明，梓庆鬼斧神工般的技巧，是与其"齐以静心""不敢怀庆赏爵禄""不敢怀非誉巧拙""辄然忘吾有四枝形体"的超然态度不可分的。而这种超然态度就是"以天合天"，即"以天合天，器之所以疑神者，其由是与！"显而易见，庄子的"无为"就是要有超越自我的力量，完全把自己消融于大自然的无穷运转与流化之中。庄子以此看待人生，消极意义是不言而喻的，但庄子的"无为"还有更深刻的一层意义，即以"无为"达到"无不为"。如《庄子·庚

---

① ② ③ 《庄子·齐物论》。
④ 《庄子·达生》。

桑楚》中,将"贵富显严名利""容动色理气意""恶欲喜怒哀乐""去就取与知能"看作"勃志""谬心""累德""塞道"的二十四个基本因素,如果能"彻志之勃,解心之谬,去德之累,达道之塞",就可以由无为而入于无不为,即"此四六者不荡胸中则正,正则静,静则明,明则虚,虚则无为而无不为也"。又如《庄子·则阳》中谓:"无名故无为,无为而无不为。"这"无不为"才是庄子对人的生命的本真把握和追求,说明庄子仍然是意在超越"此在"而达于无限,通过不自由达到最终的自由。诚如方东美先生所说:"老庄论道,不仅说无为,乃说无为而无不为,尤重在无不为。"[①]这一点还可以从庄子对"物"的论述中看出,如他在《在宥》中说:"物而不物,故能物物。"又《庄子·山木》谓:"物物而不物于物,则胡可得而累邪!"这两句话是同一个意思,均指役使物而不受物的役使,其实就是"无为而无不为"。

最后看"无待"。《庄子》一书并未"无待"这一概念,它是郭象在《庄子注》中用以说明庄子的自由理想时提出来的,但如何准确把握这一概念确实对理解庄子的人生哲学意义重大。《庄子·逍遥游》中有一段话是人们理解庄子的"有待"和"无待"的关键,即"夫列子御风而行,泠然善也,旬有五日而后反。彼于致福者,未数数然也。此虽免乎行,犹有所待者也。若夫乘天地之正,而御六气之辩,以游无穷者,彼且恶乎待哉!"这里的"有所待"即"有待",如《庄子·齐物论》谓:"吾有待有而然者邪?吾所待又有待而然者邪?"《庄子·知北游》:"死生有待邪?皆有所一体。""有待"就是有所依待,也就是人的某种愿望的实现必须具备一定的条件,譬如列子之游要"御风而行",即借助于风力去实现自己"游行"的要求。显而易见,这是一种有条件、有限制的"游",它有较强的现实意味。又如《庄子·人间世》中谓:"且夫乘物以游心,託不得已以养中,至矣。""乘物"与"御风"都是"有待"之游,但要注意这里的"游心"一词,即借助于"物"来获得精神上的大彻大悟、自由解脱。那么什么是"无待"呢?庄子说:"乘天地之正,而御六气之辩,以游无穷者,彼且恶乎待哉!"这说明,"乘天地之正,而御六气之变"就是"无待",即"恶乎待"。很明显,这种"无待"并不是无所凭借的,它只是超越了有限的条件而达到了无限的境界,由游"人间世"达到了"游无穷",由凭借某一具体的"物"而达到了可以任意

---

[①] 方东美:《中国人生哲学》,台湾黎明文化事业出版公司1979年版,第43页。

凭借任何一种"物",所以庄子的"恶乎待"(无待)并不等于许多人所讲的绝对无凭借的自由。郭象在注解《庄子》时说:"非风则不得行,斯必有待也,唯无所不乘者无待耳。"①"卒至于无待,而独化之理明矣。"②说明,"无待"即"无所不待",是对有限条件的超越而达到对无限条件的追觅。但不管是"有待"还是"无待",都具有因任自然、无为无作的特点,这与庄子的人生理想是一致的。更应看到的是,庄子由"有待"继而论到"恶乎待"(无待),即由"有所待"而上升到"无所不待",亦与其"无为而无不为"的人生理想相一致。庄子的根本用意是要打破有形世界的种种限制,而达到对"无穷"世界的追觅,并从中获得精神自由,使人的精神在虚无之道上得到终极性的解脱。

在《庄子》一书中,有关"无"的其他称谓还有很多,如《逍遥游》中说:"神人无功。""无功"即不求有功,它可以看作"无为"的一种表现。在《齐物论》中他还讽刺一些人"终身役役而不见其成功,苶然疲役而不知其所归,可不哀邪!"说明越是求有功,反而不会有什么功,不若干脆求"无功"或不求"有功"。这就像无为反而能无不为,而刻意追求有所作为,反而无所作为。又如《逍遥游》中多次讲到"无用",并对惠子提出的大瓠和大树之"无用"问题做了回答,其中庄子把"无用"与"无为"联系了起来:"今子有大树,患其无用,何不树之于无何有之乡,广莫之野,彷徨乎无为其侧,逍遥乎寝卧其下。不夭斤斧,物无害者,无所可用,安所困苦哉!"可见,从"无为"的角度看,"无用"就是"大用",即《人间世》所谓:"人皆知有用之用,而莫知无用之用也。"《庄子·外物》谓:"知无用而始可与言用矣。""无用之为用也亦明矣。"此外,《庄子》一书中还谈到了"无以异""无成""无知""无变""无谓""无涯""无言""无形""无方""无穷""无端""无始""无亲""无出""无正""无道""无事""无有""无视无听",等等,其基本意义均与以上所谈几种相近或相连,故不赘述。

通过以上对《庄子》一书中与"无"有关的各种延伸概念的阐释,可以看出,它们的意义虽各有偏差,但总的精神是一致的,这就是:通过对人的感性生活的消解,来寻求解脱人生困境的本体论途径;通过对此在生活状况的否

---

① 郭象:《庄子·逍遥游注》。
② 郭象:《庄子·齐物论注》。

定,来达到对人的终极价值的本体论肯定;通过对俗世物欲的批判,来达到对人性本位的本体论复归;通过对有限的个体生存状态的超越,来达到对无限的人生自由境界的追觅。美国新人文主义学者欧文·白璧德(Irving Babbitt)说过:"道德自由的问题——人是自主者还是仅仅是自己冲动和感受的傀儡的问题——不解决,别的任何问题就得不到解决。"①庄子所反思的正是这一问题。庄子对他所生活的那个时代的一切社会事物似乎都怀着一种敌视态度,简直是深恶痛绝。社会人生的混乱不堪,使这位哲人完全对之丧失了信心,似乎什么方法都难以改变它。所以,与其参与社会之中,不如逃出社会之外,当他观照于大自然无穷无尽而又生生有序的化育之道时,庄子明白了,世事难改,自然可求,于是在天之宏大与人之渺小的对比中,他游于天地大化而弃于人间是非,在以天合天的观照态度中,他把人生的终极目标定位于对无限宇宙的虚无之道的孜孜以求上。这就是要人们"游无穷""游无联""游无端""游方之外""游于无人之野""游心于物之初""游乎天地之一气",等等。

对宇宙虚无之道的观照在精神层次上不是完全不可能的,法国荒诞派剧作家尤金·尤奈斯库(Eugene Ionessco)说:"我们每个人都会在一瞬间确实感到人生犹如梦幻一般,壁垒不再森严,仿佛能看穿一切,进入一个由纯净的光芒色彩织成的茫茫无垠的宇宙,整个人生、整个世界史,都在那一刹那间变得无足轻重、毫无意义,根本不存在。"②如《庄子·大宗师》:"游方之外者也……方且与造物者为人,而游乎天地之一气……假于异物,托于同体;忘其肝胆,遗其耳目;反覆终始,不知端倪;芒然彷徨乎尘垢之外,逍遥乎无为之业。"《庄子·应帝王》:"无为名尸,无为谋府,无为事任,无为知主。体尽无穷,而游无朕。尽其所受乎天,而无见得,亦虚而已!"《庄子·在宥》:"处乎无响,行乎无方。挈汝适复之挠挠,以游无端,出入无旁,与日无始。"《庄子·天运》:"吾止之于有穷,流之于无止。"《庄子·达生》:"处乎不淫之度,而藏乎无端之纪,游乎万物之所终始。"《庄子·山木》:"吾愿君刳形去皮,洒心去欲,而游于无人之野。"《庄子·田子方》:"吾游心于物之初。"从以上引述中可以看出,庄子的人生哲学就是通过"游"的方式而把握宇宙大道的无限伸张性,其实这是一

---

① 白璧德:《批评家和美国生活》,转引自伍蠡甫《现代西方文论选》,上海译文出版社1983年版,第239页。
② 雅斯贝尔斯著,黄藿译:《当代的精神处境》,第351页。

种对生命存在的本体性反思。生命是有限的,但生命存本体是超越有限即无限的,个体人生不过百年而终,但人类的精神追求却要世世代代、无穷无尽地延伸下去,庄子所反思的正是后者。

## 三、"无"的相关范畴及其生存论蕴涵

在《庄子》一书中,除了以上所谈的"无"及其延伸概念外,还有一些与"无"关系密切的概念,亦能说明庄子人生哲学的"本无论"色彩和其对生命之"无"的认识。这些概念很多,但最主要的有四个,即"虚""静""忘""淡"。

先看"虚"。"虚"是庄子哲学中极为重要的核心概念之一,如果说"无"在某种意义上可以看成大道的代名词,那么"虚"则是大道最基本的特点,因为道"听之不闻其声,视之不见其形,充满天地,苞裹六极"。[①] 可谓一片空虚。同时,"虚"也是人们体验大道境界的一种心性修养和心理状态。"虚"和"无"有时又难以完全区分,所以人们常将二字相连,名为"虚空无"。"虚"最本始的含义是"空虚",如《庄子·齐物论》中谓:"厉风济则众窍为虚。"庄子把"虚"提到了本体论的意义上,用以说明大道及体验大道的特点。如《庄子·人间世》谓:"若一志,无听之以耳而听之以心;无听之以心而听之以气!耳止于听,心止于符。气也者,虚而待物者也。唯道集虚。虚者,心斋也。"这说明,"道"在"虚"中,"虚"是道的特征,而对道的体识也应具备空虚无碍的心境,即"虚者,心斋也"。《庄子·天道》谓:"休则虚,虚则实,实者伦矣。虚则静,静则动,动则得矣。"《庄子·天运》谓:"傥然立于四虚之道,倚于槁梧而吟:'心穷乎所欲知,目穷乎所欲见,力屈乎所欲逐,吾既不及,已夫!'形充空虚,乃至委蛇。汝委蛇,故怠。"《庄子·山木》谓:"人能虚己以游世,其孰能害之!"《庄子·庚桑楚》谓:"明则虚,虚则无为而无不为也。"《庄子·则阳》谓:"无名无实,在物之虚。"从以上引言中可以看出,"虚"有如下几个特点:其一,"虚"是一种"无";其二,"虚"是道的基本特征;其三,"虚"是一种排除一切杂念、空明无碍的心境;其四,以"虚"心游世,则能胜物而不伤,无为而无不为。综而言之,"虚"是庄子所设定的一种解脱生命困境的处世之道和观照方式。

---

① 《庄子·天运》。

次看"静"。"静"在庄子哲学中也是表达清静无为的处世之道和观物心态,它与"虚"常相伴而出现。如《庄子·天道》谓:"夫虚静恬淡寂漠无为者,天地之平,而道德之至……虚则静,静则动……静而圣,动而王,无为也而尊,朴素而天下莫能与之争美……言以虚静推于天地,通于万物,此之谓天乐。"《庄子·庚桑楚》:"正则静,静则明,明则虚。"这说明,"静"和"虚"的意义很接近,也是一种清静无为、虚己待物的观照方式,它同样可以达到无为而无不为的自由境界。"虚"与"静"的区别似乎只在于"虚"更加内在化、心灵化,而"静"则是"虚"在人的生活中的一种表现,只有"心虚"才能静而不动,无为无作。所以《庄子·在宥》谓:"无视无听,抱神以静,形将自正。必静且清,无劳女形,无摇女精,乃可以长生。"《庄子·天地》谓:"古之畜天下者,无欲而天下足,无为而万物化,渊静而百姓定。"《庄子·天道》谓:"静则无为,无为也,则任事者责矣。"《庄子·刻意》谓:"纯粹而不杂,静一而不变,淡而无为,动而以天行,此养神之道也。"那么,如何才能做到"静"呢?就是要练就"心虚"的功夫,做到心平气和,即《庄子·庚桑楚》所谓:"欲静则平气,欲神则顺心。"

复次看"淡"。"淡"亦可称之为"惔"或"澹",是《庄子》中经常出现的另一个概念,其基本意义与"静"接近,大意是指淡漠、澹然、恬淡,是"无为"的表现形式之一。如《庄子·应帝王》:"汝游心于淡,合气于漠,顺物自然而无容私焉,而天下治矣。"又如《庄子·天道》中谓:"夫虚静恬淡寂漠无为者,天地之平,而道德之至。""夫虚静恬淡寂漠无为者,万物之本也。"《庄子·刻意》中谓:"澹然无极而众美从之。""惔而无为。"《庄子·缮性》中谓:"古之人,在混芒之中,与一世而得澹漠焉"。"淡"的主要特点是"平易"和"不与物交",如《庄子·刻意》谓:"平易则恬惔矣。平易恬惔,则忧患不能入,邪气不能袭,故其德全而神不亏。"又谓:"不与物交,淡之至也。""不与物交"是一种内省意识,是超越感性欲望的基本条件。

最后看"忘"。"忘"是庄子哲学中极重要的一个概念,在《庄子》一书中出现的频率也极高。笔者曾认为,"忘"是庄子美学的最高概念,并对"忘"的具体意义做过专门说明,其大意是指,要得到对道的体悟,实现"游"的自由驰骋,就必须"忘",即忘物我、忘是非、忘美丑、忘功名,总之,忘怀一切,无所不忘,所以"忘"是"游"于大道的基本条件。为此,庄子还专门修炼出一种"坐忘"的功夫,没有这种功夫,"虚""静""淡"的境界均无从实现。"忘"同时也是前面所说的"无己""无情""无辩""无为""无待"的基本条件，是庄子用来超越俗世尘垢的最基本方法。"忘"的具体内容包括"忘己""忘名""忘功""忘天下"等许多方面，总之，是要把尘世间一切束缚生命自由的东西都忘掉，进入超越本体的纯粹的精神自由的王国。

庄子以"无"为核心所阐发的一系列延伸概念和相关概念，及其所生发出的"本无"精神和"本体"精神的结合，虽然从认识论的角度看，有许多地方是难以令人信服的，且矛盾之处颇多；但从人生哲学的角度看，其对人类精神救赎的启迪意义不言而喻。正因为如此，他的这些概念被后世以各种形式加以发扬光大，并对中国的政治、哲学、人生、宗教、美学、文艺、医学、气功等诸多方面产生深远的影响。魏晋的贵无政治，道教的成仙之术，美学领域的"虚静""虚实"之说，文艺创作中追求的"无我之境""计白以当黑""无意于佳乃佳"，无不打上了庄子以上概念的烙印。

# "空"字的文化阐释

黄卫星\*

(中国科学院自动化研究所　100190)

张玉能\*\*

(华中师范大学文学院　430079)

**摘　要**："空"字的形义及其演变显示,其本义应为"孔""洞",即"不包含什么、里面没有东西或内容",现代汉语中主要衍生出"天空""空洞""空间""空灵""空门""空想""空虚""空白""空闲"等词汇。从哲学上来看,"空""空间"是事物的存在方式和运动形式,任何事物都是在虚空或者空间中存在和运动变化的。世界哲学发展过程中曾经出现过一种"空想"形式,它包括古代和近代的"世外桃源""乌托邦""空想社会主义",它们反映了人类的理想追求,马克思主义把社会主义学说由空想改造为科学。汉、魏晋时代,佛教传入中国,成为与中国本土的儒道二家三足鼎立的思想流派,并且三者融合成为中国传统思想文化的主流。佛教被称为"空门",大概因为佛家宣扬所谓"四大皆空""色空"等思想观念,影响了中国古代人的思想观念和思维方式,同时也深刻影响了中国古代文化艺术。科学技术中的"空间"和空间观,是随着科技水平的变化而变化发展的,空间科技的发展使得人类不断拓展生存和发展的空间。中华人民共和国成立以后,航天技术飞速发展,中国成为航天科技大国、强国。中国古代美学和文艺,在儒、道、佛三家融合的思想观念影响下,特别讲究"虚空""空

---

\*　作者简介：黄卫星,1974年9月出生,祖籍湖北蕲春。文学博士,新闻与传播学博士后,中国科学院自动化所研究人员,美国杜克大学访问学者,中信改革发研究院研究员。主要从事文化传播、文化软实力、文化科技等方向的研究。

\*\*　作者简介：张玉能,1943年8月出生于武汉市,祖籍江苏南京。华中师范大学文学院教授,博士生导师。主要从事美学、西方美学、西方文论、文艺学等方向的研究。

灵""空无""空白"等审美自由境界，形成中国传统美学和文艺追求情景交融、虚实相生、境生象外的审美意境特色。

**关键词**：空　天空　空间　空想　空门　空灵　虚空　空白

文化承载和传播必须有文字符号，通过文字的工具和产品人类进行着话语生产和精神生产。每一个字及其所组成的词语的形声义的演变及其阐释，是了解这种文字所承载和传播的文化的具体内涵、独特特征、变化发展的途径。我们从中华文化中选取了一些关键词，来诠释、理解中华文化。下面来看"空"字。

## 一、"空"字的形音义

"空"有两个读音，一个是"kōng"，另一个则是"kòng"。"空"字的形音义及其演变显示，"空（kōng）"是名词或形容词，其本义似应为"孔""洞"，即"不包含什么、里面没有东西或内容"；"空（kòng）"是动词，是"空（kōng）"的动词化，其义是"腾出来、使空"，也可转用为形容词或名词。现代汉语中主要衍生出"天空""空洞""空间""空灵""空门""空想""空虚""空白""空闲"等词汇。

关于"空"字的本义，张舜徽《说文解字约注》如是说："《说文》：空，窍也。从穴，工声。段玉裁曰：'今俗语所谓孔也。'舜徽按：窍空二篆互训。空与窍亦双声也。空之本义为空穴，因引申为空虚。声转为款，故古之钟鼎彝器于空虚处刻字谓之款识也。古之官有名司空者，乃借空为工，谓其主建造营缮之事也。与空窍之义无涉，说者多傅会之，误矣。"[①] 李恩江《常用字详解字典》说："空¹kōng，从穴工声，形声。空²kòng。〈辨〉空从穴，本义为窍，小洞，读kǒng，引申为空¹的义项等。后来用'空'字表示引申义，本义借用'孔'字表示。"[②] 顾建平《汉字图解字典》说："空，形声字。穴表意，表示洞穴；工（gōng）表声，工兼指挖穴者。本义是洞穴。引申为内无所有。"[③] 李格非主编

---

① 《张舜徽集・说文解字约注》第二册，华中师范大学出版社2009年版，第1801页。
② 李恩江：《常用字详解字典》，汉语大词典出版社2002年版，第386页。
③ 顾建平：《汉字图解字典》，东方出版中心2008年版，第2页。

的《汉语大字典(简编本)》列举了21个"空"义项,主要有:kōng 空虚、内无所有,空间、天空、穷尽、罄其所有,无、没有,穿、透,使空虚、使罄尽,浮泛而不切实际,廓大、广阔,道家语:谓不执著于现实,佛家语:佛家以为一切事物的现象都有它各自的因和缘,而没有实在的自体,即为"空",副词,姓;kǒng 孔、穴、中医用语、指血脉,墓穴;kòng 穷、贫乏、缺少、短欠,间隔、间隙、空子、可乘之机,闲暇时间,腾让出来,等等。①宗福邦等主编的《故训汇纂》中列举了101个"空"义项,主要有:kōng 虚也,虚空,空虚,犹虚中也,尽也,灭无也,廓也,大也,通也,穿也,不执着为空,谓一切法空,犹引也,息也,徒也,假借为工、穿、公、弓,腔古今字;kǒng 窾也,孔也,血流之道,小穴也,穿也,穷匮也,乏也,缺也,空缺,等等。②

　　根据这些字书,我们可以大致确定"空"字的本义是"孔"或者"洞穴"。由"孔""穴"引申为"空虚",再引申为"空间""天空",再引申为"穷尽""罄其所有",再到"穷""贫乏",再到"缺少""短欠";由"空虚"又引申出"空洞、不实际",再引申出佛家用语,还引申出"空子、间隙""闲暇时间""闲着的、没有被利用的",进一步引申出"腾让出来",虚化做副词。《现代汉语词典(第5版)》主要列举了如下两大义项:"空(kōng)"和"空(kòng)"。"空(kōng)"是名词或形容词,其本义似应为"孔""洞",即"不包含什么、里面没有东西或内容","空(kòng)"是动词,是"空(kōng)"的动词化,其义是"腾出来、使空",也可转用为形容词或名词。现代汉语中主要衍生出"天空""空洞""空泛""空话""空幻""空寂""空间""空灵""空门""空军""空气""空谈""空想""空虚""空白""空地""空隙""空暇""空闲""空子"等词汇。③

## 二、哲学上的"空"

　　"空""空间"是事物的存在方式和运动形式,这是"空"的哲学意义。任何

---

① 李格非主编:《汉语大字典(简编本)》,湖北辞书出版社、四川辞书出版社1996年版,第1255页。
② 宗福邦、陈世铙、肖海波主编:《故训汇纂》,商务印书馆2003年版,第575—576页。
③ 中国社会科学院语言研究所词典编辑室:《现代汉语词典(第5版)》,商务印书馆2005年版,第778—782页。

事物的存在和运动变化都是在虚空或者空间中进行的。"空想""空想社会主义"是世界哲学发展的一种形式，它又叫作"世外桃源""乌托邦"，是人类追求的幻想，被马克思主义改造为科学社会主义。

空间（往往与时间联系在一起，简称为"时空"）的认识有一个漫长的发展过程，形成了哲学上不同的空间观。在远古人类的直观经验中，空间仿佛是一个"天圆地方"、装载着万事万物的巨大容器。居住在野外旷地上的原始狩猎者和牧民，极目四望，看到的就是：天好像是盖在地上的圆顶帐篷。古老的中国民歌《敕勒歌》唱道："敕勒川，阴山下。天似穹庐，笼盖四野。天苍苍，野茫茫，风吹草低见牛羊。"老子《道德经》指出："人法地，地法天，天法道，道法自然。"相传伏羲作《六十四卦天圆地方图》就用"天圆地方"概括这种素朴的空间经验。《淮南子·天文训》云："天圆地方，道在中央。"① 也就是说，"天圆地方"是一种"自然之道"，是古人概括的时间和空间的规律。老子曰："天地之间，其犹橐籥乎？虚而不屈，动而愈出。"（《老子·道德经》五章）② 大自然在老子眼里是一个大风箱，它中间空虚却不会弯曲，且运行不停，是个开放空间。春秋时代的哲学家就据此指空间为"宇""六合"等。《庄子·庚桑楚》："有实而无乎处者，宇也；有长而无本剽者，宙也。"《淮南子·齐俗》："往古来今谓之宙，四方上下谓之宇。"③ 上、下、东、西、南、北几个方向的空间叫"宇"，时间叫"宙"，合成现代汉语的"宇宙"一词，其词义主要指"空间"。《庄子·齐物论》："六合之外，圣人存而不论。"④ 这六合就是喻指空间像盒子一样由上、下、前、后、左、右六面合成。

古希腊柏拉图（Plato，公元前428—前348年）的《蒂迈欧篇》中的空间是"接受器"，或"处所"，即德谟克利特所谓"虚空"。"柏拉图说这种接受器即空间的性质是：它是永恒的，不会毁灭；他为所有生成的事物提供位置，只能被一种没有感觉帮助的假的理性所认识，是相信的对象。"⑤ 柏拉图的学生亚里士多德（Aristotle，公元前387—前322年）首先定义了空间。他在《物理学》中

---

① 《诸子集成》第七册，中华书局1954年版，第44页。
② 崔仲平：《老子道德经译注》，黑龙江人民出版社2003年版，第7页。
③ 《辞源（修订本，重排版）》上册，商务印书馆2010年版，第875页。
④ 《辞源（修订本，重排版）》上册，第331页。
⑤ 王子嵩、范明生、陈村富、姚介厚：《希腊哲学史》第二卷，人民出版社1993年版，第1056—1058页。

称空间为"位置","如果空间不是这三者中之一种,即既不是形式,也不是质料,也不是一个独立于被包容物体的体积。那么,空间必定是剩下的第四种,即包容物体的限面。而我们所说的被包容的物体是指一个能作位移的物体"(212a3-6)。① 亚里士多德的空间(位置)定义超越了人类比喻的空间特性,空间第一次被纳入科学研究,奠定了牛顿"绝对空间"概念的思想方法和逻辑基础。法国理性主义者笛卡尔(R.Descartes,1596—1649年)坚决反对17世纪前的空间虚空(真空)说,认为空容器中装着未被感觉到的物质,并非绝对、纯粹的"无";装着以太的大容器就是一个宇宙空间,一切星体就是以太漩涡把重物质漩进中心之后形成的。这就是笛卡尔的"以太涡漩空间"观。德国古典哲学的奠基人康德(I.Kant,1724—1804年)把先验存在的人类感性范畴叫作"空间"和"时间",它们整理杂乱无章的现象世界而形成人类的感性知识。康德的"空间"是先验主观的范畴形式,即"先验主观形式空间"。

实质上,空间是具体事物的存在方式,是物质运动的表现形式。恩格斯把时空视为一切存在的基本形式,"物质的这两种存在形式离开物质,当然都是无,都只是在我们头脑中存在的空洞的观念、抽象"(《自然辩证法》)。② 时空离不开物质,物质也离不开它的存在形式。物质(存在)的广延性就是所谓空间,具体来说,空间就是指任何一个物体必须有的一个位置、一定规模、与其他物体的并存关系;三维(度)性是空间的特点:任何一个现实存在物体,都有一定的长、宽、高三个维度,与其他物体的位置具有上下、左右、前后的关系。因此,现实的空间必须是三维的,不能多于三维,也不能少于三维;没有三维空间的地方,就只能是神灵的住所。空间概念反映物质运动的广延性,立体几何学用三个相互垂直的坐标轴可以确定物体在三维空间中的位置。空间往往与时间连用,简称"时空":时间和空间都是物质的存在形式。物质的持续性、前后相继的顺序性是时间;物质广延性、伸张性及其与它事物的距离等是空间。三维性是空间的特点,一维性是时间的特点,有科学家把二者合并为"四度空间"。

时间、空间不可能是"独立实在"的客体,时空作为物质的存在形式而具

---

① 王子嵩、范明生、陈村富、姚介厚:《希腊哲学史》第三卷上册,第503页。
② 《马克思恩格斯文集》第九卷,人民出版社2009年版,第500页。

有了客观性。作为物质存在形式的时空是无限的,无始无终、无边无际,具体的事物、现象是有限的,它们是有开端和结束、有形状和边沿的。

"乌托邦",也就是"空想"的空间,它是从文艺复兴时代到19世纪人类曾经幻想的一种美好的、未来的、从未实现过的空间。古希腊柏拉图的《理想国》是乌托邦(完美却实现不了的地方或国家)的思想主要来源。马克思说过:"对德国来说,彻底的革命、全人类的解放并不是乌托邦式的梦想,确切地说,部分的纯政治的革命,毫不触及大厦支柱的革命,才是乌托邦式的梦想。"(《黑格尔法哲学批判》导言,1843—1844年)[1]马克思、恩格斯在写《共产党宣言》时就分析批判过形形色色的社会主义,关于社会主义在欧洲产生了广泛、激烈的争论,其争论焦点就是社会主义是否是乌托邦(空想)和能否实现。由此,产生了一些关于乌托邦的论著。[2] 乌托邦给人以梦想和信仰的生命存在,始终有人要求人类具有乌托邦精神,德国的马尔库塞、哈贝马斯、布洛赫,美国的詹姆逊等西方马克思主义者也认为马克思主义应该有乌托邦精神。

西方哲学界所谓"空间转向"(spatial turn)发生在20世纪70年代西方发达国家进入后工业社会、后现代社会的历史时期,这时西方哲学空前关注"空间问题",并日益推广人文地理学的词汇,承认空间的重要意义。在本体论上,"空间转向"试图颠覆将空间和社会分割的异常顽固的断裂思维,法国新马克思主义美学家列菲弗尔说:"哪里有空间,哪里就有存在。"在认识论上,"空间转向"认同的空间是构成性的,是变动不居的、活生生的,并非自然的、静止的。"空间转向"在某种程度上促成了新城市社会学的兴起,开辟了文化批评新的方向,如1997年詹姆逊对电影、建筑的解读等。女性主义批判男权统治的一个重要维度就是关注性别化的空间(里兹·庞蒂,2001年;厄里,2000/2003年)。从整体上来说,后现代社会理论的"空间问题"呈现为多维度的发展。中国学术界对"空间"的关注比较晚,如夏铸九、王志泓、包亚明、杨念群、汪民

---

[1] 《马克思恩格斯选集》第一卷,人民出版社1995年版,第12页。
[2] 赫伯特·乔治·威尔斯(H.G.Wells,1866—1946年)的《现代乌托邦》(*A Modern Utopia*, 1905年),威廉·莫里斯(William Morris,1830—1896年)的《来自乌有之乡的消息》(*News form Nowhere*, 1890年),英国作家阿道司·赫胥黎(Aldous Huxley,1894—1962年)的《美丽新世界》(*Brave New World*, 1932年),英国作家乔治·奥威尔(George Orwell,1903—1950年)的《一九八四》(*Nineteen Eighty-Four*, 1949年)。

安等。①

在当今"空间转向"的时代,马克思主义哲学应该关注"空间生产"(即"创造出新空间"的生产)的问题。从空间和空间生产的角度审视、剖析当今社会诸如生态危机、阶级斗争、政治压迫、经济剥削、赛博空间的异化等热点问题,似乎可以得出新的结论和新的发展方向。后现代主义地理学家苏贾(一译"索加",《后现代地理学》,1989年)认为,空间弥漫着政治、社会关系与意识形态,构建了一套空间/历史辩证唯物论,同时他还进一步拓展了这一理论提出了"后都市"这个概念以回应后现代时期的都市变迁,并以洛杉矶为个案进行了卓越的空间分析。当今社会空间充满矛盾和异化,为了构建公平社会空间,既要诉诸道德自律、法律强制,也要进行列斐伏尔所说的"整体革命"。"治标"的对策可以是:以正义自由原则为核心的空间伦理和以各种国际、国内法律为基础的法律强制;"治本"的策略应该是:马克思主义的阶级斗争、共产主义的革命理论。

## 三、佛教中的"空"

汉、魏晋时代印度佛教传入中国,成为与中国本土的儒、道二家三足鼎立的思想流派,并且三者融合成为中国传统思想文化的主流。佛教被称为"空门",大概因为佛家宣扬所谓"四大皆空""色空"等思想观念,影响着中国古代人的思想观念和思维方式,同时也深刻影响了中国古代文化艺术。

"空"是佛家思想的一个最重要概念。佛教指超乎色相现实的境界为"空"。《般若波罗蜜多心经》:"照见五蕴皆空。"《大乘义章》:"空者,理之别目,绝众相,故名为空。"佛之尊称为"空王"。佛说世界一切皆空,故称空王。《诸经集要》—《三宝》引《观佛三宝经》:"昔过去久远,有佛出世,号曰空王。"佛教被称为"空门",皈依佛教被称为"遁入空门"。佛教谓色相世界,皆是虚妄,

---

① 夏铸九:《空间的文化形式与社会理论读本》,台北明文书局1988年版。王志泓:《流动、空间与社会:1991—1997 论文选》,台北田园教育文化有限责任公司1998年版。包亚明主编:《后现代性与地理学的政治》,上海教育出版社2001年版;《现代性与空间的生产》,上海教育出版社2003年版。汪民安:《身体、空间与后现代性》,江苏人民出版社2005年版。杨念群主编:《空间·记忆·社会转型》,上海人民出版社2001年版。

能破除偏执,由空而得涅槃,以空为入道之门,故称空门。《大智度论》十八:"空门者,生空法空。"《释氏要览》上《称谓·空门子》:"何者空门?谓观诸法无我我所,诸法从因缘生,无作者受者,是名空。"后泛称佛家为空门。"空相",佛教指一切皆空之相。相,表象。《大智度论》六:"虚空有相汝不知,故言无,无色处是虚空相。"又:"因缘生法,是名空相。"①

是否讲"空"是区别佛教宗派的标志之一,因此有所谓空宗和有宗。"有宗"指主张诸法为"有"的宗派,又称有教;"空宗"指主张一切皆空、般若皆空的宗派;二者相对而言。在印度小乘中成实宗为空宗,俱舍宗为有宗。大乘中,中道宗(即三论宗)为空宗;瑜珈宗(即法相宗,又名唯识宗)为有宗。大乘在印度只有中道、瑜珈两系,尚有折中两系而成立之学派,太虚法师名之曰"圆觉宗",如中国之天台、华严二宗是也。②禅宗主张佛、魔皆空,以言语思辨为闲葛藤而排除之,也被称为空宗。此外,还有学者统称佛教为空宗,因为佛教主张诸法无我。简而言之,空宗以"缘起性空"立论,法性不生不灭、不常不断,皆属空性,何来实体?有宗以"万法唯识、识外无境"立论,一切现象都是种子变现,因缘假合,不容有实体的质点。空宗的代表性经典是《般若经》。《般若经》的核心思想是"空"。但佛教所说的"空",非一无所有之"空",而是以"缘起"说"空",亦即认为,世间的万事万物,都是条件("缘"即"条件")的产物,都会随着条件的变化而变化。条件具备了,它就产生了("缘起");条件不复存在了,它就消亡了("缘灭"),世间的一切事物,都不是一成不变的,而是一个念念不忘的过程,因此都是没有自性的,无自性故"空"。《金刚经》和《心经》均以"缘起性空"为其核心思想,两部经典都从扫外相、破心著的角度去说"空"。③

"四大皆空"是佛教的基本命题或基本教义之一。佛教的小乘与大乘所讲的"四大"是不同的。④佛教的空不仅空去四大,乃要空去五蕴(色蕴、受蕴、

---

① 《辞源(修订本,重排版)》下册,第 2535 页。
② 周绍兴贤:《佛学概论》,世界图书出版公司 2013 年版,第 51 页。
③ 鸠摩罗什等:《佛教十三经》,中华书局 2010 年版,"出版说明"第 2 页。
④ 小乘佛教所说的"四大",指造成物质现象的"四大种"基本因素:地、水、火、风。它们是形成一切物质现象的种子,四大的调和分配形成一切物象;大乘佛教所说的四大,是指物态的现象,是假非实,是幻非实,对于物象的形成而言,仅是增上缘而非根本法,虽也承认四大为物象的种子,但不以为四大是物象的真实面貌;小乘佛教因为只空我而不空法,所以虽把物象看空,仍以为四大的极微质——"法"是实有的。

想蕴、行蕴、识蕴），色蕴属于物质现象范畴，受（接受领纳）、想（获取、想像）、行（判断并行动）、识（了别义或统觉）四蕴是属于精神现象范畴；四大，只是五蕴中的色蕴（物质）而已。"五蕴皆空"才能使人摆脱"一切苦厄"。

"色即是空，空即是色"是《心经》中的一个重要命题，说的是"有空不二"的道理。《心经》说："观自在菩萨，行深般若波罗蜜多时，照见五蕴皆空，度一切苦厄。舍利子，色不异空，空不异色，色即是空，空即是色，受想行识，亦复如是。"① "色不异空，空不异色；色即是空，空即是色"，其意思是说，物质世界里的有与空是不二的，"有"是缘起有，世间一切有的现象，莫不是众缘所生。也就是说，任何一种有现象的存在，都是由众多条件和合，由条件决定它的存在性，当决定它存在的条件没有时，于是就为空。空有不对立，是一体的。所谓空，不必在有之外，也不必事物毁灭了才谈空；有是缘起有，有的当下就是自性空，有空一体。同样，将此运用到其他受蕴、想蕴、行蕴、识蕴都能成立，于是便有了"受想行识，亦复如是"。佛学研究家吴汝钧认为："这色空相即，实显示《般若经》要本着现象世界是无自性因而是空这一基本认识，与不离现象世界的基本态度，来显示现象与空之间的互相限制、相即不离的关系。这不偏向舍离一点，也极其显明地表示于《小品般若经》中，所谓'不坏假名而说实义'。此中'假名'即指一般的世间法，或现实世界。我们这里要说的是，不偏向舍离即是不舍世间，这是《般若经》以至大乘佛教的空论的特色。"② 由此可见，在中国广为流传的大乘佛教的"空""色空""色即是空""四大皆空""五蕴皆空"等概念和命题，并非虚无主义、悲观主义、厌世主义，而是要求人们看清世界的各种现象的"无自性"本质，从而摆脱一切人间苦难厄运，"心无挂碍""远离颠倒梦想，究竟涅槃"③，从而在一定程度上给人们一种精神上的寄托，平平安安地过生活。也正因为如此，大乘佛教在传入中国以后，经过中国化的过程，从而成为中国流布最为广泛的宗教信仰之一，尤其是其中唐代以后兴起的禅宗，并且与儒家、道家的思想一起融会成了中国传统文化，渗透到了中国的日常生活、道德伦理、文化艺术等方面，产生了巨大的影响。

---

① ③ 鸠摩罗什等：《佛教十三经》，第3页。
② 吴汝钧：《佛教的概念与方法》，世界图书出版公司2015年版，第10页。

## 四、中国古代美学和文艺中的"空"

中国古代美学和文艺,在儒道佛三家融合的思想观念影响下,特别讲究"虚空""空灵""空无""空白"等审美自由境界,形成了中国传统美学和文艺追求情景交融、虚实相生、境生象外的审美意境特色。

林同华主编《中华美学大辞典》收录"空":"空,美学范畴。意谓艺术作品具有空灵虚幻的境界。清周济《介存斋论词杂著》:'初学词求空,空则灵气往来。'孙麟趾《词径》:'天以空而高,水以空而明,性以空而悟。空则超,实则滞。'"① 朱立元主编《美学大辞典》也有"空":"空,中国古代美学范畴。意指一种空灵、静寂的美。最早始于道家的'无','无'是本体,是'有'的根源。中国艺术的重神轻形、'得意忘形''超以象外''计白当黑',讲求气韵等表现技巧和风格,皆是对'无'的利用和体验。这种'无'的审美价值在于:可以感流动之气,可以明'万有'之境,可以生超越之心。至魏晋及汉唐,'无'逐渐被'空'转接,上升为一种空灵、静寂的审美意境,这主要源于佛教尤其是禅宗的影响。中国佛教的般若性空之学认为,'空'是万法的真如,本质的真实,亦是未染尘缘的自然。然不同于涅槃佛性论,其认为万法皆'空',又不执于'空','色不异空,空不异色。色即是空,空即是色'(《般若波罗蜜多心经》)。而'性空'主要在于'心空',即心的无染无静,无悲无喜,无生无死,这样便会达到'青青翠竹,尽是法身;郁郁黄花,无非般若'(《五灯会元》)的审美境界。这种审美境界是一种自然、'本色'的原美。唐司空图《二十四诗品》多以'空'字描述意境,如'幽人空山,过水采苹'(《自然》),'泛波浩劫,窅然空踪'(《高古》),'空潭泻春,古镜照神'(《洗炼》)。在宋以后,这种'空'的意境也多被论及,如宋苏轼'欲令诗语妙,无厌空与静。静故了群动,空故纳万境'(《送参寥师》)。又宋张炎《词源》中有云:'词要清空,不要质实;清空则古雅峭拔,质实则凝涩晦昧。'清周济《介存斋论词杂著》亦有:'初学词求空,空则灵气往来'。"②

---

① 林同华主编:《中华美学大辞典》,安徽教育出版社2002年版,第136页。
② 朱立元主编:《美学大辞典》,上海辞书出版社2010年版,第157页。

"空",作为美学范畴,本源于道家而明晰于佛禅,盛于唐宋之际,表明了一种中华美学精神的"道法自然""空有不二""虚实相生""计白当黑""象外之象""言外之意"的艺术辩证法和审美意境论。这种以"空"为美的审美思想派生出了"虚空""空灵""空无""空白"等标示着审美自由境界的美学范畴。经过诗歌和绘画艺术的实践以及诗学和画论的概括,似乎形成了中国特色的"空白美学"。之所以称为"空白美学",是因为"空白"曾经在中国古代的文人画及其画论和诗歌及其诗论中是一个非常直观的对象:画面上没有着笔墨的地方就是"空白",比如,善于留出大片空白处的南宋画家马远被称为"马一角"(马远的《寒江独钓图》);诗歌中没有著文字的地方也是"空白",比如所谓"不著一字,尽得风流";音乐、戏剧等艺术中没有声音的地方也是"空白",所谓"此处无声胜有声"。因此,以"空白"来标识中华美学精神就比较容易把握,而由此还可以从"空"范畴中生发出"虚空""空灵"等涵盖于"空白"之内的表明审美自由境界的特殊美学范畴。

空白美学思想的基本特征可以用"虚空"(空无)、"空灵"来标示。中国人很早就感到这宇宙的深处是无形无色的虚空,而这虚空却是万物的源泉、万物的根本、生生不已的创造力量。老子把这种"虚空"(空无)名之为"道""自然"。在老子那里,"道"就是"无","无"就是空,就是视而不见,听而不闻,无形无象,不可能用感官把握的存在本体,是一种非实体的存在,因而"道"本身也就是一种空白。老子认为"道法自然","道"是一种精妙无比,广大无限,有名无实的存在;"有生于无",所以"道"是万事万物的根本,因而也是事物之美的根本,也可以说"美在道",或者"美在自然","美在空无"("美在虚空")。道是大,是美,而且是最高意义的美。"道"之美、"无"之美、"虚空"之美是"恍分惚分"的朦胧美,是不可言说的神秘美,是人类五官感觉无法把握的一种"空白"境界,它召唤人们浮想联翩,联类无穷,神与物游,心驰八极之外,才能得到美的体验享受。佛教传入中国以后,"空"与"无"相互融合,直接影响到了中华民族的日常生活和艺术审美。中国化佛教认为,虚与空乃是无的别称:形质虚无,空无障碍,故名虚空。此虚空有体有相,体者平等周遍,相者随于他之物质而彼此别异也。《楞严经》卷六曰:"空生大觉中,如海一沤发;有漏微尘国,皆依空所生。"[1]

---

[1] 鸠摩罗什等:《佛教十三经》,第166页。

卷九曰："当知虚空生汝心内，犹如片云点太清里，况诸世界在虚空耶？"①这种美学上的"虚空"就像四处透空的亭子。苏轼《涵虚亭》诗有云："惟有此亭无一物，坐观万景得天全。"正是这种审美"虚空"使得观景者能够眼观四方，心纳万物，与天地合一，看到天全万景，达到天人合一的自由境界。中国传统水墨山水画中的留白是画家有意为之的"虚空"结构，就像老子《道德经》十一章所说："三十辐共一毂，当其无，有车之用……凿户牖以为室，当其无，有室之用。"②车轮、窗户的效用发挥都在于它们的"虚空"，否则就不可能实现它们滚动、装载的目的。艺术审美也是如此，如果审美对象没有"虚空"就不可能发挥人类联想想象的功能，也就不可能真正领略到"言外之意""象外之象""象外之旨"之类意境，因此，老子说："大音希声，大象无形。"中国传统园林艺术的美学原则也非常讲究"虚空"：挖坑充水即有月，植树置亭则有风，利用"借景"所造成的"虚空"，就可以得到"有长林可风，有空亭可月"的审美自由境界。"诗在有字句处，诗之妙在无字句处。"（李渔《中国诗论·神韵说》）空白为读者提供了一个没有边界的自由涵泳的空间，令他陶醉于美的创造和体验之中。

"空灵"也是中国传统"空白美学"的一种非常重要的审美境界。空灵美，是中国古代诗歌艺术的审美极境，是中国古代诗歌美学的特色范畴，常常以"镜花水月""神韵""诗无达诂"等词语来进行形象、生动的解说。"镜花水月"源自佛典，后移之论诗。宋代严羽在《沧浪诗话》中说："盛唐诗人惟在兴趣，羚羊挂角，无迹可求。故其妙处透彻玲珑，不可凑泊，如空中之音，相中之色，水中之月，镜中之象，言有尽而意无穷。"③明代胡应麟在《诗薮》里说："作诗大要不过二端：体格声调，兴象风神而已。……譬则镜花水月，体格声调，水与镜也；兴象风神，月与花也。必水澄镜朗，然后花月宛然。"④这是要求以外在可感的"体格声调"来表现不可言传只可意会的"兴象风神"，也就是中国传统美学"以形写神"的精神，追求深邃幽远、回味无穷、空灵淡远的意境。《中华美学大辞典》"空灵"词条说："空灵，美学范畴，指艺术作品所表现的虚空、

---

① 鸠摩罗什等：《佛教十三经》，第189页。
② 崔仲平：《老子道德经译注》，黑龙江出版社2003年版，第13页。
③ 北京大学哲学系美学教研室编：《中国美学史资料选编》下册，中华书局1981年版，第78页。
④ 北京大学哲学系美学教研室编：《中国美学史资料选编》下册，第140页。

灵动的审美境界。"清张问陶《论诗十二绝句》之四："想到空灵笔有神，每从游戏得天真。笑他正色谈风雅，戎服朝冠对美人。"王闿运《湘绮楼说诗》："看船山诗话，甚诋子建，可云有胆；然知其诗境不能高也，不离乎空灵妙寂而已。"宗白华论"空灵"特点云："艺术心灵的诞生，在人生忘我的一刹那，即美学上所谓'静照'。静照的起点在于空诸一切，心无挂碍，和世务暂时绝缘。……美感的养成在于能空。对物象造成距离，使自己不沾不滞，物象得以孤立绝缘，自成境界。"(《论文艺的空灵与充实》)①《美学大辞典》"空灵"条目说："指飘逸生动、不染俗尘、灵趣十足、富有禅意的艺术境界和意象美感特征，属于艺术意境中'虚'与'空'的境界，与'结实'相对。"②由此可见，空灵是中国传统美学独具特色的诗化感觉方式，空灵美是中国古代诗歌所追求的最高境界。

  从道家的"无"到佛禅的"空"，空白美学思想的形成和发展，凝结了中国传统美学思想的"无""空""虚"的精髓，同时也融会了儒家美学思想的成分。孔子所谓"文质彬彬"的美，孟子所说的"充实之谓美"，并非拘泥于"文质彬彬"和"充实"本身，而是认为在"文质彬彬"和"充实"之外还有更高的美，所以孔子才会在听了《韶》乐之后"三月不知肉味"，于是孟子说："充实而有光辉之谓大，大而化之谓圣，圣而不可知之谓神。"③因此，道家与儒家的美学思想在追求实体之外的精神（"实"之外的"无""空"）是一致的，不过老子说得更加透彻，道家的"道"是至善至美，道之美应称为大美，是一种超越感官、诉诸心灵体验、趋于无限的美。庄子则赞赏"天地有大美而不言"的"大美"。这种大美是不可言说的，是丧失了语言有效性的，只有"自然""空白"才能创造这种大美。似乎可以说，道的无、虚、空也就是美和审美及其艺术的"空白"，是空白美学的研究对象。中国古代空白美学所研究的这种至美大美——空白，虚空、空灵，直到20世纪中期西方接受美学才发现出来。德国接受美学家沃尔夫冈·伊瑟尔（Wolfgang Iser）提出了"召唤结构"的概念，其中的关键词就是"空白"。伊瑟尔认为，作品的意义的"不确定性与空白提供了将文本与自身经验以及世界观念联系起来的可能性，它们能够使文本适应完全不同的读者倾向。"不确定性和意义空白促使读者去寻找作品的意义，从而赋予他参与作品

---

① 林同华主编：《中华美学大辞典》，安徽教育出版社2002年版，第200页。
② 朱立元主编：《美学大辞典》，第229页。
③ 北京大学哲学系美学教研室编：《中国美学史资料选编》上册，中华书局1981年版，第16、23页。

意义构成的权利(《文本的召唤结构》,1970 年)。① 这种由意义不确定与空白构成的文本结构就是"召唤结构",它召唤读者把自己的经验及对世界的想象与文学作品中包含的不确定点或空白联系起来,这样,有限的文本便有了意义生成的无限可能性,文本的空白召唤、激发读者进行想象和填充作品潜在的审美价值的实现,是吸引和激发读者想象来完成文本、形成作品、发现文本的无限开放意义的一种动力因素。因此,伊瑟尔认为,一部作品的不确定点或空白处越多,读者便会越深入地参与作品审美潜能的实现和作品艺术的再创造。这些不确定点和空白处就构成了文学文本的召唤结构。召唤性是文学文本最根本的结构特征。不过,伊瑟尔的"空白"仍然比较局限于文本中所具体留下的没有文字写明的地方或者语言本身具有的多义性或模糊性,所以,依然主要是一种形而下意义上的、具体可感的文本构成,并不像中国古代美学和文论中的"无""空""虚"那样,更多具有形而上的、终极关怀、不可言说的"道""大美"的价值。这似乎应该是我们在比较中西美学和文论时必须考虑到的中西美学和文论的最为本质的差异。因此,以"道""大美"的"无""空""虚"为主要内涵的"空白美学"似乎可以视为中华美学精神的一个独一无二的特色。

---

① 郭宏安、章国锋、王逢振:《二十世纪西方文论研究》,中国社会科学出版社1997年版,第326页。

# 俱融·传神·感通
## ——胡应麟"兴象"观研究

### 田婧媛

（华东师范大学中文系　200241）

**摘　要**：胡应麟的"兴象"观内在地贯通了诗歌创作技法、审美知觉和诗歌鉴赏，扩充了"兴象"范畴的诗学内涵，使其由一个审美概念延展至诗学理论。在诗歌创作方面，胡应麟的"兴象"观将生命精神置于创作技法之中，展现出灵动的艺术生命力以及活泼的创新精神；在审美体验方面，"兴象"开启了审美主体与自然的共鸣和兴会，展现出超越感性表象的本体意义；在诗歌鉴赏方面，"兴象"将现实世界与心象世界相联结，化育和感通审美主体，强调追寻艺术与意图相统一的美感境界，使其成为探寻生命本真意义的审美活动。同时，胡应麟的"兴象"观还内在地贯通了妙悟、神韵、骨气等诗学概念，展现出中国古典诗学范畴所特有的艺术特质，开拓了中国诗学精神的独特空间。

**关键词**：胡应麟　明代　"兴象"　"风神"　"妙悟"　"体格声调"

"兴象"是中国古典美学中一个重要的范畴。"兴象"由唐代殷璠首创，他在《河岳英灵集》中三次运用"兴象"一词指称具有起兴、感发特质的诗歌意象。如他评孟浩然诗："无论兴象，兼复故实"；评陶翰诗："既多兴象，复备风骨。"[①] 显然，此时的兴象就已奠定了其特有的审美特质及美学内涵，完成了范畴建构。其后，在宋元时期，"兴象"范畴则几乎没有变化，处于一种停滞状态。直至明代的胡应麟，他将"体格声调"与"兴象风神"相联结，突出"兴象"在诗法技巧、审美创构中的独特意味，"兴象"的定义得到创构性的阐释和重新

---

① 高仲武、元结等编选：《唐人选唐诗（十种）》，上海古籍出版社1978年版，第69、91页。

定义,从而使"兴象"范畴在明代焕发出全新的美学意义,为其范畴的完成和批评实践提供了有力的学理支撑。

## 一、形迹俱融,自尔超迈

胡应麟对"兴象"的重新创构,首先开始于诗歌创作论。他说:"作诗大要不过二端,体格声调,兴象风神而已。体格声调有则可循;兴象风神无方可执。故作者但求体正格高,声雄调鬯;积习之久,矜持尽化,形迹俱融,兴象风神,自尔超迈。"①在此,"兴象风神"源于创作主体经过长期训练,是诗歌技法与个体审美相互"形迹俱融"所形成的独特审美感知,其中,主体对"体格声调"的熟练掌握是"兴象风神"发生的第一步。也即是说,"兴象风神"是诗歌脱胎于言语的精神飞跃,"体格声调"是"兴象风神"飞跃前的爬梯。显然,胡应麟是在用诗歌技法与主体妙悟的关系来指代和诠释"体格声调"和"兴象风神",他将诗歌技法的概念明确为对"体格声调"的把控,将"悟"的审美感知阐发为"兴象风神"。可以说,在胡应麟这里,"体格声调"和"兴象风神"即是对诗法和妙悟的进阶式阐释。同时,他对诗法和妙悟关系的阐发,也表明了兴象范畴在诗学理论中的创作准则。

胡应麟将"体格声调"与"兴象风神"相统一的诗法理论,也标志着他将诗法技巧与审美创构相结合,即是一种将枯燥的技法与灵动的意象相融通的创作理念。首先,他强调对"体格声调"的训练,他说:"故作者但求体正格高,声雄调鬯;积习之久,矜持尽化,形迹俱融。"在此,创作主体需严格反复品读经典诗词,熟记规则,以诗歌的体格、韵律为模板进行创作训练,以求达到掌握信手拈来,灵动于心,呼之欲出的创作能力。其次,在诗法理论中融入了生命的律动。创作主体经过长期正统诗法训练后,对诗的感知也由初级的基础技法层进升入对诗体和诗本体的认知,且从经典诗歌中感知出传统诗学中的精神世界。此时,创作主体不仅提升了创作技法,更是提升了自我内在品质。从而,诗歌呈现和绽放出"兴象风神,自尔超迈"的生命境界,创作主体不滞于技法层面,超越了物象的实体、超越了现实生活。随之,胡应麟对创作的感悟更

---

① 胡应麟:《诗薮》,上海古籍出版社1979年版,第100页。

呈现出灵动、超越的生命精神,指向了审美境界的创构。如他评价古诗时说:"凡用事用语,虽千镕百炼,若黄金在冶,至铸形成体之后,妙夺化工,无复丝毫痕迹,乃为至佳。"[①]典故、音韵、词语在诗歌中幻化融合,构成一个统一的整体,诗歌以完整的意象呈现于审美主体的脑海中,带动审美主体生象成境。亦如现代美学家苏珊·朗格所说:"你愈加深入地研究艺术品的结构,你就愈加清楚地发现艺术结构与生命结构的相似之处,这里所说的生命结构包括着从低级生物的生命结构道人类情感和人类本性这样一些高级复杂的生命结构(情感和人性正是那些最高级的艺术所传达的意义)。正是由于这两种结构之间的相似性,才使得一幅画、一支歌或一首诗与一件普通的事物区别开来——使它看上去像是一种生命的形式,看上去像是创造出来的,而不是用机械的方式制造出来的;使它们的表现意义看上去像是直接包含在艺术品之中(这个意义就是我们自己的感性存在,也就是现实存在)。"[②]诗歌是为表达和再现生命存在而生的一种表现形式,它不仅有着各种技法和体裁,而且更饱含着极强的艺术生命力以及灵动活泼的创新精神。可见,胡应麟的"兴象"观将创作技法与审美创构相统一的"兴象"观,强调了在诗歌意象中"兴象风神"是生命创新力的表现,它以遵循法则、中绳墨出为出发点,以打破法则为创构目标,将生命精神置于体制、技法之中,时刻以创新和灵动的变化思维来超越陈腐的诗法规矩。

同时,胡应麟对"兴象"范畴的阐发也填补了明代复古派诗学主张的空白。明代中期以李梦阳为首的复古派提倡"文必秦汉,诗必盛唐"的诗歌创作主张,严格恪守以汉唐诗歌技法为创作准绳。苛刻的诗歌技法准则不仅束缚了创作主体的主观能动性也使得诗歌创作陷入了理论的怪圈中。其后,谢榛虽提出诗歌创作中还应有创作主体的"悟"性的观点,但却并未对诗歌技法与主体妙悟的关系进行阐释。直至胡应麟的"兴象"观,明确了诗法与妙悟的创作关系,并将其上升至诗歌创作的核心地位,才填补了复古派诗学理论的空白。其次,胡应麟的兴象观源于和继承了严羽的"妙悟"说和李梦阳的"格调"说。如他说:"汉、唐以后谈诗者,吾于宋严羽卿得一悟字,于明李献吉得一法字,皆千古词场之大关键。第二者不可偏废,法而不悟,如小僧缚律;悟不由法,外道

---

① 胡应麟:《诗薮》,第 224 页。
② 苏姗·朗格:《艺术问题》,中国社会科学出版社 1984 年版,第 65 页。

野狐耳。"① 显然,其中所说:"宋严羽卿得一悟字,于明李献吉得一法字",表明了胡应麟的"兴象"观中的"悟",来源于严羽的"妙悟"说;"法"源自李梦阳的"格调"说。可见,胡应麟的"兴象"观融合了严羽的"妙悟"说和复古派的"格调"说。

胡应麟对"兴象"范畴的再度阐发,标志着中国古典诗学家对固有诗学观念的革新和超越。他将"兴象"范畴由一个审美形象概念扩展至诗学理论,将技法创作细致为"体格声调",将严羽的"妙悟"阐发为"兴象风神",既填补了复古派理论的空白,又平衡了逻辑思维与直觉思维的诗学关系。同时,他提出"作诗大法,不过兴象风神,格律音调"的创作主张,也从诗法概念上明确了"兴象"的创作准则,肯定了技艺的作用。

## 二、意致深婉,以象传神

从审美感发的角度看,唐代殷璠的"兴象"观侧重于将情感形象化和物态化②,胡应麟的"兴象"观则不仅是情感由虚到实的艺术化过程,更是将情感由实到虚的幻化过程。在此,审美主体将情感的物态化之"象"的挖掘,延长至对"象"之"神"的观照,使"兴象"含有了超越感性的本体意义。

胡应麟在评价魏晋诗时说:"至十九首及诸杂诗,随语成韵,随韵成趣,辞藻气骨,略无可寻,而兴象玲珑,意致深婉,真可以泣鬼神,动天地。"③ 在这里,语言、音韵、诗趣、诗志四者相互契合融洽,共同构筑了一个意致深远的审美世界。显然,这里的"兴象"并不仅是指具有情感能指功能的审美意象,更是指向了兴情而生的意象世界。针对这意韵深远的意象世界,胡应麟用了一个形象的比喻,他说:"譬则镜花水月,体格声调,水与镜也;兴象风神,月与花也。必水澄镜朗,然后花月宛然。"④ 在此,镜和水是由语言文字叠加排列而生的语词表象——物态化"象"的形象世界;月与花则是在审美主体的审美感

---

①④ 胡应麟:《诗薮》,第 100 页。
② 参见成复旺所说:"(兴象)就是在诗人的生活体验中自然形成的情感与形象的统一体,就是体现着诗人感物而生的现实情感的艺术形象。它不是一般的客观形象,而是被诗人情感化了的形象,甚至应该说是诗人情感的形象载体。"见成复旺:《新编中国文学理论史》,中国人民大学出版社 2010 年版,第 155 页。
③ 胡应麟:《诗薮》,第 25 页。

知世界中创生出的幻象——一个幻化的意象世界。物态化的形象世界是幻象世界的基础和媒介。幻象化世界凝聚了物态化世界中最精妙和不可言说的意蕴,它以象罔而似真似幻的方式突出了得物象之"神"的美学意味。因此,兴情而生的象超越了自然性的物理属性,而以第二层自然的物象之"神"为出发点,消散和淡化它的外在形象,以突显审美意象之"风神",在象罔之际,亦实亦虚,含蓄隽永,最终走向圆融会通"全无兴象可执"①的清空之境。在此,意象世界是超越现象本体结构的艺术世界。在"兴象"生成意象世界后,客观世界和艺术形象便逐渐隐退于幕后,而艺术形象的感染力和传达力则释放和发散在审美主体的脑海中,以其抽离和虚化的方式反向进入审美主体。随之,在似实非实,似幻非幻之间创构出一个"兴象玲珑,句意深婉,无工可见,无可迹求"②的意象世界。因此,胡应麟的"兴象"观不仅是"以自然感发的方式来创造的审美意象",更是在"兴"与"象"在相互的触发中以互进式的方法自然生成的圆融入神的审美意象。

"神"的观念最早出现在《庄子·逍遥游》中,以"神人无功"③指无功业和名声牵挂的人。"神"因此被指代为具有超凡脱俗和超越世俗的神人、世外高人等,使其带有某种玄妙和神秘的色彩。"风"本意是指空气流动,自然灵动的现象。"风神"在晋宋时期进入人物品评,如《晋书》卷三十五:"楷风神高迈,容仪俊爽,博涉群书,特精理义,时人谓之玉人。"④在此,"风神"便暗含着一种感性和精神的传达意味,指一个人本原生命属性的独特精神个性以及内在超凡脱俗的精神气质。而在胡应麟的"兴象"观中,他将"风神"与"兴象"并举,将"风神"作为"兴象"的内在审美意蕴的审美观,便带有了"风神"的审美特质和审美意蕴。如胡应麟在评价诗时说:"苏长公诗无所解,独二语绝得三昧,曰:'作诗必此诗,定知非诗人。'盖诗惟咏物不可汗漫,至于登临、燕集、寄忆、赠送,惟以神韵为主,使句格可传,乃为上乘。"他认为。着重刻画景物和事件过程的诗歌,过于直白和枯燥,且仅是一种对现实世界的客观再现,而以"神"为主的诗歌意象,突出的是主客、物我之间相遇时的一种审美感受,侧重

---

① 胡应麟:《诗薮》,第 26 页。
② 同上书,第 114 页。
③ 孙海通译注:《庄子》,中华书局 2013 年版,第 11 页。
④ 房玄龄等撰:《晋书》,中华书局 2000 年版,第 685 页。

于捕捉审美主体刹那间的情绪波动和独特的情感体验，以及随之产生的丰富的主观联想和意味深长之感，也因此它不着重于真实的刻画。正如胡应麟所说："矜持于句格，则面目可憎；架叠于篇章，则神韵都绝。"[1]拘谨于字词、诗格之间诗歌意象将狭窄、局促，而将诗歌创作放眼于整体篇章的呈现，所传达出的将是审美主体超越实象和世象的内在精神个性和独特的审美意蕴。清代的方东树延续了胡应麟的观点，他评刘长卿说："兴最诗之要用也。文房诗多兴在象外，专以此求之，则成句皆有余味不尽之妙矣。"[2]在此，方东树提出"兴在象外"的观点也在于强调对诗外的余意世界的追求。

由此观之，胡应麟的"兴象"观以取神为核心，审美主体在"兴"的牵引下无限拓展；在"象"与"意"张力下，逐渐萌发对美的源泉的向往，也即是对兴象之"神"的追求，随后，以"神"为核心，形成了一个相对独立和独特的艺术空间，这既是"兴象"的审美世界。对比西方文论以具有完善体系、逻辑话语以及观念史才能构成文学理论和诗学范畴。胡应麟的"兴象"观，它兴起象外之象，以象传神，在言与象的张力中创构出多维的审美意象，体现着审美主体的艺术感悟和理解展现诗歌的本真，以及凸显了审美意象对审美主体的感染力。它根植于中国古典美学范畴，摆脱了文化理性的束缚，崇尚取"神"，以生生不息的生命哲学为理论根基，展现出了更多与生命意识相关的联系。同时，胡应麟以"兴象"为诗学核心的论述，摆脱了明代复古派以历史时代划分诗歌的束缚，开启了审美主体与自然的共鸣和兴会，激活了感受美和创造美的能力。这就是通过诗歌活动获得生命的大欢喜和精神的大解放，使之超越时空的局限，感受和回归到人的性情的自由张扬。也因此，此时的"兴象"范畴已然不是文化的符号世界，而是鲜活生命的意义世界。

## 三、咏物兴情，化育感通

从诗歌鉴赏的角度看，胡应麟的"兴象"观，是以感发主体的情性来复兴盛唐诗风的诗学观。他将工具诗学论与艺术审美相结合，企图以审美的方式来

---

[1] 胡应麟：《诗薮》，第212页。
[2] 方东树：《昭昧詹言》，人民文学出版社1961年版，第419页。

化育和感通审美主体,从而创构出发人深思的意象世界。

胡应麟主张的"兴象"即是至情的真实展现。他批评宋人拘泥于钻探唐人诗的客观真实性,却忽视了诗人起兴之情的至情才是诗歌的本体特性。他说:"宋人谓滁州西涧,春潮绝不能至,不知诗人遇兴遣词,大则须弥,小则芥子,宁此拘拘?痴人前政自难说梦也。又张继'夜半钟声到客船',谈者纷纷,皆为昔人愚弄。诗流借景立言,唯在声律之调,兴象之合,区区事实,彼岂暇计?无论夜半是非,即钟声闻否,未可知也。"① 在此,胡应麟认为诗歌中客观景物是否真实存在,景与情之间是否有客观联系,这些都不是评判诗歌的标准。诗歌具有它独特的艺术特性,这个特性便是以兴情为起点的审美构思,兴之情来,情之象生。随性而兴起的情感,它糅合了主体内在的情感诉求、自由幻想和心灵的解放,因此诗歌创构中也需运用虚构化的手段,才能展现出主体的真实情感,以及主体依情而生的意象世界。亦如胡应麟说:"咏物著题,亦自无嫌于切。第单欲其切,易易耳。不切而切,切而不觉其切,此一关前人不轻拈破也。"② 审美主体深入情境世界中,感受情的意蕴,景物仅是媒介,其后生成于审美主体脑海中的虚象即是胡应麟所强调的"兴象"范畴。

其次,"兴象"观主张将汉唐风骨化入诗歌创作中,以此来加强诗歌意象的感发和启示属性。从胡应麟所品评的汉唐古诗中可看出,他所试图传达的诗歌之象也是包涵格高调远的诗歌意象。如他在品评汉代古诗时说:"汉人诗,质中有文,文中有质,浑然天成,绝无痕迹,所以冠绝古今。"③ 汉代古诗文质合一,骨肉相连,创作主体当以恰当合适的方式展现诗歌的内在意蕴,所兴所感皆与诗歌意象相映照。反之,则是:"魏人赡而不俳,华而不弱,然文质离矣。晋与宋,文盛而质衰;齐与梁,文胜而质灭;陈、隋无论其质,即文无足论者。"④ 可见,胡应麟认为魏晋时期的诗歌,辞藻过于华丽,削弱了其内在的诗歌意蕴。因此,他推崇汉古诗,亦如他在评诗时说:"《铙歌》陈事述情,句格峥嵘,兴象标拔。"⑤《铙歌》为汉乐府郊祀歌,多用以鼓舞战士士气,铿锵有力,浩荡威严,使听者由内而外的释放出力量与勇气。胡应麟在此评价《铙歌》为

---

① 胡应麟:《诗薮》,第195页。
② 同上书,第100页。
③④ 同上书,第22页。
⑤ 同上书,第7页。

"兴象标拔",即是在着重强调诗歌意象的运用应精准且直戳诗歌主题,突出诗歌的核心思想。

再次,"兴象"之象是艺术与意图相统一的美感世界。如胡应麟评王勃诗说:"唐初五言律,惟王勃'送送多穷路''城阙辅三秦'等作,终篇不着景物,而兴象宛然,气骨苍然,实首启盛、中之妙境。"① 胡应麟认为,王勃诗中自然景物和审美情感浑然整合,一首诗构成了整体美感经验,物象的精神特质与审美情感相贯通。查看王勃这首《别薛华》发现,诗以"遑遑""问津""悲凉""凄断"这类情感助词相串联,以情写景,将个人思绪融入诗句中,将思想和意义与诗歌的艺术特质象结合,在诗句中创构出一个离别之境,呈现出王勃心中的苦闷,使诗歌整体呈现出一种惆怅、深沉的别离的凄景。可以说,胡应麟分析王勃诗歌的审美功能,正是将诗歌中的语言文字和对审美价值的判断共同放置于美感经验这一架构下。创作主体只有将这些理性的材料化入文学创构中,才能使得这些材料所组成的艺术作品无言地感染人心。

最后,"兴象"范畴指向清空之境,即是净化、纯净的审美世界。"兴象风神"中的"风"是风骨,骨气的代名词,也即是盛唐时期的风清气骨。如胡应麟说:"然后取盛唐名家李、王、崔、孟诸作,陶以风神,发以兴象,真积力久,出语自超。"② 盛唐李、王、崔、孟的诗歌,真挚动人又不失清扬朗健,托物抒情,言外韵味无穷。品读他们的诗歌,"陶以风神"即是创作主体通过阅读和鉴赏提高自我的涵养和气骨,将主体之神感发于象,创作出包含真情,同时又不拘泥于文字,语言清韵悠远的诗歌,以此由主观感觉的兴会走向理性的沉思。

诚如前述,胡应麟的"兴象"观对"兴象"范畴的美感经验展开了更加深入的阐发,并将"兴象"从直觉式批评延伸至分析性批评。胡应麟从诗歌技法与妙悟,取神成象,以象兴情,这三个层面完善了"兴象"范畴的内涵。他将"体格声调"和"兴象风神"二元素并举,从技法层面指明了"兴象"范畴的创构宗旨,使其不仅指向对情感的物象化,更是在追寻情感的幻象化,将"全无兴象可执"作为最终审美追求的境地,更是从审美感知层面扩大了"兴象"的审美意蕴,使"兴象"成为一个全新的诗学范畴,开拓了中国诗学精神的独特空间。

---

① 胡应麟:《诗薮》,第67页。
② 同上书,第114页。

# 马克思主义实践美学与深层审美心理学
## ——《深层审美心理学》书评

袁 梅

(华东政法大学传播学院 201620)

**摘 要**：张玉能教授的新著《深层审美心理学》作为心理学美学和文艺心理学领域的填补空白之作，是一部全面、系统的研究深层审美心理学的厚重著作，是揭开审美意识奥秘的扛鼎之作。此著作立足于马克思主义的观点、立场和方法，界定了深层审美心理学的本质，论述了审美意识的总体构成及动态结构，力图建构一门深层审美心理学，揭开审美意识奥秘，帮助人们更好地进行审美活动、艺术创作和欣赏、审美教育，以培养全面、自由、发展的人。

**关键词**：深层审美心理学 审美意识 审美机制 审美功能

经过30年的辛勤努力和艰苦探索，张玉能教授的《深层审美心理学》(华中师范大学出版社2018年版)正式面世了。这是国内第一部全面、系统研究深层审美心理学的厚重著作，是揭开审美意识奥秘的扛鼎之作，也是我国美学研究的重要创获。全书65万字，凝聚着作者的智慧、感悟、心血、汗水。

中国的审美心理学或者心理学美学，从20世纪初西方美学传入中国以来，不断有先行者探索前进，也出现了一些标志性成果，比如朱光潜的《变态心理学》(1933年)、《悲剧心理学》(1933年)、《文艺心理学》(1936年)就标志着中国现代审美心理学的基本形成，而且，《变态心理学》中就已经涉及深层审美心理学的问题。只是此后虽然介绍和应用西方心理学美学和审美心理学的移情说、距离说、格式塔心理学、直觉说、精神分析说等学说的著述和文章有很多，例如朱光潜的《关于美感问题》、李泽厚的《论美感、美和艺术》、施昌东的《论审美过程中的移情作用》、钱锺书的《通感》等，但审美心理学、心理学美学、文艺心理学的研究一直处于比较沉寂的状态中。这种状况直到1978年以后才有所改观，到了1985年，美学和文论方法论的探索形成了热潮，心理学美学、审美心理学、文艺心理学的研究才又形成了高潮。

1978年至1985年，美学界首先对马克思青年时期的《巴黎手稿》关于美学思想进行了深入的讨论。通过讨论，美学研究者对美感实质和审美能力等与能力有关审美心理方面的实际问题有了比较深刻的认识和理解，且提高了个人和群体的思想认识水平和理论分析能力。同时，美学界也进行了关于科学美的讨论与技术美学的引进，随之而来的是对传统观念羁绊的突破，进一步促进了国外审美心理学理论的进一步介绍，从而促使国内美学研究向心理学理论研究的纵向与横向的发展，并促使国内美学研究向心理学美学转移，更大程度地推进了审美心理学与文艺心理学研究的推进。

1982年，金开诚出版了我国新时期第一部艺术心理学专著《文艺心理学论稿》（1982年），紧接着滕守尧的《审美心理描述》（1985年）、陆一帆的《文艺心理学》（1985年）、鲁枢元的《创作心理学》（1985年）、彭立勋的《美感心理研究》（1985年）、劳承万的《审美中介论》（1986年）、王先霈的《文艺心理学教程》、钱谷融和鲁枢元主编的《文艺心理学教程》（1987年）、潘智彪的《喜剧心理学》（1989年）、童庆炳主编的《现代心理美学》（1993年）、周冠生的《新编文艺心理学》（1995年），等等，先后形成了新时期两次审美心理学研究的高潮。张玉能教授就是在1985年的方法论热潮中开始学习和研究审美心理学的，并且在1986年的《文艺研究》上发表了两篇关于审美心理学的论文，从此就一直在进行审美心理学研究。此后，中国审美心理学与文艺心理学研究进入兴盛繁荣时期，无论是在理论研究还是在方法论方面都有了较大的发展，但是深层审美心理学却一直是中国审美心理学研究的薄弱环节。鉴于此，张玉能教授一直致力于深层审美心理学研究，直至今天《深层审美心理学》终于出版。这部著作不仅是张玉能教授多年来深层审美心理学研究的成果，也是中国新时期深层审美心理学的一部标志性著作。

一

张玉能教授把深层审美心理学视为探索和揭开人类审美意识深层奥秘的

新科学,以丰富的文学艺术和审美活动的事实确证了,中国古代文艺理论家的一系列美学和文论思想就是中国古代深层审美心理的沉淀和表达。比如,"诗言志"和"文以载道",就是要求文学艺术作品需要抒发符合一定道德规范的感情,表达顺应一定政治理想和信念的思想,文质并举,感物吟志,真实地反映现实生活,充分发挥为伦理政教服务的社会功能。这是几千年来中华民族审美传统的集中表现,而且已经积淀在每一个中华民族成员的审美心理结构之中。时代、阶级、区域和个体的差别,当然会给这种审美传统观念及其在审美心理结构总体中的地位和作用带来一些差异。然而,"言志""载道"的模式或框架始终无形地存在着,并且我们民族的每一个社会成员的审美意识和审美活动必然会时隐时现地受到这种模式或者框架的影响。在人的深层审美心理之中,不仅蕴含着一个民族审美传统这样一些纵向发展的历史产物,而且还孕育着不同地域、不同民族之间审美活动、审美意识和美学理论相互碰撞、相互影响和相互融合之奥妙。人类的审美现象千差万别,但也有许许多多共同之处。形成这些差别和相同的原因很复杂,但其根本性原因之一就在于深层审美心理的差异和相同。审美意识具有民族、阶层、时代、群体和个体的差异与相同,它们是审美意识的驱动力的外指向,也就是人类深层审美心理的外在化。

《深层审美心理学》一书明确界定:深层审美心理学的研究对象主要就是人类的审美无意识和审美潜意识以及审美显意识的深层根据,其研究范围主要是人类审美活动中的深层结构、深层机制、深层功能以及它们在文学艺术和审美教育之中的具体表现。①

该定义言简意赅,范围明确,主要从存在形态上对人类的审美意识进行了三个层次的划分,且强调了深层审美心理学并非是一门独立的人文学或人文科学,深层审美心理学的发展离不开其他许多人文科学和社会科学的知识积累和发展。例如,作者在书中指出,深层审美心理学与许多相关的人文学科息息相通、相互影响,如深层审美心理学与文艺学的发展亦互为表里、相辅相成。因此,尽管审美心理学从审美经验、审美心理等角度而言几乎使美学区别于其他学科并可区别于一般艺术学,但是深层审美心理学作为审美心理学的深度发展

---

① 张玉能:《深层审美心理学》,华中师范大学出版社 2018 年版。

始终离不开其他人文科学和社会科学的知识积累和发展,这也是张教授在研究深层审美心理学的历程中始终坚持的观点和立场。

## 二

张玉能教授根据其新实践美学思想,创新地提出了审美无意识的"实践—超越机制"。张教授虽然没有直接参与中华人民共和国成立初期的美学大讨论,但通过阅读和学习与美学大讨论相关文章,使其坚定不移地信奉马克思主义的实践美学。因此张教授对深层审美心理学的研究和论述始终立足于马克思主义的实践美学,并不断地探索和创新。"以马克思主义哲学为指导来研究美学,坚持辩证唯物主义的哲学观和美学观"成为张教授马克思主义实践美学的哲学基础和基本分析思路。

提到审美无意识,就不得不将其与人类需求相联系。张教授主张审美无意识是人类深层审美心理的重要组成部分。一方面,审美无意识主要对应于人的实用性需要;另一方面,审美无意识又是对本能性无意识的超越。在社会实践的过程中,人类的生理性需要,通过现实化和内在化,经过宣泄和升华,超越了实用性、生理性的需要,形成了审美无意识。

《深层审美心理学》指明了审美潜意识的转换生成过程主要以语言作为转换生成的中介,"语言"成为审美意象向审美图式转换生成的重要桥梁。当然,张玉能教授还运用了马克思主义的实践唯物主义和实践美学的方法论基础,明确指出,人类的深层审美心理是在社会实践过程中积淀而生成出来的。在生理性需要的基础上,通过社会实践生成出动力定型的审美无意识,并通过社会实践的文化积淀生成出动力定型的审美潜意识。[①] 一般说来,深层审美心理的个体的生成和发展过程中自我是载体,社会实践是动力,审美观念、审美情趣和审美理想是基础,这些因素最终综合促进个人在认知、情感、意志等方面审美情操的提升。这种生成和发展过程形成每一个个体的一个审美的认知、情感、意志的整体。

---

① 张玉能:《深层审美心理学的对象和范围》,《美与时代(下)》2010年第8期。

## 三

《深层审美心理学》对深层审美心理的意义和功能进行了细致的描述和分析。

首先,深层审美心理对于人类关于艺术本质的认识具有深刻的影响。人类的审美无意识、审美潜意识使得其逐步认识到艺术的审美意识形态性、艺术的"实践—精神的把握方式"、艺术的生产性和艺术的现实反映性。这些都真实地反映在马克思主义美学思想中。① 第二,社会实践催生推动的人类审美无意识使得人们在艺术创造中能够充分发挥灵感的"神奇力量",进而全面地进行内在的构思活动,并且能够烂熟于心,得心应手地表达出自己的艺术构思。第三,深层审美心理在人类的艺术欣赏与鉴赏活动中具有决定性作用。这种审美无意识或审美潜意识使得人们在艺术欣赏中能够充分地利用审美无意识和审美潜意识之中的"前见",达到"视界融合",构成"召唤结构",从而更加有效地实现艺术欣赏的主体性和创造性。② 第四,深层审美心理在是现任的本质、促进人的全面发展方面起着决定性的作用。这种审美无意识、审美潜意识使人的劳动成为"按照美的规律"进行的自由自觉的活动,使人成为自由的人,使得人真正实现其社会本质,成为自由全面发展的人。第五,深层审美心理对于每一个人的人格完善具有决定性作用。在长期社会实践中生成和发展的审美无意识、审美潜意识可以使得普通人成长为非超越的自我实现者和超越的自我实现者;可以使得思维型人格与艺术型人格成长为综合型人格;可以使得内倾型人格与外倾型人格成长为综合型人格,从而使得每一个人都得到自由发展。③

《深层审美心理学》全书65万字。张玉能教授就是这样系统全面地描述、

---

① 张玉能:《深层审美心理与艺术本质——深层审美心理与艺术的"实践—精神的掌握方式"》,《吉首大学学报(社会科学版)》2012年第4期。
② 张玉能、张弓:《深层审美心理与艺术欣赏——深层审美心理与"视界融合"》,《文艺理论研究》2013年第3期。
③ 张玉能:《深层审美心理与自我实现者的人格完善》,《安徽师范大学学报(人文社会科学版)》2013年第41卷。

分析、揭示了深层审美心理的本质、结构、机制、功能、作用。这一著作凝聚了作者三十余年的智慧、感悟、心血和汗水。书中每一章节无不显示出深层审美心理在人类的认识、情感、意志、人格、艺术创作、艺术欣赏、审美教育等方面显示出来的伟大力量,为人类的全面自由的发展奠定了最根本、最深刻、最广泛的基础。总而言之,《深层审美心理学》以马克思主义的观点、立场和方法揭示了深层审美心理在人类的生成和发展中的不可或缺、不可替代的地位和作用,是一部很好的研究艺术和审美"使人成为人"的全面系统的著作。

# 理论的"幻象":评罗钢《跨文化语境中的王国维诗学》

潘海军

(浙江越秀外国语学院中文系 312000)

**摘　要**:罗钢的《跨文化语境中的王国维诗学》是一部引起学界较多关注且争议较大的著作。作者采用思想探源及考证研究等方法,对《人间词话》的基本概念予以辨析,重在梳理诗学范畴的"西式"源头,对王国维诗学理论的本土渊源持否定态度。罗钢将王国维"意境说"认定为德国美学精神的"中国变体",抽离了与中国诗学传统的联系。追溯原因,罗钢对王国维"境界说"彰显出"内在对抗性"、立体性和"复合性"理论架构认识不足;其次,对王国维会通中西哲学能力有低估之嫌;最后,罗钢采用文化殖民视角与"解构"立场,认为王国维诗学割裂传统,乃理论的"幻象"。王国维诗学深深扎根于中国传统美学根基之中,经过其创造性发挥,呈现出亦中亦西、古典兼备浪漫的理论特质。

**关键词**:理论的"幻象"　中国变体　复合性　解构

罗钢的《跨文化语境中的王国维诗学》,是一部引起颇多争议的学术著作。作者以宽阔的理论视野和扎实的研究功底对王国维诗学进行梳理和辨析,采用新的研究方法,提出了新见解。童庆炳先生认为,罗钢教授"通过缜密的考证,揭示了王国维《人间词话》提出的'境界说',其思想来源是以叔本华的认识论美学为首的德国近代美学,而非中国古代文论和美学,'境界说'乃是'德国美学的中国变体'"(是书第2页,本文其后亦同)。童庆炳先生对该著述给予很高评价,认为"罗钢对王国维诗学的研究是目前最具代表性、最富于思想意义的学案研究"(第9页)。但是,质疑罗钢学术观点的研究成果也在不断出现。学者孙仁歌认为，罗钢将德国美学传统确认为中国现代意境说的源头，显然是一个"伪命题"。他认为："罗钢先生似乎只看到王国维借鉴叔本华、朱光潜借鉴克罗齐、宗白华借鉴卡西尔、李泽厚借鉴俄罗斯美学理论，却偏偏绕开了他们对于意境中国说的传承与渗透，也忽视了他们对于国学的皈依与血统关系。"① 苏州大学刘锋杰、赵言领发表论文《是"幻象"还是"真象"——以罗钢教授论"隔和不隔"为中心的商榷》，对罗钢的文化立场和偏颇结论予以批评："要想深入揭示王国维诗学的实质，必须摆脱'后殖民理论'的桎梏，在自信且自由的理论心态中才能推进中国诗学的发展，并与西方诗学建立平等的交流关系。"② 上述学者针对罗钢著述论及的不同问题，提出了学理而针对性的看法。褒者如斯，贬者如斯。我以为，罗钢论著将百年学界对王国维诗学创见的否定之势，推向了"高峰"。鉴于学界对罗钢著述进行比较全面论析的研究成果尚付阙如，笔者不揣愚鲁，撰文就教于方家。我们先从其代表性的观点谈起。

# 一、本与末："境界说"的"文化源流"

罗钢探讨王国维"境界说"与中国古代"兴趣说""神韵说"之关系，其所持之论具有代表性。罗钢发现，百年学界以各种方式重复表述王国维当年的观点。王国维"境界说"与传统"兴趣说""神韵说"，具有内在一致性和价值互通性，在学界基本成为共识。包括顾随、叶朗、叶嘉莹、孙维城等前辈学者在内，他们在此问题上的表述虽然有差异，但是并没有否定其内在的价值联系。罗钢抛出了第一组问题：王国维的"境界说"与中国古代的"兴趣说""神韵说"果真"相通"吗？如果相通，"基础"何在？罗钢上述疑问关涉王氏"境界说"理论创新的根基问题。换言之，王氏"境界说"有否创新性？如果有创新性，那么其理论基石是深深扎根在中国传统美学的土壤之中，还是西学概念横向移植"中土"后的"范畴变体"？罗钢通过论证，得出如下结论：

---

① 孙仁歌：《质疑颠覆意境说的学术动机及其逻辑性——直面颠覆意境说之立言者罗钢先生》，《文艺争鸣》2015年第6期。

② 刘锋杰、赵言领：《是"幻象"还是"真象"——以罗钢教授论"隔和不隔"为中心的商榷》，《学术月刊》2016年第6期。

> 如果说通过"境界"与"兴趣"的比较，我们发现它们分别代表着来自东西方诗学传统的两种不同类型的审美经验，二者之间并不存在一种本质与面目、产生与被产生的所谓"本末"关系。（第 147 页）

从上面论述可以看到，罗钢否定了王国维"境界说"与传统美学"兴趣说""神韵说"的内在联系，将其定位为"西方文艺理论的移植"。回顾百年学界，对王国维"境界说"理论创新之处争议不断，歧见纷纭。叶朗认为："王国维的境界说并不属于中国古典美学的意境说的范围，而是属于中国古典美学的意象说的范围。"[①] 叶朗对王氏"境界说"的理论创新性持怀疑态度，但是并没有否定王氏"境界说"与中国传统美学的内在互通性。徐复观、李泽厚、宗白华、陈鸿翔、周锡山等诸位前辈学者，和叶朗所持之论虽有差异，但是肯定理论独特性的同时，认为其美学范畴内蕴的传统特色是显而易见的。饶宗颐、叶嘉莹、佛雏等前辈虽然对王氏"境界说"的理论"弊端"提出了富有见地的批评，但是他们并没有否定王氏"境界说"与传统美学的传承性。笔者曾对三位前辈的著述专门撰文予以论析，限于篇幅，不再赘述。笔者钦佩罗钢先生推进王国维美学研究脉络的学术努力，但是对其研究结论不敢苟同，其逻辑推演存在如下问题。

罗钢认为，学界论述王国维"境界说"与中国古代"兴趣说""神韵说"具有互通性最为系统和充分的是叶嘉莹。叶嘉莹指出，王氏"境界说"具有两大特质：能感之和能写之。实际上，叶氏上述概括比较模糊，而且对王氏"境界说"理论创新之处缺乏精准把握。罗钢认识到叶氏"理论对接"的错位："王国维说的'能感之能写之'是难以根据中国古代诗歌'兴发感动'的传统来加以解释的。"（第 136 页）这种思考是有道理的。然而，如果将王氏"境界说"仅仅纳入中国古代"兴发感动"美学传统之中，显然会遮蔽其理论范畴的独特性。罗钢认为，其"另有所本"是没有问题的，并将其认定为"出自一种与中国古代诗学判然有别的诗学传统"，具有客观性。言其"客观性"，指罗钢论及"能感之"，确认其源于王氏"境界说"涵摄叔本华天才理论中诗人所具有的深邃观察力，实乃中肯之言。罗钢如果顺着"天才之眼"探讨下去，深究王氏"境界说""能感之"所蕴含的创新性内容，那么无疑是一条正确的研究路径。但是，罗钢认

---

[①] 王国维著，周锡山编校、注评：《人间词话汇编》，上海三联书店 2014 年版，第 6 页。

为:"使叶嘉莹把王国维说的'能感之'理解为中国古代诗歌的'兴发感动'的一个重要原因,是她可能并不了解王国维此处所说的'感'乃是一种特殊的叔本华意义上的'感'。"(第137页)罗钢引用叔本华对"感"阐释的原话,意在指明"感"与"直观"具有内在一致性。又引证王国维之言"原夫文学之所以有意境者,以其能观也",再次证明"能感"即"能观"。罗钢言之凿凿,"观"之意"必须理解为叔本华所说的'直观'"(第137页)。罗钢言及"王国维的'境界说'具有多种思想来源,但叔本华的'直观说'始终占据它的核心"(第137页)。然而对于如何占据核心,核心表现如何,并没有给出确切阐释。王国维之"感"和叔本华的"直观"具有相关性,但是超越概念背后两位旷世天才的精神痛苦和孤独之感,可能更值得探究。而且将"意境"之"能观"等同于"境界"之"能感",说明罗钢对王国维"境界"与"意境"二者复合关系重视不够。

进而言之,罗钢确立了逻辑前提:"王国维的'境界说'在颇大程度上是以叔本华的'直观说'作为蓝本的。"(第138页)顺此脉络,罗钢反观王国维的"本""末"之论,指出渊薮"在叔本华的美学体系中,直观正占据着'本'的位置"(第138页)。质言之,因为此,所以彼。境界即直观,直观据"本"位,故境界居"本"位。罗钢接下来论及王国维对叔本华"直观"概念的推崇,以及麦基对叔本华相关观点的推演,佐证王国维"境界"之"本"乃叔氏"直观"之"本"。罗钢在"本"的问题上没有深入展开,我们再看其对"末"是如何论证的。

罗钢意识到,王国维对传统美学"兴趣""神韵"的态度较为矛盾和复杂。王国维在《人间词话》中多次引用了刘熙载《词概》的原话,说明二者之间可能具有价值联系。但是与刘熙载对严羽观点推崇相比,王国维为什么将"兴趣""神韵"看作"末",这是什么原因呢?罗钢引证米切尔《形象学》中有关理论,意在说明诗歌都是以视觉形象为基础。又引用叔本华相关理论说明了想象力对于诗歌转化为生动图画的重要性。他提到语言如何能充分调动想象力?叔本华的回答是,诗歌语言必须具有图画性和描绘性,从而给想象留下空间。由此罗钢基本完成了对何谓"末"的论证。我们再简单梳理一下他的逻辑论证过程:境界即直观,而直观即形象,形象以视觉形象为基础,若生动精妙需要想象力,想象力囿于语言,而语言的图画性带来想象空间。这些论述谈及审美蕴藉效果得以产生的转换链条,无疑是有道理的。罗钢论证的策略是通过转换概念的方式,意在论证"末"乃王氏所言"不过道其面目"而已。他据此得出了关于"末"的研究结论:"正是叔本华关于诗歌本质,尤其是直观与想象关系的论述,为王国维'本末说'提供了直接的理论支持。王国维似乎有充分的理由把叔本华关于诗歌语言与想象的关系翻译成中国古代诗学中的'言'与'意'的关系。"(第140页)其实,关于"言""意"关系的论述,实乃吾国古老之传统,下面详述。

王国维缘何要将叔本华的论述翻译成中国古典诗学的价值范畴,有何学理上的必要?如果仅仅是单纯的"概念置换",这样做有何美学价值?罗钢在行文中论述叔本华的概念偏多,论及王国维与叔氏价值纹理的具体联络较少。至于王国维究竟有哪些"充分理由"并没有指出;有哪些证据足以说明叔氏理论为王氏"提供了直接的理论支持",也没有论及。另外罗钢没有触及"本""末"背后涉及王氏"境界说"理论创新性和范畴独特性问题;对"境界说"与"神韵说""兴趣说"可能存在的美学联系缺乏论证,客观上已经掩盖甚至遮蔽了研究对象的丰富性和复杂性。罗钢上述有关"本""末"之论的分析虽然有学理性,但是由于系列概念转换已经游离了"本""末"之本体,纵意而谈"直观""想象""形象",其论证过程和研究结论与王国维言及的"本""末"之道似乎已渐行渐远。

罗钢确凿地认为,王国维是依据叔本华的想象理论来诠释中国古代诗学中的"言"与"意"的命题。他为了进一步论证王氏"境界说"与传统"兴趣说""神韵说"之间不存在"产生与被产生关系",重点聚焦于"隔与不隔"之说。关于"隔"与"不隔",王国维并没有给出明确的概念界定,而是以诗例形式予以阐释说明,引发了学界较大争议。争论焦点不仅涉及"隔"与"不隔"的内含,深层指向关涉王氏"境界说"有否理论创新的问题。如果对王氏"境界说"与传统美学传承性与独特创新性不能精准把握,一旦触及"隔"与"不隔"的问题,犹如置身于摩耶女神重重神秘面纱之中,识清"境界"之真面目将更加困难。换言之,论及王氏笔下的"隔"与"不隔",犹如在迷雾中辨方向,稍有不慎就可能出现"南辕北辙"的局面。欲识清其"隔"与"不隔"之"庐山真面目",背后至少涉及四个问题:一、对王氏"境界说"与"意境说"内在包含关系的界定;二、"隔"与"不隔"主要指向是意境范畴还是超意境范畴;三、"隔"与"不隔"是中学范畴的"旧瓶装新酒",还是西学概念的"中国变体";四、"隔"与"不隔"与王氏"境界说"的理论创新有何关系的问题。罗钢在"隔"与"不隔"的问题上进行了详细的论述,限于篇幅,我们先看罗钢的研究结论:

> 王国维所谓"不隔",其实就是叔本华"直观"一词的翻译,"不隔"的景物是可以"直观"的"景物","不隔"的感情就是可以"直观"的感情,王国维把这种情形又称为"观我"。(第155页)

罗钢意识到,"隔"与"不隔"乃学界争议的焦点,但是他在"隔"与"不隔"归类上发生错位,将其背后涉及"显""隐"划分得过于简单,暴露出的问题则是对"意境说"和"境界说"复杂包含关系辨析不足。罗钢将王国维《人间词话》原稿与正式发表文稿进行对照,认为这一修改正说明了"不隔"即"直观"。我以为,王国维最后决定用"不隔"替代"直观",还有种可能觉得两个概念存在差异,并非同构关系。接着罗钢引用饶宗颐的相关批评后指出:"王国维标举的'不隔'显然应归入'显'的一类。这是为叔本华的直观认识论所决定的。"(第142页)顺着这种逻辑思路,罗钢花了很大篇幅证明严羽的"兴趣说"源于中国古代比兴的诗学传统。在罗钢看来,王国维依赖的是叔本华理性知识之外的直观知识,虽然也很可能和严羽"妙悟说"发生了共鸣,但是"境界"与"兴趣"内涵的差异性巨大。限于篇幅,我再罗列一下罗钢是如何论证"境界"与"神韵"的对立、冲突和紧张关系的。他只是简单地提了一下"神韵"的价值和意义,然后开始论述西方"形象"一词的"能指"和"所指",重在从艺术发生学角度厘清其本质所在。如果说王国维的"不隔"属于"形象"的"谱系",而王士禛的"神韵说""却是与中国诗画关系中一种相反的历史运动相联系着"(第149页)。对于罗钢上述研究结论,我充满了疑惑。其论证过程并没有指出"境界"与"神韵"这两种诗学传统之间究竟如何"对立、冲突与紧张",论证过程枝节横生。即便以事例举证,说服力较弱,如引用李白诗一例便是如此。简言之,罗钢对"本""末"之论存在的互通性和变异性认识不足。那么,需要追问的是:造成歧见的"源头"究竟何在?"隔"与"不隔"该如何理解才能比较客观准确地把握其"神韵"?"本""末"之说又该如何合理阐释?也许,我们只能从王氏"境界说""质的规定性"说起了。

## 二、何谓"真感情"

罗钢上述结论并非空穴来风,包括叶嘉莹、佛雏等前辈学者都将王氏"境界说"纳入西学范畴予以解读,其深层原因都和王氏"境界说"与传统意境美学复杂难辨的包含关系相关涉。这个问题犹如"米诺斯迷宫",是学界产生歧见之源。如何清晰准确地界定两者分野,找到走出迷宫的"阿里阿德涅之线",并做出严谨而科学的推断,是对研究者精神视野的极大考验。接下来笔者结合罗钢具体论述对此问题予以解答。

百年学界针对王氏"境界说"的内质构成上,歧义纷纭。聚焦的词话如"境非独谓景物也,喜怒哀乐,亦人心中之一境界。故能写真景物、真感情者,谓之有境界。否则谓之无境界"。① 何谓"真景物",何谓"真感情"? 学者见仁见智。罗钢认为,"境界"的标准之一是"真景物",他列举姜夔的《暗香》《疏影》为例,认为"真景物"应该是客观具体的"形象画面",否则就"不真",就不能"在目前"。罗钢割裂情与景的互通关系,实际上景中情,情中景,神于诗者则妙合无垠。而且他的举证并不能说明问题症结所在。王国维所言及的"真景物",并不在于"景物"如何"形象","画面"如何"逼真",而是和"真感情"密切联系在一起。那么罗钢如何理解王氏"境界说"言及的"真感情"?

罗钢还是以姜夔为例,先以王国维提出"白石有格而无情"作为批评的逻辑起点,反向问之:"白石果真无情吗?"(第154页)罗钢接下来引用现代学者夏承焘的研究结论:姜夔词描写的是自己的亲身爱情体验。原来白石词攸关作者"一段刻骨铭心的爱情",如此真实的情感王国维如何能言其"无情"? 罗钢认为,"正是白石情词这种'愈浓愈淡'的特点使王国维产生了隔膜"(第155页)。他接着又谈到"真感情"乃"不隔"之感情,并进而论之:"对于王国维而言,诗歌中的'真感情'必须满足两个条件:第一,它必须是可以被直观的'激烈之感情',即一种直接、明确、毫无掩饰的感情,只有这种感情才能是人客观地观察到它的本质,达到'观我'的目的。第二,这种情感必须被一个抒情主体鲜明地显现出来,用王国维的话说,便是'观我之时,又自有我在',这个'我'既是'抒情主体',同时又是'认识主体'。"(第155页)罗钢上述思考孰是孰非,该如何判断? 这就需要对王氏"境界说"之"真感情"清晰界定,然后才能客观评析。

纵观学界对王氏"境界说"的研究,有两大问题缠绕其中,使得相关研究难有定论。第一、王氏"境界说"与"意境说"两种提法是否具有同质性? 能

---

① 王国维著,滕咸惠校注:《人间词话新注》,齐鲁书社1994年版,第38页。

否互相替代？我的观点是二者不对等，不同质。王氏"境界说"是一个复合立体的价值范畴，既包含"意境说"，又具有超越意境美学的审美特质。换言之，王氏"境界说"内含意境美学和超意境美学的旨趣。如果不能清晰地定位其复合性和价值分野所在，就会出现逻辑上的混淆，造成了论证上的偏差。比如论析"隔"与"不隔"，究竟放置于意境美学场域予以阐释合理呢，还是将其纳入超意境美学予以解读更合适？第二、王氏推崇境界之真，其"真"之内涵是什么？仅仅指涉情感的真率大胆还是有其他深意？王氏"境界说"倡导"真感情"，它的艺术变异性和美学特殊性何在？境界之"真"与"有我之境""无我之境"是什么关系？换言之，提倡"真我"与"有我""无我"是否存在矛盾？学界同仁如果能够将上述问题予以清晰地思考，那么无疑可以揭开王氏"境界说"的"神秘面纱"，从而把握其价值真髓。

那么，罗钢是如何思考上述问题的呢？先看如下这段话："王国维的'真景物'与'真感情'都需要做到'不隔'，要能够直观，因此'真景物'需要'语语都在目前'，'豁人眼目'。而'真感情'指的也是直接大胆、毫无掩饰的真率的情感。"（第90页）罗钢将"意境范畴"的"隔"与"不隔"纳入属于"超意境范畴"的"真景物""真感情"予以阐释。最突出的问题是将"真感情"理解为"直接大胆、毫无掩饰的真率的情感"，这显然与王氏"境界说"倡导的"真感情"有"隔膜"之嫌。笔者曾在文章中指出，"真"不仅仅是真实情感的流露，而且"真感情"乃"深感情"。"深感情"彰显的是人类永恒的生存困境，是体验到终极无归宿后生发的不安与恐惧，抒情主体面对生命有限生发出的"万古之咏叹"。敏锐的诗性心灵超越了外在的现象世界突入到本体世界，呈现出的"形而上的焦虑"。王国维提出喜怒哀乐乃心中之境界，他认为没有深邃之感情，不足以言文学之事。艺术家追求的非一时一事，而是永恒之真理。王国维誉赞南唐后主李煜之词，彰显的是对生存的"拔根"之思。词人体验到生命终有大限的"罪感"迫压，坦露出"身是客"的哲学境界和生命境界，无疑达到了存在人类学的高度。罗钢单纯以"直接大胆、毫无掩饰的真率的情感"来形容"真感情"，显然没有触及"真"之本质。王国维对"真感情"的推崇与赞赏，不仅具有美学变革精神和审美创新精神，而且也是构成王氏"境界说"的两翼框架之一。约言之，正是对"真感情"的价值推崇，成就了王氏"境界说"在中国美学批评史上的独特地位，其理论独创精神恰恰与此相关。如果无视或者否定王氏"境界说"对"真感情"的推崇,就不足以深切领悟到王氏"境界说"与传统美学范畴的价值分野所在。

回溯中国文学批评史,以"境界"论文艺并非由王国维开始,但是他对"真感情"的提倡,使得境界这个范畴由于全新精神元素的融入发生了"蜕变",从而奠定了王氏"境界说"难以企及的高度。王氏"境界说"若放在中国美学场域,其理论变革意义深远弗届。王国维对"真感情"的推崇与提倡,和他"永抱悲观"及深湛的生命体验有直接关系,实际上是超越"中""西"价值分野的存在人类学命题。王国维固然受到了叔本华等德国哲学家的影响,但是与西哲骨子里的血液相通和精神气质的契合,才是至关重要的。笔者上文提到了"境界说"的两翼架构:对"真感情"的推崇堪称一翼,另一翼则是对中国传统意境美学的传承。如果说前者彰显了王氏"境界说"对绽出"真我"的美学创新,那么后者则是王氏"境界说"对中国传统意境美学的价值回归。罗钢循着上述研究理路和思维逻辑,彻底摧破旧说,提出全新主张:"'意境说'是德国美学的中国变体。"笔者钦佩罗钢"敢破敢立"的学术精神,但是他的"新锐"观点经得起推敲吗?

## 三、"意境说"是德国美学的中国变体?

王国维发表《人间词话》以降,"研究热"持续高涨。罗钢对《人间词话》引发的"意境热"及"经典化进程"予以述评,并罗列了萧驰、姜寅在意境研究的相关结论,遂提出了如下疑惑:由王国维奠基,经朱光潜、宗白华、李泽厚建构起来的"意境说"其源头何在?其美学依据和文化根基何在?经过诸多学者推动并成为中国美学场域"核心范畴"的"意境说",彰显了怎样的理论立场和文化愿景?由于罗钢行文较长,限于篇幅不能逐一辨析,现将该论域关于王氏"意境说"的核心观点予以评论。

罗钢认为:"王国维的'意境说'所包含的正是一种以'康德叔本华哲学'为基础的、在中国诗学史上从未有过的'新'的诗学话语。……王国维的'意境说'在中国诗学传统中的确称得上是'截断众流',因为它基本上是以一种与整个中国诗歌传统异质的西方美学为基础建构起来的。"(第259页)罗钢详细地罗列了王氏"意境说"基本构成元素的"西学渊源",一一对应,作为思想理路的梳理,无疑值得肯定。罗钢将王国维"意境说"彻底纳入西学范畴,一刀截断"中流",认为其内在逻辑与审美精神彰显了"德国美学传统"。

需要指出的是,由于王国维时而使用"意境",时而使用"境界",由此也给研究者带来了困惑。学界前辈在梳理二者内含时,一般认为"意境"即"境界"。"境界"乃中国固有价值范畴,非王国维首创,并没有什么内含的独特性。叶朗先生即持此说,他基本上将王氏"境界说"纳入中国传统美学范畴予以阐释。如果将"境界说"等同于"意境说",不仅不足以说明王氏"境界说"的创新性,而且一定程度上会掩盖或者遮蔽王氏"境界说"的理论独特性。我的观点是,"境界说"涵摄"意境说",超越"意境说"。换言之,"境界说"既具有中国传统美学的"意境元素",又具有非中国传统的"超意境元素"。至于这种非中国传统的"超意境元素"是否乃"德国变体",下文详述。在罗钢的行文中,时而用"意境",又时而以"境界"一词代指"意境",他虽然对其"西学梳理"或者"德国式"解读,但是将两大概念的内含同质化,对两大范畴的"对抗"关系认识不够。

罗钢旁征博引,文理思辨性很强,但是"意境""境界"二者价值分野不明而呈现出的"悖论",也在行文中出现,如:"王国维所说'喜怒哀乐,亦人心中之一境界',这从'观我'的角度自然是不错的,但与'境界''语语都在目前'的形象特质就发生了直接的冲突。"(第262页)不难看出,罗钢上述话语将"境界"与"意境"概念同质,无视其二者在内含上存在的"差异性"。他将"境界"与"话语都在目前"放置一起,看似严密,其实正彰显了认识上的"软肋":此境界非彼境界,实乃意境而已。还比如"一直到今天,在关于'意境'的种种界定中,'情景交融'仍然是最主要和影响最大的一种"(第259页)。罗钢虽然是引述,但是可以看到其论述逻辑的转向,是以"压缩"及"剥离"王氏"境界说"的独特性和创新性作为论述前提,进而来分析"意境"说的"德国变体"。

另外,罗钢善于从"细节"入手进行分析。比如前文谈到"有我之境""无我之境"发表时,因为王氏略加修改,便推敲其理论之思所隐含的"不确定性"和理论建构的"不完整性"。他分析宗白华的"意境"理论,也从其晚年谈话"透露的玄机"开始追问。罗钢分析宗白华"意境说"对"形式"的强调,以及形式与生命的关系,皆是德国美学家卡西尔美学所提供的。虽然在行文中,罗钢也偶然谈及王国维与宗白华所言及"意境"的不同内涵,但是他在论述中基本上以宗白华的"意境"作为"根基",审视其"理论渊源",并反观其与王氏意境之"不同"。简言之,罗钢将王国维的"境界说"等同于"意境说",然后又将王氏"意境说"纳入宗白华"意境说"的价值视阈予以阐释,再将李泽厚"意境说"里提出的"典型化哲学"予以"西式解读",继而又分析"典型说"如何又经叔本华传递给王国维。他详加推演王氏意境中的"情"与"景"与李泽厚意境中的"意"与"境"的异同,对李泽厚的"形神""情理"也加以"西式"剖析,重在指出李泽厚在"意境"理论上的"翻新"也无非是黑格尔理论的"变体"。

罗钢的论证由于论题所限,实际上"偏离"了"中心",他得出了如下结论:"正是德国美学传统为'意境说'的建构提供了源源不断的思想资源,同时也为它提供了一种统一的理论基础。"(第279页)那么,"意境"理论除了德国思想资源之外,有否可能兼备中国传统?如果要全面探讨"意境"所含全部义理及指涉,显然非拙文主旨所能涵摄。王氏"意境说",如果将其纳入中国古代诗学传统范畴予以阐释,能否更客观,更具合理性?我打算简单地回溯中国诗学传统之后,再以"有我之境""无我之境"为例,对王氏"意境说"进行一番"中式"解读。

## 四、王氏"意境说"与儒家"诗境"道家"道境"

在阐释中国诗学传统之前,笔者想再次强调拙文论点基于两个基本命题,这两个基本命题,经过阐释,便能将王氏"境界说"的理论独特性和传统继承性言说清楚。第一个命题表达的是,王氏提出的"境界说"和"意境说",内涵并非同质,是不可以相互替代的两个概念。正如前文所交代的,由于其价值范畴及诗学精神不同,王氏"境界说"既具有"传统意境说"的内含,又具有"超传统意境说"的元素。任何形式的随意替换以及不加说明的"模糊性"使用,都会遮蔽王氏"境界说"的理论独创性。进而言之,如果不清晰二者的价值分野,以"境界说"的超越性范畴来对接其传统美学旨向,会造成逻辑谬误。比如将"真感情"和"无我之境"、"真感情"与"'隔'与'不隔'"纠缠在一起论述,必如堕雾中,难以认识境界之"真面目"。学界前辈饶宗颐、佛雏、叶嘉莹、叶朗在论述中不同程度都存在上述问题,深层原因都与上面提及的问题相关涉。

第二个基本命题是,王氏提出的"意境说"并非罗钢所言乃德国美学的

"变体"，其审美旨归彰显了中国诗学传统。

论及中国诗学精神，笔者觉得有必要罗列罗钢在此问题上的基本观点。阅读罗钢关于"意境说"的冗长论述后，我发现他在行文中屡次谈及儒家的抒情传统。另外他还谈及儒家的"比兴"传统。罗钢所言无疑是中肯的，但并非全面。追溯中国诗学传统，《周易》的影响深远弗届。如《系辞上》："圣人有以见天下之赜，而拟诸其形容，象其物宜，是故谓之象。子曰：书不尽言，言不尽意。然则圣人之意其不可见乎？子曰：圣人立象以尽意，设卦以尽情伪，系辞焉以尽其言，变而通之以尽利，鼓之舞之以尽神。"《系辞下》："开而当名，辨物正言，断辞则备矣。其称名也小，其取类也大，其旨远，其辞文，其言曲而中，其事肆而隐。"尽管"《易》无达占"，但是其内含的"言""象""意"已成为中国古典诗学核心要素，所引导的基本主题则是"言不尽意""其旨远，其辞文，其言曲而中"。质言之，《周易》乃中国诗学传统的价值渊薮，并为"言""象""意"三大核心范畴提供了思想资源和美学依据。

值得指出的是，罗钢似乎忽略了发轫于老子，经庄子发扬光大的道家"道境"，对于中国诗学传统的重要影响力。老子提出"道可道，非常道""天下万物生于有，有生于无""言者不知，知者不言"，到庄子的"得鱼忘筌""得意忘言"，和上述《周易》所阐发的"言不尽意"互相融合，从本体论场域规定了中国诗学有关"隐""显"的价值旨趣。老子主张"以无以隐为本为体"，将"主观真意"收摄和统合到绝对本体的"道境"，如此方显主客合一的浑融。孔子讲"朝闻道，夕死可矣"，老子讲"道法自然"，实际上这里的"道"更多的是本体之道、宇宙运行规律之道、存在之道。儒家之道和老庄之道尽管都言"道"，侧重点并不相同。前者侧重于圣人之道、君子之道、仁义之道，而后者侧重于对宇宙大道的阐说，由此获得形而上的价值皈依。当然儒家之道尽管属于"人道"的范畴，但是从宇宙本体论层面以抽象的宇宙必然理论来论证价值追求的合理性，可概括为"以天征人"的天人合一模式。"道"乃审美价值世界的形而上基础，"与道浑融""天人合一"则是中国诗学的终极旨归。罗钢言及的"诗言志""比兴"传统，实际涵摄灵感、想象、体验等内含的中国抒情诗歌传统，推崇"无邪""乐而不淫，哀而不伤"的"中和之美"，由此导引出"感兴""兴象""兴会"等一系列价值范畴。但是这种"诗言志""比兴"诗学传统，与《周易》提及的"言""象""意"并不矛盾，甚至是表里关系。清代史学家章学诚就认为，"《易》

象虽包六艺,与《诗》之比兴,尤为表里"。①

进而言之,《周易》里所言"天人之际""天人交融""言不尽意",到庄子的"哀乐不易施乎前"(《人间世》)、"游心于淡,合气于漠"(《应帝王》)、"与物有益"(《大宗师》)、"与物为春"(《德充符》),到刘勰说"意生文外"(《文心雕龙·隐秀》),钟嵘说"文已尽而意有余"(《文心雕龙·隐秀》),千古文脉相传,道出了中国诗学的价值精义。审美意识观照外物时呈现出片时的共感,由"法天""法道"而呈现出味外之味,主体与自然互相涵摄跌宕出象外之象。创作主体通过构塑审美意象而追求言外之意,堪称东方最高艺术精神的体现。"道法自然"构筑的合主客而超主客的"重叠意象",主客达到浑然天成、意与境浑,"情景交融",而突显"象外之象""文外之重旨",则引发艺术意境。由此足见,中国诗学传统推崇"只可意会,不可言传""意在言外""辞不尽意"的妙趣。如何使物象、事象"玲珑透彻"而"秘响旁通",如何烁灵义于象外从而追求"隐之为体",极显匠心,堪称中国诗学理论的主轴。作为国学大师的王国维自然熟稔上述诗学之精义,他提出的"意境说"理应纳入中国诗学场域中予以阐释。笔者结合罗钢的论述,暂以"有我之境""无我之境"为例再谈之。

何谓"有我之境"?何谓"无我之境"?王国维并没有给其精确定义,而以列举具体诗例方式予以说明,学界对其内含争议颇大。我们先看罗钢在"有我之境""无我之境"问题上的基本观点。罗钢认为:"最重要的是,它使我们认识到,王国维所谓'无我',其实就是叔本华的'纯粹无欲之我'。"(第94页)罗钢上述观点,从学术研究史而言,实际上秉承了叶嘉莹、佛雏等前辈学者的观点。罗钢认为:"所谓'有我之境、无我之境'说,是王国维在西方理论背景下所进行的一次不成功的理论建构,正所谓'七宝楼台,拆碎不成片段'。"(第117页)

罗钢认为,王国维"有我之境"的提法勉强而不成熟,甚至有"为了理论而理论"之嫌,乃王氏"不得不提出来的"。罗钢从王国维发表这则词话时缘何"细微改动"入手,经过了极为繁密的考证,甚至"旁逸枝节"考察"造境""写境"的出处依据,等等,意在说明王氏借用西方理论资源的不同,构筑了不同的概念体系。罗钢认为,"有我之境""无我之境"概念内部包含的矛盾与断裂是不容置疑的。罗钢推测,王国维可能对此矛盾并不明晰,也可能有所察觉,

---

① 章学诚著,吕思勉评:《文史通义》,上海古籍出版社2014年版,第7页。

从那一处小小改动就可看到王氏建构理论时所"隐藏的破绽"。从上面论述可以看到,罗钢不仅否定了"有我之境""无我之境"作为概念体系的完整性,而且完全抽离了这一对概念可能具有的"中国元素"。众所周知,王国维确实受到了叔本华思想的影响,言其思想来源无疑是恳切的,但是罗钢将王氏之"无我"与叔氏"纯粹无欲之我"概念对等,将其内含同质并认定为"一脉相承",结论如此确凿是否过于"独断"?罗钢言及王氏"有我之境"乃"不得不提出来的",这样的说法客观吗?王氏提出的"有我之境""无我之境"有否"中国元素"?是否也可以在中国传统诗学范畴予以解读?我以为若回答上述问题,需要将王国维关于"意境"理论的核心观点列举出来。

王国维曾托名樊志厚有如下论述:"文学之事,其内足以摅己,而外足以感人者,意与境二者而已。上焉者意与境浑,其次或以境胜,或以意胜。苟缺其一,不足以言文学。原夫文学之所以有意境者,以其能观也。出于观我者,意余于境。而出于观物者,境多于意。然非物无以见我,而观我之时,又自有我在。故二者常互相错综,能有所偏重,而不能有所偏废也。文学之工不工,亦视其意境之有无,与其深浅而已。自夫人不能观古之人所观,而徒学古人之所作,于是始有伪文学。学者便之,相尚以辞,相习以模拟,遂不复知意境之为何物,岂不悲哉!苟持此以观古今人之词,则其得失可得而言焉。"[①] 我以为,这段话透露出的几点信息尤为重要:第一,王国维鲜明坦露出自己的"崇古"立场,认为唯有"观古人之所观",才可能有"真文学";第二,文学之工于不工,实乃意与境而已,而最上乘者乃意与境浑;第三,无论是"观我",抑或"观物",都强调"自有我在",不可"有所偏废"。笔者上文谈到儒家"诗境"和道家"道境"之时,并没有触及佛教禅观理论对中国诗学的影响。苏东坡云:"静故了群动,空故纳万境"(《送参寥师》),彰显了一种真如佛性与个体本觉合一的无碍之境。在佛禅空性无相自觉观照下,万象纷现,主体遁入涅槃境界,处于超越物我、有无、生死的空寂之中,某种程度上是以取消"自有我在"为前提的。叔本华喜欢佛禅哲学,对于叔本华而言"无我"可能是"纯粹无欲之我"。但是对于王国维的"无我之境"而言,罗钢认为,"所谓'无我'其实就是叔本华的'纯粹无欲之我'",显然是有些勉强。罗钢引用了学者周裕锴的相关观

---

① 许文雨编著:《人间词话讲疏》,当代中国出版社2015年版,第100页。

点，认为真正写出了"无我之境"的诗人乃王维。罗钢甚至诘问："王国维为什么不选择王维，却偏偏选择并没有真正做到'无我'的陶渊明诗作为'无我之境'的代表呢？"（第343页）笔者以为，这种质疑无道理，因为王国维的"无我之境"非王维佛禅式的"无我之境"，而陶渊明式的"无我之境"也与王维的"无我之境"具有差异。我们需要阐释清楚王国维所推崇陶渊明式的"无我之境"到底意味着什么？我先把陶渊明这首《饮酒诗》第五首列举如下：

> 结庐在人境，而无车马喧。
> 问君何能尔？心远地自偏。
> 采菊东篱下，悠然见南山。
> 山气日夕佳，飞鸟相与还。
> 此中有真意，欲辨已忘言。

王国维将"意与境浑"作为意境美学的价值归趋。"境"亦是"景"。陶渊明这首诗将"景外之景""韵外之致"的意境美学发挥到了极致，堪称中国诗歌场域的"极品"。吟诵时，若一幅画卷呈现在目前：高远清雅之士，潇洒旷达，东篱采菊；怀抱澄澈，丘壑南山自现胸中。王国维言及诗人"有造境""有写境"，陶渊明笔下之"南山"是"写境"，更是"造境"。渊明以"南山"之景以"寄意"，写其放逸之致。语言意象深婉窈渺，堪称"独步千古"，真可谓"不知何者为我，何者为物"。氤氲丘山，夕阳斜照。翩然飞鸟，不倦任飞。渊明言其"有真意""已忘言"，实乃将"不尽之意"融入"象"中，诗境绵密而玄远。其涵蕴，其曲折，包含多少说不出也说不尽的意思。言其道出了所有知识分子的精神向往不为过；言其渊静安谧的景象，坦露出作者内心神秘的喜悦也可；言其字里行间涌动着自由的欢愉同样没错，等等。所谓"意境之美"，所谓"无我之境"即不见痕迹，主客浑然，情景交融，从而创生象外之象。王国维高度评价陶渊明诗作，将外境的气韵与质感与主体感知，浑然一体，意与境浑产生出无尽的联想与想象，意境之美也就得以呈现。王国维的这种"崇古"旨趣，实际上是对《周易》开创"言不尽意""象外之象"美学传统的回归。所谓"质而实绮，癯而实腴"，陶渊明以清淡之笔不甚渲染，达到意想不到的绮丽，意境鲜朗，章旨深远。质言之，正因为陶诗独超众类，将中国古典传统"辞不尽意"的妙趣淋滴尽致地展示出来,王国维才将其定位为"豪杰之士"。由此足见,王国维"意境说"深深扎根于中国美学传统的土壤之中,绝非"德国美学的中国变体"。最后,我想探讨一下罗钢解读王国维诗学的文化立场及理论根基。换言之,罗钢基于何种文化心态和价值立场聚焦王国维诗学,他的理论出发点和归结点何在?对该问题的回答将有助于我们理解罗钢提出所持之论的深层原因。

## 五、"解构主义"文化心态与后殖民理论立场

20世纪90年代以降,国内学界展开了有关中国古代文论如何实现现代转换的大讨论。尽管众说纷纭尚无定论,但是相关学者关注该话题的文化态度和理论立场值得考量。众所周知,中国经济改革取得了巨大成就,但是哲学社会科学的世界影响力发展相对滞后。面对西方文艺理论场域不断推陈出新而异彩纷呈的局面,中国文艺理论界亦步亦趋地跟随其后,创新力不足的问题比较突出。尤其是在与西方学者进行学术交流时,国内学界因为缺乏自我独特的理论体系和话语建构,而处于"失语状态"。"尴尬"的现状,引发了学者文化忧患意识和使命感。如何在国际理论舞台发出"中国声音",如何对中国古代文论予以现代转换,则成为非常急迫的时代命题。意境理论的现代转换问题就发生在这样的文化背景之下。

罗钢在著述中引用了学者古风对意境理论现代化与世界化的思考。意境理论是否真的如古风所言"基本现代化",我认为依然是一个尚待探讨的话题。限于篇幅,此处不赘。罗钢对古风意在追求并实现意境的"世界化"持怀疑态度,其聚焦点在于中国古代文论的所谓"现代阐释",恰恰是以西方范型为前提方可实现的。那么经由"西式置换"的所谓"现代转型",不正彰显了西方对东方所拥有"文化霸权"吗?中国学人所追求的"现代化书写",建构起来的"新理论""新体系",能够超越东西方不平等知识关系的叙述框架吗?罗钢的怀疑是有道理的。就笔者粗浅的识见,现代化这个词本身就意味着一定程度上的西方化。现代化首先是经济学范畴,是一种有别于传统经济发展的模式,由此衍生出政治、文化、伦理、制度等一系列价值范畴。当然,探讨"现代"这个词汇的内涵与外延,尤为复杂,涉及民族性和世界性关系,因为非本论题重点,暂存而不论。就中国古代文论的现代转型而言,必然要触及西方文艺理论方法及

话语策略等问题。就此而言，罗钢的担心疑惑是可以理解的。对于王国维这样的批评大师，是否也落入了西方殖民话语的"价值窠臼"之中呢？这显然是一个耐人寻味的问题，探讨起来也颇为严肃和有趣。

我们先看罗钢的理论预设："现代并不意味着西方，第三世界国家的现代化也并不意味着西方化，但对于接受了这种'从传统向现代过渡'的叙述框架的第三世界学者来说，离开了西方作为楷模，作为参照系，他们就很难想象出一种可以作为其替换的别样的'现代'，在文艺理论方面也是如此。……如果说'现代阐释'是为中国古代文论走向'现代化'量身定做的，那么'现代转型'就是它实现'现代化'的必经之路。"（第379—380页）罗钢借用拉康的理论进一步指出："为了获得承认，为了进入象征秩序，个体不得不做出牺牲，不得不进行一种'自我阉割'。所以拉康把进入象征秩序的主体写作一种经过'自我阉割'的主体。通过这种'自我阉割'，个体内化他者的欲望，抛弃那些不适应象征秩序的因素，使自己成为符合象征秩序要求的合格的主体。从这种意义上说，所谓'中国古代文论的现代转换'，就是拉康所说的'自我阉割'，是中国学者为了进入国际理论的象征秩序，为了得到这一象征秩序的认可，而不得不进行的'自我阉割'。"（第380页）顺此逻辑思路，意境理论现代化也必然是"自我阉割"，从而蜕变成一个西方理论的载体。罗钢站在文化民族主义立场上，追踪第三世界国家文学理论一旦实现所谓"现代化的转型"，本质上携带了"被逐"的标记。罗钢揭示意境理论"引入主体"后，实际上是被"他性"所包装后彰显的"中式幻象"："王国维诗学与中国古代诗学之间的历史桥梁仍然是在西方理论的帮助下建构起来的。……他提出的'境界说'不仅是近现代东方学者创造出来的可以与西方文论相抗衡的唯一一个'有影响的文艺理论体系'，而且当西方思潮借助全球化的推动汹涌扑来之际，它成为东方的文学和文论传统一灯不灭的象征，它对于支持我们的民族尊严和文化自信具有如此重要的意义，以至于倘若没有这样一部著作，我们也有必要把它创造出来。事实上，'境界说'正是这种霍姆斯鲍姆所说的'被发明的传统'。……我认为，王国维诗学和《人间词话》之所以在今天受到如此崇高评价，一个最根本的原因就是它作为一种'被发明的传统'，为中国知识分子在上述二元对立中产生的焦虑、矛盾和紧张，提供了一种想象性的解决方式。"（第392—393页）罗钢质疑并否定了《人间词话》内涵的理论创新性和价值独特性，认为其不过是现代知识分子矛盾、紧张、焦虑的产物,是一种"被发明的传统"。

在罗钢看来,面对西方的强势话语,中国知识分子陷入无地彷徨的境地。为了改变"文化弱势"以及"文论失语"的被动局面,只能"建构"经典,创制"传统",如此才能支撑"民族尊严和文化自信"。但是,"传统"可以"被发明"吗?王国维一部学术著作被罗钢上升到了攸关"民族尊严"和"文化自信"的高度,是否有拔高之嫌?罗钢提及的"想象性的解决方式",是否具有客观性和逻辑依据?我们看罗钢的研究结论:"当我们把源自德国美学的'意境说'称为'中国古代美学和诗学的中心范畴',甚至奉为'中华民族的最高审美理想'的时候,其所作所为,难道不正是找到陈寅恪痛斥的'认贼作父,自乱其宗统'吗?"(第394页)罗钢指出,"王国维的立足点确实在中国阐释传统之外"(第413页),"《人间词话》与中国古代阐释传统无疑是断裂的"(第413页)。那么,罗钢的理论立场何在?他缘何将王国维诗学抽离出传统美学场域,其背后彰显了什么样的文化心态?

阅读罗钢专著,我看其尤喜引用后殖民理论家诸如赛义德、查克拉巴蒂、霍米·巴巴等人的理论。在后学大师的笔下,东方国家欲先前发展,只能沿着西方国家的来路拼命追赶,而在文化领域中呈现出一种历时性的"过渡叙事"。在罗钢看来,《人间词话》尽管被理论界"经典化",但是却无视其被"西式"理论所支配控制的"殖民性"特征。如果听任其发展下去,不仅意味着对既有文化传统的背叛,而且也使"他性霸权"的支配地位永久化。罗钢认为,王国维陷入"意识形态牢笼"的事实无疑是确然的,无论是文化身份还是知识结构已经被"西方话语"所"左右"。经西方美学变体后彰显自我风格的美学文本,实际上已经展现出"身份政治",无疑与"殖民话语"存在共谋关系。罗钢秉持文化民族主义立场,对文化主体的"他性转换"予以解构,反对西方文化的"渗透"和"价值内化"。

罗钢进而指出:"通过所谓'现代转换',使西方文化思想逐渐渗透和内化为我们对自身民族文化身份的体认和对自身文化传统的想象,最终生产出一种以西方文化为范型,与西方文化具有高度同质性的'中国文化传统'。当我们把《人间词话》奉为'国学经典',当我们把王国维、朱光潜、宗白华、李泽厚等依据德国美学传统建构的'意境说'视为'中国古代诗学的核心范畴',或'中华民族最高审美理想'的时候,我们同时就永远地埋葬了自己民族的诗学传统与审美理想。"(第415页)罗钢意在回归"殖民前"的本民族诗学传统和审美理想,主张将王氏"意境说"的"殖民特色"彻底抛弃。由于一味强调"权力""意识形态"在"殖民主体意识"形成过程中的重要性,罗钢将《人间词话》经典化归结为"意识形态的幻象"。概而言之,王国维的《人间词话》由于将"西方范式"引入本土化,最终置换掉了"本土范式"。作者采用的视角是"他者"视角,从而彰显了"西方霸权"。

罗钢针对学界引用西方理论对中国古代文学传统进行"现代阐释",持质疑否定态度。他认为,"长久以来,我们却忽略了这种关系中所包含的不平等性质"(第204页)。罗钢引用了后殖民理论这样表述:"后殖民批评家查克拉巴蒂把这种现象称为'无知的不平等',它是指包括康德美学在内的各种西方理论体系都是在'相对或绝对滴对于人类的大多数经验,即那些生活在非西方文化中的人们的经验懵然无知'的条件下生产出来的,然而吊诡的是许多第三世界学者却真诚地相信'这些理论对于理解我们的社会有着重大的作用',在他们看来,'只有欧洲提出的学说才是理论性的(就其构成历史思考的基本范畴而言)','所有其他地方的历史都只是经验研究的对象,是依附在欧洲的理论骨骼上的一层皮肉'。令人遗憾的是,这种情形也发生在王国维诗学中。"(第205页)中国学者不能唯西方理论为标尺,这种理论态度值得赞赏。他把西方天才理论理解对浪漫主义运动的理论总结,认定其是"锻造出来的一件思想武器",显然值得商榷。罗钢并没有意识到天才心灵具有互通性、超民族性和跨时代性,反对天才心智特征的普遍性,严格持守东西方文化观念的差异性和不可通约性。他对西方天才理论的理解显然具有族群性、时间性和地域性。正因如此,罗钢否定王国维引用西方天才理论的内在合理性也就顺理成章了。他做出了如下陈述:"王国维对东西方文化之间深刻的历史差异显然缺乏清醒的认识"(第205页),将康德、叔本华的天才理论应用到五代、北宋词和南宋词的解读上,无疑是"张冠李戴""削足适履",并确然"王国维在这方面的失误"(第205页)。

罗钢追溯传统文化"纯净本质"的态度固然可敬,但是对于王国维这样一位既"追求纯粹传统",又有融通"外来文化"的文艺大师而言,将其纳入"后殖民文化结构"予以"解殖民化",当属理论的"幻象"。罗钢意在探索传统美学"本原关系",他声称在对唐圭璋、龙榆生、饶宗颐、万云骏等人对王国维诗学的抵抗中，触摸到了中国诗学传统的生命脉动。罗钢肯定饶宗颐论词应本于"意内言外之旨"的审美主张，但是否定乃至于无视王国维对此传统诗学的价值守护，是极为遗憾的事情。"后殖民""后现代"思潮是广泛交迭的文化实践，将某个特殊时期的"经典文本"视为特殊的"西方偏见"，后学理论家大都持守解构"强权"、颠覆"迷思"的理论立场。罗钢秉持后殖民理论立场对王国维诗学理论予以"颠覆"，其解构性研究策略引入了"主体"，同样逐出了"主体"。洋洋洒洒数十万言，但是距离王国维那颗千古文心可能愈发遥远。罗钢想要定义自身美学传统的学术姿态值得肯定，在行文中也自觉与"传统"和声共鸣。但一个毋庸置疑的事实是，他与王国维"意境说"彰显的中华民族诗学传统是相背离的。

## 余　论

走笔至此，长文该结束了。但是由罗钢著述所引发的思考似乎意犹未尽，有个问题始终萦绕笔者心头：学者欲进行文艺批评，自身应备的资质是什么？这个问题见智见仁，无法定论。但是研究王国维这样的文艺大师，如果单纯地以"理论"对接"理论"，而缺乏与之相通的生命体验，撰文批评要审慎，否则很可能"笔走偏锋"。罗钢在著述中谈及王国维"读不懂比兴体"（第331页），认为他的词作"疏远了与时代的精神联系，思想情感不免显得肤浅和单薄"（第370页）。当读到类似语言时，我颇感错愕。王国维不仅具有厚实的国学根基，而且他深刻的生命体验和犀利的艺术洞察力，实乃近世殊为罕见的批评巨擘。他提倡艺术贵在追求真理，批评韩愈、杜甫、陆游等诗人的部分诗作，因为其创作视阈限于社会历史维度。在王国维看来，诗人"思想情感肤浅和单薄"，可能正是因为"与时代精神联系"过于紧密之故。联想到王国维自言"可信"与"可爱"的内在冲突，我认为，也仅能说明其内在精神气质更具诗人本色，尚不及康德、叔本华氏更擅于理论推阐罢了。

约言之，王国维的诗学思想深深扎在中国传统诗学根基之中。他提出的"意境说"继承中国传统诗学的基本精神：无论是"隔"与"不隔"，"造境""写境"，还是"有我之境""无我之境"，皆可在中国诗学场域予以阐释。王国维提出的"境界说"，既富于"争议"，又具有"谜"一般理论魅力。它不仅涵摄中国意境美学的价值要义,而且融入了"真我"元素,呈现出独特的美学品格。其中,"古典式"的"有我之境""无我之境"与"浪漫式"的"真我之境"所构成的理论架构,既呈现出"对抗性",又具有"立体性"和"统一性",使王氏"境界说"具有了复合性、开放性和无限的可阐释性。这也许是吸引无数学者倾注心血研究其内涵真髓的最大原因吧。歌德曾提出,古典是健康的,浪漫则是病态的。"古典式"的和谐、节制、素朴对于艺术美学而言,具有恒久之价值。"浪漫式"的自我反叛,兼备破坏性和不确定性,为艺术传统增添了建设性和创造性。我想,唯有"天才式"的变革精神,才能突破伟大古典主义节制和谐的价值规约,从而创出全新的艺术范畴,彰显自我殊异的审美趣味。王国维无疑是这样的天才人物。在古典与浪漫话题的背后,可能还夹杂着"民族性"与"世界性"的复杂关系,但是坦露的"自由独立精神"显然非罗钢"变体论"所能遮蔽和掩盖。最后,我想借葛兆光谈陈寅恪的一段话作为拙文结束语,谨以表达对一代批评大师的基本认知:"陈寅恪代表了二十世纪二三十年代中国学术的一个非常重要时期的一些知识分子的心理状态,即学术的国际化和学术的民族性是始终在他心里交战的。他不仅在思想上在精神上'自由之思想,独立之精神',同样在学术上,他也是要'自由之思想,独立之精神',从学术史的角度来看陈寅恪,他代表了二三十年代中国最顶尖的那批学者做学问的态度和做学问的追求,这点是值得我们所有愿意做学问的人努力和学习的。"①

---

① 葛兆光:《预流的学问——重返学术史中看陈寅恪的意义》,《文史哲》2015年第5期。

# 神经美学：一门日臻成熟的学科

[美]安简·查特吉* 著　蒋芳芳 译

**摘　要**：神经美学正在蓬勃发展，目前仍处于初级阶段。在这个阶段，我们需要认清的是，神经美学究竟属于哪个领域以及它将朝着怎样的方向发展。因此，笔者首先回顾了一些属于神经美学范畴的著作。这些著作所讨论的内容包括：大脑和艺术家的意图与实践的并行性、一些具有指导意义的趣闻轶事以及实验神经美学的产生。其次，笔者认为，对神经美学范畴内某些领域的研究可能会产生不可估量的价值。最后，笔者指出了该学科在发展中可能面临的一些挑战。当然，这些挑战并不仅局限于神经美学。随着神经美学的日臻成熟，这些挑战也许可以依托认知神经科学领域内成熟的经验而转化为神经美学发展的机遇。

## 引　言

神经科学需要向美学输送什么样的养料？作为一个美学范畴，神经美学的影响力正与日俱增。[①] 随着神经美学的发展，它面临着"科学的本源性"与"美学的相关性"这二者兼而有之的挑战。"美学"这一术语运用十分广泛，包括对艺术的感知、创作和反应，以及能够唤起强烈情感的（通常是愉悦的）事物与场景的互动。虽然这个定义同时适用于音乐、舞蹈和文学，但是我只专注于视觉美学。"神经美学"这一术语，也被广泛地运用于与大脑的特性相关的领

---

\* 作者简介：安简·查特吉，宾夕法尼亚大学神经科学教授，神经美学领域专家，著有《审美的脑》。

① Brown, S., & Dissanayake, E. (2009). The arts are more than aesthetics: Neuroaesthetics as narrow aesthetics. In M. Skov & O.Vartanian (Eds.). *Neuroaesthetics* (pp.43-57). Amityville, NY: Baywood Publishing.

域——因为大脑参与了审美。在介绍了一系列神经美学的著作之后我发现,作为一门科学,尤其是一门实验科学,理清引领这门科学走向成熟真正需要的是什么尤为重要。随后,我也指出了一些在不久的将来值得深思的问题,并总结了神经美学领域所面临的系列挑战。

## 一、神经美学的著作

1. 并行主义

出自杰出的神经科学家之手的美学著作,在描述艺术属性之时,均表现出艺术与大脑的组织原则之间有着强烈的对应关系。泽基(Zeki)的成就应归功于他将神经美学引入了科学研究的范畴。他举例说明了并行原则,并强有力地论证了这样一个观点:没有对神经基础的理解,任何美学理论都将是不完整的。他认为,神经系统的目标和艺术家的目标是相似的,二者都被驱使着去理解世界上最本质的视觉属性。神经系统将视觉信息分解为颜色、亮度和运动等属性;同样,许多艺术家,尤其是上个世纪的艺术家,在彼此孤立的状态中强化了艺术品相异的视觉属性。例如,马蒂斯强调色彩,而卡尔德强调运动。[①]泽基建议,艺术家只有努力揭示视觉世界的关键区别,才能发现无论是在功能意义上还是解剖学意义上,大脑内部的视觉模块都是各自为营的。[②]

并行主义的主张表明一个事实——艺术家是视觉表征的专家,能够创造性地表现这种专长就是他们的魔力之一。例如,卡瓦纳(Cavanagh)向我们展示了绘画中的图像常常会违背阴影、反射、色彩和轮廓的物理法则。[③] 这些画家并不遵从世界的物理属性,而是沿着我们思维中的感知捷径。在描绘形式的尝试中,艺术家发现心理学家和神经科学家正在将这种"感知捷径"认定为"感知原则"。利文斯通(Livingstone)、康韦(Conway)揭示了艺术家在绘画中是如何利用不同视觉要素之间的复杂互动来创造视觉效果的。[④] 利文斯通指出,

---

① Zeki, S. (1999a). Art and the brain. *Journal of Consciousness Studies*, 6, 76-96.
② Zeki, S. (1999b). *Inner vision: An exploration of art and the brain*. New York: Oxford University Press.
③ Cavanagh, P. (2005). The artist as neuroscientist. *Nature*, 434, 301-307.
④ Conway, B. R., & Livingstone, M. S. (2007). Perspectives on science and art. *Current Opinion in Neurobiology*, 17, 476-482.

在一些印象派绘画中，闪闪发光的水面或是地平线上冉冉升起的太阳（例如，莫奈《印象·日出》中的太阳和周围的云层）都由等亮度的物象构成，且只能凭借色彩加以区别。① 而这种策略的作用主要是由于背侧流（方位）和腹侧流（性质）的加工。② 背侧流（dorsal）对亮度、运动和空间位置的差异较为敏感，腹侧流（ventral）则对简单的形式和颜色敏感。等亮度的形式由腹侧流处理，它并非固定在既定的运动或空间的位置，所以背侧流并不会处理这些信息。因此，等亮度的形式具有不稳定或闪烁的视觉体验。相反，因为形状可以从亮度差异中获得，所以利文斯通认为，艺术家可以通过对比度产生形状，并将颜色留给表现性的（注意，不是描述性的）目的。她强调，视觉各要素的组合法则有益于我们对视觉感知的认识，艺术家可以依此产生特定的审美效果。③

拉马钱德兰（Ramachandran）和赫斯坦（Hirstein）提出了一套感知原则，这也许有助于理解审美经验。他们强调，通过丁伯根（Tinbergen）的研究，"峰移效应"可以为抽象艺术审美提供更加深入的研究视角。丁伯根观察到，海鸥雏鸟啄食母鸟喙尖端附近的一个红色斑点，是为了向母鸟乞讨食物。然而令人惊讶的是，当面对一根末端带有三条红色条纹的细棒时，海鸥雏鸟的反应会更加强烈。④ 拉马钱德兰和赫斯坦认为，神经结构一旦进化到能够对特定视觉刺激做出更强烈的反应的阶段（随其峰值的变化而产生相应的变化）时，观看者即使还没有意识到刺激产生的"视觉基元"（primitives），也依然会做出十分强烈的回应。因此他们假设：抽象派艺术家明确地使用这些"视觉基元"以唤起观众的审美反应。⑤

并行主义的神经美学方法认识到艺术的产生和感知应该符合神经组织的原则，艺术作品的性质和艺术家所使用的策略与神经系统理解和组织其视觉世界的方式有着异曲同工之处。脑—艺术的并行主义研究的问题在于，如何通过实验检验这些假设，进而将这个初露锋芒的课题转化为一项纲举目张的研究。

---

① Livingstone, M. (2002). *Vision and art: The biology of seeing*. New York: Abrams.

② Ungerleider, L. G., & Mishkin, M. (1982). Two cortical visual systems. In D. J. Ingle, M. A. Goodale, & R. J. W. Mansfield (Eds.), *Analysis of visual behavior* (pp.549-586). Cambridge, MA: MIT Press.

③ Livingstone, M. (2002). *Vision and art: The biology of seeing*. New York: Abrams.

④ Tinbergen, N. (1954). *Curious naturalist*. New York: Basic Books.

⑤ Ramachandran, V. S., & Hirstein, W. (1999). The science of art: A neurological theory of aesthetic experience. *Journal of Consciousness Studies*, 6, 15-51.

## 2. 具有指导意义的趣闻轶事

有些趣闻轶事对神经美学具有很好的指导意义,例如,神经疾病对艺术创作的影响。① 无疑,脑损伤对视觉艺术创造力的影响与对人类其他能力的影响是不可相提并论的。大脑的疾病会损害我们的说话或理解语言的能力,或是动作协调、物体识别、情感认识以及判断能力,当然这些疾病一定程度上会消减一个人的艺术创造能力,但在某些情况下,似乎恰恰就是这些"缺陷"提升了人的艺术创造力。此外,我认为,这种看似矛盾的"提升"是能够被训练的,它可以通过改变艺术创造的倾向、拓展视觉词汇、优化描述的准确性,或增强表现力等方式训练而成。② 在此,我总结了在这些"现成的实验"中,艺术的倾向性和强化的表现力的一些变化。

### 艺术创造倾向的获得

神经系统疾病(如强迫症)也可以促进人们创造艺术。这种艺术创造倾向的改变,可以在一个额颞叶痴呆(FTDs)患者集群中观察到。额颞叶痴呆能够引起人格的深刻变化,患者思维混乱、社交困难,他们的语言、注意力和判断力都会有问题。米勒(Miller)和霍(Hou)等人发现,尽管额颞叶痴呆患者在认知和行为上会有所改变,但他们也可能由此而产生一种艺术创造的倾向。他们指出,这些人的艺术作品往往是现实的,而非抽象或象征;往往是视觉的,且细节丰富。可见,患有额颞叶痴呆的艺术家非常专注于他们自己的艺术,这表明因疾病而获得的强迫性人格特质有助于他们获得一定的艺术倾向。③

基于其他后天产生的强迫性人格特质,也有不少引人注目的艺术品问世。萨克斯(Sacks)描述了一位居住在旧金山的意大利画家弗兰科·马格纳尼(Franco Magnani)。这位画家画了数百个真实的场景——意大利的庞提托

---

① Zaidel, D. (2005). *Neuropsychology of art*. New York: Psychology Press.

② (1) Chatterjee, A. (2006). The neuropsychology of visual art: Conferring capacity. *International Review of Neurobiology*, 74, 39-49. (2) Chatterjee, A. (2009). Prospects for a neuropsychology of art. In M. Skov & O. Vartanian (Eds.), *Neuroaesthetics* (pp.131-143). Amityville, NY: Baywood Publishing.

③ (1) Miller, B., & Hou, C. (2004). Portraits of artists: Emergence of visual creativity in dementia. *Archives of Neurology*, 61, 842-844. (2) Miller, B. L., Cummings, J., Mishkin, F., Boone, K., Prince, F., Ponton, M., et al. (1998). Emergence of artistic talent in frontotemporal dementia. *Neurology*, 51, 978-982.

(Pontito)小镇——他长大的地方。① 事实上,他生了一场热性疾病(可能是脑炎)之后就开始痴迷于绘画,而庞提托小镇是他唯一的艺术主题。据萨克斯推测,马格纳尼曾经患过较复杂的癫痫病,在某种程度上他表现出的强迫性人格障碍,也许与颞叶癫痫有关。② 然而,他并没有表现出这类患者更常见的症状——口头上的超图形性,而是表现出视觉上的超图形性。还有一个类似的案例。利思戈(Lythgoe)、波拉克(Polak)、卡尔姆斯(Kalmus)、德海恩(de Haan)和庄凯恩(音译,Khean Chong)报道了一个建筑工人蛛网膜下腔出血的病例③,他从最初的伤势中康复过来之后就成了一名痴迷的艺术家。他开始画数以百计的素描,大部分是人的面部。后来,他转向大规模的绘画,有时甚至会覆盖整个房间,并且他的艺术倾向只局限在几个有限的主题内。作者强调,这位患者坚持不懈的倾向对其艺术技巧的产生至关重要。此外,我们还报道了一名患有帕金森综合征的艺术家在服用多巴胺激动剂后的强迫性绘画行为。④

  自闭症儿童群体能够创造出令人惊叹的视觉图像。⑤ 恰如塞尔菲(Selfe)所说,娜迪亚(Nadia)是这种情况最有力的说明——她尽管发育重度异常,但却有着非凡的绘画技艺。⑥ 3 岁时,她就能描绘诸如马匹之类的鲜活生命,并在很长一段时间内总是持续不断地复制某个特定的图像。她尤其专注于画马匹这样的特定形象,甚至画了几百个样本。娜迪亚的能力十分惊人,但无独有偶,具有惊人绘画技艺的自闭症儿童似乎都专注于特定的主题,并不厌其烦地画。

  这些艺术家创造的逼真图像,往往具有特定的主题。由此可见,强迫症的

---

 ① Sacks, O. (1995b). *The landscape of his dreams. In An anthropologist on Mars* (pp.153-187). New York: Alfred A. Knopf.
 ② Waxman, S., & Geschwind, N. (1975). The interictal behavior syndrome associated with temporal lobe epilepsy. *Archives of General Psychiatry*, 32, 1580-1586.
 ③ Lythgoe, M., Polak, T., Kalmus, M., de Haan, M., & Khean Chong, W. (2005). Obsessive, prolific artistic output following subarachnoid hemorrhage. *Neurology*, 64, 397-398.
 ④ Chatterjee, A., Hamilton, R. H., & Amorapanth, P. X. (2006). Art produced by a patient with Parkinson's disease. *Behavioural Neurology*, 17, 105-108.
 ⑤ Sacks, O. (1995a). *Prodigies. In An anthropologist on Mars* (pp.188-243). New York: Alfred A. Knopf.
 ⑥ Selfe, L. (1977). *Nadia. A case of extraordinary drawing ability in an autistic child*. New York: Academic Press.

神经基础虽然尚不完全明确,但它一定与眶额叶皮层、颞叶内侧皮质和纹状体回路的功能障碍有关。① 值得注意的是,在上述病例中,这些区域可能已经受损,而枕后颞叶皮质可能完好无损。枕后颞叶皮质的保存确保了神经基质的安全无虞——神经基质能够识别人脸、方位和物体,因此这些事物就可以顺理成章地成为艺术家所痴迷的对象了。

### 艺术表现力的强化

脑损伤对艺术家产生的最有趣的影响是,艺术家由此创造的艺术似乎更具有令人叹为观止的吸引力。右半球损伤可以导致(患者视域中的)左侧空间的被忽略,这就意味着患者无法感知左侧空间的存在。② 由此及彼,右半球损伤的艺术家也会忽略图像或画面的左侧。③ 然而,当他们从忽视的状态中恢复过来时,他们使用的绘画路径可能仍然受影响。下面两个例子可以说明空间表达的变化为什么能够产生匠心独具的艺术。洛维斯·柯林斯(Lovis Corinth)是德国的一位重要艺术家,他在1911年不幸右脑中风,康复后他选择继续画画。与之前的绘画相比,他的自画像以及他妻子的肖像在风格上呈现出明显的变化——有时左边的细节被遗漏,有时左边的纹理与背景混为一体。阿尔弗雷德·库恩(Alfred Kuhn)认为,正是这些后期创造的作品才使得他在"伟大的艺术家"行列占有一席之地。④ 1994年,海勒(Heller)报道了艺术家罗琳·休斯(Loring Hughes)的经历,这位女性画家在脑右半球中风后就

---

① (1) Kwon, J., Kinm, J., Lee, D., Lee, J., Lee, D., Kim, M., et al. (2003). Neural correlates of clinical symptoms and cognitive dysfunctions in obsessive-compulsive disorder. *Psychiatry Research*, 122, 37-47. (2) Ursu, S., Stenger, V., Shear, M., Jones, M., & Carter, C. S. (2003). Overactive action monitoring in obsessive-compulsive disorder. *Psychological Science*, 14, 347-353. (3) Saxena, S., Brody, A., Maidment, K., Dunkin, J., Colgan, M., Alborzian, S., et al. (1999). Localized orbitofrontal and subcortical metabolic changes and predictors of response to paroxetine treatment in obsessive-compulsive disorder. *Neuropsychopharmacology*, 21, 683-693.

② Chatterjee, A. (2003). Neglect. A disorder of spatial attention. In M. D'Esposito (Ed.), *Neurological foundations of cognitive neuroscience* (pp.1-26). Cambridge, MA: MIT Press.

③ (1) Blanke, O., Ortigue, S., & Landis, T. (2003). Color neglect in an artist. *Lancet*, 361, 264. (2) Cantagallo, A., & Sala, S. D. (1998). Preserved insight in an artist with extrapersonal spatial neglect. *Cortex*, 34, 163-189. (3) Halligan, P. W., & Marshall, J. C. (1997). The art of visual neglect. *Lancet*, 350, 139-140. (4) Schnider, A., Regard, M., Benson, D. F., & Landis, T. (1993). Effect of a right-hemisphere stroke on an artist's performance. *Neuropsychiatry, Neuropsychology, & Behavioral Neurology*, 6, 249-255.

④ Gardner, H. (1975). *The shattered mind. The person after brain damage*. New York: Alfred A. Knopf.

彻底与她发病之前的绘画风格失之交臂了，那种精准性极高的绘画风格不复存在，取而代之的是她开始越发关注自己的想象与情感。① 艺术领域对她的这一崭新形象也有很好的反响。评论家艾琳·沃特金斯（Eileen Watkins）称，休斯现在的作品是"一次动人心魄的冲击"，而这是她患病以前所不能企及的赞誉。

左脑损伤对画家艺术风格的改变也体现在保加利亚画家兹拉提奥·博伊雅德杰（Zlatio Boiyadjie）和加利福尼亚画家凯瑟琳·舍伍德（Katherine Sherwood）的作品中。博伊雅德杰在患病之前的艺术风格是自然的、形象的，他还擅于在作品中使用土褐色的色调。但是在失语症发作之后，他的绘画变得愈加饱含内蕴、愈加富有色彩，就连线条都愈加流畅、愈加充满能量。② 他作品中的意象也变得更具创造性，甚至有些怪诞离奇。凯瑟琳·舍伍德患有脑左半球出血性中风，后遗症是失语症和右侧肢体力弱。③ 在发病之前，她的绘画被称为"高度的理性"；而中风之后，只要是她的意愿，她就不会再创作这样的绘画。她开始热衷在绘画中表现不规则的圆形运动轨迹，"原始的"和"直觉的"成为她绘画的新风格。她说，她的左手可以优雅轻松地挥动笔刷，这是她的右手从未有过的体验，此即所谓的"悠然自得"。

以上的趣闻轶事只是艺术的神经心理效应的几个个案④，接下来就要对这些案例的推论加以论证。为此，我们提出了艺术属性评估法（AAA）。⑤ 艺术属性评估法可以量化任何脑损伤患者艺术属性的变化，并系统地绘制这些变化。这将有利于我们识别脑损伤后艺术图像变化的特性。

---

① Heller, W. (1994). Cognitive and emotional organization of the brain: Influences on the creation and perception of art. In D. Zaidel (Ed.), *Neuropsychology* (pp.271-292). New York: Academic Press.

② Brown, J. (1977). *Mind, brain, and consciousness. The neuropsychology of cognition*. New York: Academic Press. & Zaimov, K., Kitov, D., & Kolev, N. (1969). Aphasie chez un peintre. *Encephale*, 58, 377-417.

③ Waldman, P. (2000, May 12, Friday). Master stroke: A tragedy transforms a right-handed artist into a lefty and a star. *Wall Street Journal*.

④ (1) Chatterjee, A. (2004b). The neuropsychology of visual artists. *Neuropsychologia*, 42, 1568-1583. (2) Chatterjee, A. (2009). Prospects for a neuropsychology of art. In M. Skov & O. Vartanian (Eds.), *Neuroaesthetics* (pp.131-143). Amityville, NY: Baywood Publishing. (3) Zaidel, D. (2005). *Neuropsychology of art*. New York: Psychology Press.

⑤ Chatterjee, A., Widick, P., Sternschein, R., Smith, W. B., II, & Bromberger, B. (2010). The assessment of art attributes. *Empirical Studies of the Arts*, 28, 207-222.

## 二、实验神经美学

1. 实验神经美学的框架

笔者认为,视觉神经美学的实验研究基于两个原则。[①]其一,视觉审美和普通视觉体验一样,由多个组件构成。其二,人们从这些不同组件的组合反应中获得审美体验。而人类视觉识别物体的过程恰好为我们提供了一个框架来研究这些组件,因此,研究应以这些组件及其在各种组合中的属性为重点。

神经系统以递阶序列和并行的方式处理视觉信息[②],其中,序列过程又可划分为前期、中期和后期三个阶段[③]。前期视觉从目之所及的环境中提取简单的元素,例如颜色、亮度、形状、运动和位置[④],并传递到大脑的不同部位进行处理。中期视觉将元素分离和组合,以形成数个秩序井然的区域,否则它将沦为一个无序的、令人无所适从的知觉乱章[⑤]。后期视觉则从可被认知的、有意义

---

[①] (1) Chatterjee, A. (2002). Universal and relative aesthetics: A framework from cognitive neuroscience. *Paper presented at the International Association of Empirical Aesthetics*, August 4-8, 2002, Takarazuka, Japan. (2) Chatterjee, A. (2004a). Prospects for a cognitive neuroscience of visual aesthetics. *Bulletin of Psychology and the Arts*, 4, 55-59.

[②] (1) Farah, M. (2000). *The cognitive neuroscience of vision*. Malden, MA: Blackwell Publishers. (2) Zeki, S. (1993). *A vision of the brain*. Oxford, UK: Blackwell Scientific Publications. (3) Van Essen, D. C., Feleman, D. J., De Yoe, E. A., Ollavaria, J., & Knierman, J. (1990). Modular and hierarchical organization of extrastriate visual cortex in the macaque monkey. *Cold Springs Harbor Symposia on Quantitative Biology*, 55, 679-696.

[③] Marr, D. (1982). *Vision. A computational investigation into the human representation and processing of visual information*. New York: WH Freeman and Company.

[④] (1) Livingstone, M., & Hubel, D. H. (1987). Psychophysical evidence for separate channels for the perception of form, color, movement, and depth. *Journal of Neuroscience*, 7, 3416-3468. (2) Livingstone, M., & Hubel, D. (1988). Segregation of form, colour, movement, and depth: Anatomy, physiology, and perception. *Science*, 240, 740-749.

[⑤] (1) Ricci, R., Vaishnavi, S., & Chatterjee, A. (1999). A deficit of preattentive vision: Experimental observations and theoretical implications. *Neurocase*, 5, 1-12. (2) Grossberg, S., Mingolla, E., & Ros, W. D. (1997). Visual brain and visual perception: How does the cortex do perceptual grouping? *Trends in Neurosciences*, 20, 106-111. (3) Vecera, S., & Behrmann, M. (1997). Spatial attention does not require preattentive grouping. *Neuropsychology*, 11, 30-43. (4) Biederman, I., & Cooper, E. (1991). Priming contour-deleted images: Evidence for intermediate representations in visual object recognition. *Cognitive Psychology*, 23, 393-419.

的物体中选择那些秩序井然的区域来审视和唤起记忆。[1]

视觉处理的递阶序列必定反映在视觉审美中。[2]任何艺术品的欣赏都可以划分为前期、中期、后期三个视觉阶段。通过实验证实[3]，审美知觉可以区别于形式和内容[4]。科学家发现，前期和中期视觉处理形式，后期视觉处理内容。因此，一件艺术作品的早期视觉特征可能是它的色彩和空间分布特征，这些元素可以在中期视觉阶段组合成较大的单元，此时的"组合"则构成了一个关于视觉和谐的重要概念——"多样性的统一"。

除了视知觉外，审美的另外两个命题也十分重要：一是对审美意象的情感反应，二是审美判断是如何产生的。通常，大脑的前内侧颞叶、内侧和眶额皮层以及皮层下结构是介导情绪的，尤其是奖赏系统。[5]根据偏好（倾向）的等级来衡量，对审美刺激的评价很可能涉及分布广泛的脑部回路，特别是背外侧前额叶皮层和内侧前额叶皮层。一般的观点认为，与大多数复杂的生物系统一样，视觉神经审美是分层的，它可以分解成若干个稳定的子系统。[6]当然，正

---

[1]（1）Chatterjee, A.（2003）. Neglect. A disorder of spatial attention. In M. D'Esposito（Ed.）, *Neurological foundations of cognitive neuroscience*（pp.1-26）. Cambridge, MA: MIT Press.（2）Farah, M.（2000）. *The cognitive neuroscience of vision*. Malden, MA: Blackwell Publishers.

[2] Chatterjee, A.（2004a）. Prospects for a cognitive neuroscience of visual aesthetics. *Bulletin of Psychology and the Arts*, 4, 55-59. 更详细的论述可参见：（1）Jacobsen, T.（2006）. Bridging the arts and sciences: A framework for the psychology of aesthetics. *Leonardo*, 39, 155-162.（2）Leder, H., Belke, B., Oeberst, A., & Augustin, D.（2004）. A model of aesthetic appreciation and aesthetic judgments. *British Journal of Psychology*, 95, 489-508.

[3] Ishai, A., Fairhall, S., & Pepperell, R.（2007）. Perception, memory and aesthetics of indeterminate art. *Brain Research Bulletin*, 73, 319-324.

[4]（1）Woods, W. A.（1991）. Parameters of aesthetic objects: Applied aesthetics. *Empirical Studies of the Arts*, 9, 105-114.（2）Russell, P. A., & George, D. A.（1990）. Relationships between aesthetic response scales applied to paintings. *Empirical Studies of the Arts*, 8, 15-30.

[5]（1）Berridge, K., & Kringelbach, M.（2008）. Affective neuroscience of pleasure: Reward in humans and animals. *Psychopharmacology*, 199, 457-480.（2）Breiter, H., Aharon, I., Kahneman, D., Dale, A., & Shizgal, P.（2001）. Functional imaging of neural response to expectancy and experience of monetary gains and losses. *Neuron*, 30, 619-639.（3）O'Doherty, J., Kringelbach, M., Rolls, E., Hornack, J., & Andrews, C.（2001）. Abstract reward and punishment representations in the human orbitofrontal cortex. *Nature Neuroscience*, 4, 95-102.（4）Delgado, M., Nystrom, L., Fissell, K., Noll, D., & Fiez, J.（2000）. Tracking the hemodynamic responses for reward andpunishment. *Journal of Neurophysiology*, 84, 3072-3077.（5）Elliott, R., Friston, K., & Dolan, R.（2000）. Dissociable neural responses in human reward systems. *Journal of Neuroscience*, 20, 6159-6165.（6）Schultz, W., Dayans, P., & Montague, P.（1997）. A neural substrate of prediction and reward. *Science*, 275, 1593-1599.

[6] Simon, H. A.（1962）. The architecture of complexity. *Proceedings of the American Philosophical Society*, 106, 467-482.

是这种层次结构的存在,才使审美实验的方法得以实现。

我一直强调,要为实验神经美学构建一个认知神经科学的框架。另一个关于美学的总体框架则来自进化理论家,他们提出三个论点。第一,在择偶时,美是健康和活力的代表。第二,虽然美的事物是复杂的,但人们却能够进行高效的处理。第三,艺术创造和艺术欣赏具有重要的仪式功能,它能增强社会凝聚力。在此由于文本有限,我们无法充分论证进化论关于美和艺术的观点。① 最终,进化论的方法和认知神经科学方法在美学方面的交汇定是有益的。

2. 美的成像

对大多数人而言,美学的核心概念就是"美"。② 其实,并非所有的艺术都是美的,艺术家也不会一直创造美的事物,但是,美仍然是审美经验讨论的中心概念。理解美的感知和反应的神经基础,也许将有助于我们对视觉艺术的感知和反应的认识。在认知神经科学领域,面部美得到了最广泛的关注。

对面部美的反应很可能深深地根植于人类的生物学属性中,即使是在跨文化判断中也达到了高度的一致性。③ 朗格卢瓦(Langlois)等人认为,在相同或

---

① 可进一步参见:(1)Brown, S., & Dissanayake, E.(2009). The arts are more than aesthetics: Neuroaesthetics as narrow aesthetics. In M. Skov & O. Vartanian (Eds.), *Neuroaesthetics* (pp.43-57). Amityville, NY Baywood Publishing. (2)Cela-Conde, C. J., Ayala, F. J., Munar, E., Maestu, F., Nadal, M., Capo, M. A., et al.(2009). Sex-related similarities and differences in the neural correlates of beauty. *Proceedings of the National Academy of Sciences*, U.S.A., 106, 3847-3852. (3)Dissanayake, E.(2008). The arts after Darwin: Does art have an origin and adaptive function? In K. Zijlemans & W. van Damme(Eds.), *World art studies: Exploring concepts and approaches* (pp.241-263). Amsterdam: Valiz.(4)Zaidel, D.(2005). *Neuropsychology of art*. New York: Psychology Press.(5)Grammer, K., Fink, B., Moller, A. P., & Thornhill, R.(2003).Darwinian aesthetics: Sexual selection and the biology of beauty. *Biological Review*, 78, 385-407.(6)Penton-Voak, I. S., Jones, B. C., Little, A. C., Baker, S., Tiddeman, B., Burt, D. M., et al.(2001). Symmetry, sexual dimorphism in facial proportions and male facial attractiveness. Proceedings of the Royal Society of London, Series B, *Biological Sciences*, 268, 1617-1623.(7)Etcoff, N.(1999). *Survival of the prettiest*. New York: Anchor Books. (8)Rentschler, I., Jüttner, M., Unzicker, A., & Landis, T.(1999). Innate and learned components of human visual preference. *Current Biology*, 9, 665-671.(9)Thornhill, R., & Gangestad, S. W.(1999). Facial attractiveness.*Trends in Cognitive Sciences*, 3, 452-260.(10)Zahavi, A., & Zahavi, A.(1997). *The handicap principle: A missing piece of Darwin's puzzle*. Oxford, UK: Oxford University Press. (11)Symons, D.(1979). *The evolution of human sexuality*. Oxford, UK: Oxford University Press.

② Jacobsen, T., Buchta, K., Kohler, M., & Schroger, E.(2004).The primacy of beauty in judging the aesthetics of objects. *Psychological Reports*, 94, 1253-1260.

③ (1)Etcoff, N.(1999). *Survival of the prettiest*. New York: Anchor Books.(2)Perrett, D. I., May, K. A., & Yoshikawa, S.(1994). Facial shape and judgements of female attractiveness. *Nature*, 368, 239-242. (3)Jones, D., & Hill, K.(1993). Criteria of facial attractiveness in five populations. *Human Nature*, 4, 271-296.

不同的文化中，成人和儿童对面部吸引力的判断是一致的，这表明面部美的原则是普遍存在的。[1] 婴儿在出生一个星期左右就会更长久地观看具有吸引力的脸庞，面部吸引力（种族、性别、年龄等信息）对婴儿的影响会持续6个月左右。[2] 可见，大脑更容易被美丽迷人的面庞所吸引，并不会因任何经验而改变。毋庸置疑，有些美的成分是由文化因素的浸润而形成的[3]，但是，普遍的美的感知依然基于显著的神经基础。

有几项研究报告指出，有吸引力的面部会激活奖励系统的神经回路，包括眶额叶皮层、伏隔核、腹侧纹状体[4]以及杏仁核[5]。我们可以这样理解，以上区域的激活反映了那些吸引人的面部的情绪效价（emotional valences）[6]，而特定的情绪效价指向的是那些涉及期望回报和满足欲望的人。有吸引力的面部能够产生刺激，至少对男性来说，这是极其明显的。异性恋的男人愿意用未来更高的奖赏来换取当下更小的奖励——漂亮的女性面孔。[7] 也许，这些神经活动的特点均反映了一个事实：有吸引力的面部会影响人们的择偶

---

[1] Langlois, J., Kalakanis, L., Rubenstein, A., Larson, A., Hallam, M., & Smoot, M. (2000). Maxims or myths of beauty: A meta-analytic and theoretical review. *Psychological Bulletin*, 126, 390-423.

[2] (1) Slater, A., Schulenburg, C. V. D., Brown, E., Badenoch, M., Butterworth, G., Parsons, S., et al. (1998). Newborn infants attractive faces. *Infant Behavior and Development*, 21, 345-354. (2) Langlois, J. H., Ritter, J. M., Roggman, L. A., & Vaughn, L. S. (1991). Facial diversity and infant preferences for attractive faces. *Developmental Psychology*, 27, 79-84.

[3] Cunningham, M., Barbee, A., & Philhower, C. (2002). Dimensions of facial physical attractiveness: The intersection of biology and culture. In G. Rhodes & L. Zebrowitz (Eds.), *Facial attractiveness. Evolutionary, cognitive, and social perspectives* (pp.193-238). Westport, CT: Ablex.

[4] (1) Ishai, A. (2007). Sex, beauty and the orbitofrontal cortex. *International Journal of Psychophysiology*, 63, 181-185. (2) Kranz, F., & Ishai, A. (2006). Face perception is modulated by sexual preference. *Current Biology*, 16, 63-68. (3) O'Doherty, J., Winston, J., Critchley, H., Perret, D., Burt, D., &Dolan, R. (2003). Beauty in a smile: The role of orbitofrontal cortex in facial attractiveness. *Neuropsychologia*, 41, 147-155. (4) Aharon, I., Etcoff, N., Ariely, D., Chabris, C., O'Connor, E., &Breiter, H. (2001). Beautiful faces have variable reward value: fMRI and behavioral evidence. *Neuron*, 32, 537-551. (5) Kampe, K., Frith, C., Dolan, R., & Frith, U. (2001). Reward value of attractiveness and gaze. *Nature*, 413, 589.

[5] Winston, J., O'Doherty, J., Kilner, J., Perrett, D., & Dolan, R. (2007). Brain systems for assessing facial attractiveness. *Neuropsychologia*, 45, 195-206.

[6] Senior, C. (2003). Beauty in the brain of the beholder. *Neuron*, 38, 525-528.

[7] Wilson, M., & Daly, M. (2004). Do pretty women inspire men to the future. Proceedings of the Royal Society of London, Series B, *Biological Sciences*, 271, 177-179.

方式。①

面部的知觉特征，如均衡性、对称性、颧骨结构、脸部下半部的相对大小、颌骨宽度等，影响人们对面部美的判断。②2007年，温斯顿（Winston）等人发现，面部吸引力增强了左后枕颞部的活跃性。③

在一项实验研究中，我们检验了面部吸引力究竟在何种程度上可以被自动地理解。当被试对面部特征做出对比或判断时，我们可以看到：吸引力判断能够在一个分布式网络中诱发神经活动，这个分布式网络包括腹侧视觉联合皮层、部分后顶叶皮层和前额叶皮层。④我们推断，在该实验中，顶叶、内侧、背外侧额叶的激活代表注意力和决策部分的神经关联——脑岛内部呈正相关活动，前、后扣带皮层呈负相关活动。这些模式可能代表了吸引力的情绪反应。值得一提的是，当被试匹配面部特征时，吸引力继续在腹侧视觉区引起神经反应。这种神经反应作为一种强度，很难区分于当被试明确考虑美时的神经反应。因此，我们认为，腹侧枕颞区会对美做出自动的反应。

除了在择偶方面的特殊作用外，面部吸引力还具有广泛的社会影响。⑤有吸引力的人被认为是聪明、诚实和快乐的，甚至是天生的领导者⑥，也被视为

---

① （1）Ishai, A. (2007). Sex, beauty and the orbitofrontal cortex. *International Journal of Psychophysiology*, 63, 181-185. (2) Kranz, F., & Ishai, A. (2006). Face perception is modulated by sexual preference. *Current Biology*, 16, 63-64.

② （1）Penton-Voak, I. S., Jones, B. C., Little, A. C., Baker, S., Tiddeman, B., Burt, D. M., et al. (2001). Symmetry, sexual dimorphism in facial proportions and male facial attractiveness. Proceedings of the Royal Society of London, Series B, *Biological Sciences*, 268, 1617-1623. (2) Enquist, M., & Arak, A. (1994). Symmetry, beauty and evolution.*Nature*, 372, 169-172. (3) Grammer, K., & Thornhill, R. (1994). Human (Homo sapiens) facial attractiveness and sexual selection: The role of symmetry and averageness. *Journal of Comparative Psychology*, 108, 233-242.

③ Winston, J., O'Doherty, J., Kilner, J., Perrett, D., & Dolan, R. (2007). Brain systems for assessing facial attractiveness. *Neuropsychologia*, 45, 195-206.

④ Chatterjee, A., Thomas, A., Smith, S. E., & Aguirre, G. K. (2009).The neural response to facial attractiveness. *Neuropsychology*, 23, 135-143.

⑤ （1）Palermo, R., & Rhodes, G. (2007). Are you always on my mind?A review of how face perception and attention interact. *Neuropsychologia*, 45, 75-92. (2) Olson, I., & Marshuetz, C. (2005). Facial attractiveness is appraised in a glance. *Emotion*, 5, 498-502.

⑥ （1）Ritts, V., Patterson, M., & Tubbs, M. (1992). Expectations, A review. *Review of Educational Research*, 62, 413-426. (2) Lerner, R., Lerner, J., Hess, L., & Schwab, J. (1991). Physical attractiveness and psychosocial functioning among early adolescents. *Journal of Early Adolescence*, 11, 300-320. (3) Kenealy, P., Frude, N., & Shaw, W. (1988). Influence of children's physical attractiveness on teacher expectations. *Journal of Social Psychology*, 128, 373-383.

社会道德的完美特征,例如勇敢与敏锐①。在吸引力的早期知觉反应阶段,社会决策偏差可能会触发一系列神经事件。我们认为,在面部吸引力的自动反应中,腹侧视觉皮质内的神经活动是触发系列神经事件的初始触发器。②

3. 艺术的成像

一些研究用艺术来检验审美过程的神经定位。虽然这些研究的目的是相似的,但其研究方法却有不同,因此研究结果也有差异。川端康成(Kawabata)和泽基(Zeki)被要求试用"美丽""中等""丑陋"等词汇对抽象画、静物画、风景画或肖像画进行评价。③意料之中的是,他们发现,腹侧视觉皮层的活动模式之不同,取决于被试看的是肖像画、风景画还是静物画。并且,在眶额叶(BA 11)皮层,"美丽"比"丑陋"或"中等"产生的刺激更活跃;而在前扣带皮层(BA 32)和左侧额顶叶皮层(BA 39),与"中等"的刺激相比,"美丽"的活跃性更强烈。只有眶额叶皮层伴随着所有视觉艺术类型的美的活跃,我们才能将这种活跃理解为审美情感体验的神经基础。

在一项功能性磁共振成像(fMRI)研究中,瓦塔尼安(Vartanian)和戈埃尔(Goel)使用了具象画和抽象画。他们发现:(1)枕后脑内和左前扣带皮层的活跃性随着偏好评级的上升而增强。(2)随着偏好评级的降低,右侧尾状核的活跃性也呈减弱趋势。(3)具象绘画在枕极、楔前叶、颞中回后部诱发的刺激比抽象绘画更加活跃。④

塞拉-康德(Cela-Conde)等人用脑磁图描记术记录了被试者观看艺术品和照片时神经活动的电位。在被试者判断这些图像是否美丽时,美丽的图像在左侧前额叶皮层唤起的神经活动比不美丽的图像延迟400—1000毫秒。他们认为,这一区域参与了审美判断。⑤

---

① Dion, K., Berscheid, E., & Walster, E. (1972). What is beautiful is good. *Journal of Personality and Social Psychology*, 24, 285-290.

② Chatterjee, A., Thomas, A., Smith, S. E., & Aguirre, G. K. (2009).The neural response to facial attractiveness. *Neuropsychology*, 23, 135-143.

③ Kawabata, H., & Zeki, S. (2004). Neural correlates of beauty. *Journal of Neurophysiology*, 91, 1699-1705.

④ Vartanian, O., & Goel, V. (2004). Neuroanatomical correlates of aesthetic preference for paintings. *NeuroReport*, 15, 893-897.

⑤ Cela-Conde, C. J., Marty, G., Maestu, F., Ortiz, T., Munar, E., Fernandez, A., et al. (2004). Activation of the prefrontal cortex in the human visual aesthetic perception. *Proceedings of the National Academy of Sciences*, U.S.A., 101, 6321-6325.

雅克布森（Jacobsen）、斯楚勃茨（Schubotz）、霍费尔（Hofel）和冯·卡拉蒙（Von Cramon）在功能磁共振成像研究中，采用了一种不同的策略来研究美的神经关联。① 他们没有用实际的艺术品作为刺激物，而是使用了一套在实验室里设计的几何图式。被试要判断这些图式是否美观、对称，他们发现对称图式比非对称图式更美观，其神经活动主要表现为：（1）与对称性判断相比，审美判断更能增强内侧额叶皮质（BA 9/10）、楔前叶和腹侧前额叶皮质（BA 44/47）的活跃性。（2）左侧顶内沟是对称性判断和审美判断的共同活跃区。（3）图像的美观性和复杂性均能唤起眶额叶皮质的活跃。在后续的一项使用相同刺激的研究中发现，在360—1225毫秒的空档期，美产生了一个横向正电位诱发。②

令人遗憾的是，这些通过审美实验所得的激活模式迥然不同。纳达尔（Nadal）、穆娜（Munar）、卡波（Capo）、罗赛洛（Rosselo）和塞拉–康德认为，这些看似不同的结果与查特吉（Chatterjee）于2004年提出的一般模型是一致的，它将审美与视觉和情绪加工的神经科学联系起来，同时也与奖励系统和决策系统相关。③ 绘画的视觉属性增强了腹侧视觉皮层的活跃性④，审美判断激活了一部分背外侧前额叶皮质和内侧前额皮层⑤。此外，对以上刺激的情绪反应又激活了眶额部皮层⑥ 和前扣带皮层⑦ 。

---

① Jacobsen, T., Schubotz, R., Hofel, L., & von Cramon, D. ( 2005 ).Brain correlates of aesthetic judgments of beauty. *Neuroimage*, 29, 276-285.

② Hofel, L., & Jacobsen, T. ( 2007 ). Electrophysiological indices of processing aesthetics: Spontaneous or intentional processes? *International Journal of Psychophysiology*, 65, 20-31.

③ Nadal, M., Munar, E., Capo, M. A., Rosselo, J., & Cela-Conde, C. J. ( 2008 ). Towards a framework for the study of the neural correlates of aesthetic preference. *Spatial Vision*, 21, 379-396.

④ Vartanian, O., & Goel, V. ( 2004 ). *Neuroanatomical correlates of aesthetic preference for paintings*, 15, 893-897.

⑤ （1）Jacobsen, T., Schubotz, R., Hofel, L., & von Cramon, D. ( 2005 ). Brain correlates of aesthetic judgments of beauty. *Neuroimage*, 29, 276-285. ( 2 ) Cela-Conde, C. J., Marty, G., Maestu, F., Ortiz, T., Munar, E., Fernandez, A., et al. ( 2004 ). Activation of the prefrontal cortex in the human visual aesthetic perception.*Proceedings of the National Academy of Sciences*, U.S.A., 101, 6321-6325.

⑥ （1）Jacobsen, T., Schubotz, R., Hofel, L., & von Cramon, D. ( 2005 ).Brain correlates of aesthetic judgments of beauty.*Neuroimage*, 29, 276-285.( 2 ) Kawabata, H., & Zeki, S. ( 2004 ). Neural correlates of beauty. *Journal of Neurophysiology*, 91, 1699-1705.

⑦ （1）de Tommaso, M., Sardaro, M., & Livrea, P. ( 2008 ). Aesthetic value of paintings affects pain thresholds. *Consciousness and Cognition*, 17, 1152-1162.（2）Kawabata, H., & Zeki, S.( 2004 ). Neural correlates of beauty. *Journal of Neurophysiology*, 91, 1699-1705.（3）Vartanian, O., & Goel, V.( 2004 ). Neuroanatomical correlates of aesthetic preference for paintings. *Neuro Report*, 15, 893-897.

## 三、神经美学的发展趋势

神经美学的发展也许会给某些领域带来福祉。在此,我将对审美体验与感知关系、审美判断的本质、审美价值的特征等三方面的发展趋势做总结和预测。

1. 审美体验与感知的关系

如上所述,视觉艺术可以被分解为不同的属性,如颜色、线条、纹理和形状。我们应该把实证研究放在值得研究的问题上,例如视觉感知属性是如何促进审美体验的,我们可以量化不同属性的贡献吗?既然视觉呈现的一些属性可用精准的数学精度来描述,那么这些可量化的参数也可用于神经科学实验。①

有多少审美经验存在于感性经验中?又有多少存在于对艺术品的情绪反应中?风景画会让脑外侧枕叶皮层和梭状回活跃起来,很可能也会激活海马体。美会进一步改变这些被激活的区域吗?也许这些反应只是反映了感知本身所唤起的范畴—特异性激活,而审美活动是在奖励系统中完成的。然而,许多人认为,与不美的事物相比,我们对美的感知更为强烈生动。正如一些研究显示,美的神经反应出现在脑腹侧枕颞皮层,那么脑腹侧视觉皮层是否包含常规的"视觉美探测器"呢?因为人们更倾向于在美的事物上花更多的时间,而脑腹侧视觉皮层的激活是注意力的结果还是有一个独立的审美因素在调节神经活动?因此,注意力和审美感知的关系有待理清。

费尔霍尔(Fairhall)和伊沙伊(Ishai)、维斯曼(Wiesmann)、亚戈(Yago)等将绘画作为刺激物去研究被试者的识别力与记忆力。在这些研究中,他们发现边缘区和前额区的激活表明,无论被试是否进行评估,情绪系统和奖励系统都是自动激活的,可见,我们对美或艺术的反应显然是自动化的。这是一个有待进一步研究的课题。②

---

① (1) Graham, D. J., & Field, D. J. (2007). Statistical regularities of art images and natural scenes: Spectra, sparseness and nonlinearities. *Spatial Vision*, 21, 149-164. (2) Redies, C. (2007). A universal model of esthetic perception based on the sensory coding of natural stimuli. *Spatial Vision*, 21, 97-117.

② (1) Fairhall, S. L., & Ishai, A. (2008). Neural correlates of object indeterminacy in art compositions. *Consciousness and Cognition*, 17, 923-932. (2) Wiesmann, M., & Ishai, A. (2008). Recollection- and familiarity-based decisions reflect memory strength. *Frontiers in Systems Neuroscience*, 2, 1-9. (3) Yago, E., & Ishai, A. (2006). Recognition memory is modulated by visual similarity. *Neuroimage*, 31, 807-817.

我们还可以研究脑损伤患者的知觉与审美的关系。一些脑损伤的人可能并不像正常的人那样感知艺术，他们对艺术作品的情感反应可能也有很大的不同。迄今为止，还没有人对这种审美感知的神经心理做过任何科学的研究。

2. 审美判断的本质

最近的认知神经科学方法着眼于个体差异。随着这些方法的不断发展，它们也可以用来检测个体在审美敏感性上的差异。审美敏感性被称为"T 因子"，用于感知美，人们也可以通过训练培养这种"感知"。[1] 行为研究表明，艺术经验丰富的个体与艺术认知空白的个体在从事艺术工作时是有区别的。[2] 理解"感知"的神经基础，并通过训练来改变审美判断的途径，这将会引起神经美学研究者们极大的兴趣。

现有的研究表明，背外侧和内侧前额叶皮层部分参与了审美判断。这些研究并没有区分这些大脑活动是只作用于审美判断，还是作为神经系统的一部分——无论思考什么，它们都会做出判断。我们依然无法知晓审美判断是否与不参与其他判断的神经回路有关。

关于审美判断的另一个问题是，人们通常认为艺术是制度情境下的产物。例如，莱德尔（Leder）等人认为，当一个事物被称为"艺术品"时，它将得到不同的理解和评价。[3] 最近，卡普奇克（Cupchik）、瓦塔尼安（Vartanian）、克劳利（Crawley）和米库利斯（Mikulis）区分了被试者以"客观、随意"的方式与以"主观、专注"的方式观看绘画艺术时大脑活动的差异性。他们发现，后者强调绘画所唤起的情绪体验，左侧前额叶皮层的活跃性更强烈，这是以随意的方式观看绘画所无法企及的。[4] 这就是审美。在这种活跃程度存在差异的情况

---

[1] （1）Eysenck, H. J., & Hawker, G. W. (1994). The taxonomy of visual aesthetic preferences: An empirical study. *Empirical Studies of the Arts*, 12, 95-101.（2）Eysenck, H. J. (1941). The empirical determination of an aesthetic formula. *Psychological Review*, 48, 83-92.

[2] （1）Locher, P. J., Stappers, P. J., & Overbeeke, K. (1999). An empirical evaluation of the visual rightness theory of pictorial composition. *Acta Psychologica*, 103, 261-280.（2）Hekkert, P., & Van Wieringen, P. C. W. (1996). Beauty in the eye of expert and nonexpert beholders: A study in the appraisal of art. *American Journal of Psychology*, 109, 389-407.

[3] Leder, H., Belke, B., Oeberst, A., & Augustin, D. (2004). A model of aesthetic appreciation and aesthetic judgments. *British Journal of Psychology*, 95, 489-508.

[4] Cupchik, G. C., Vartanian, O., Crawley, A., & Mikulis, D. J. (2009). Viewing artworks: Contributions of cognitive control and perceptual facilitation to aesthetic experience. *Brain and Cognition*, 70, 84-91.

下，虽然其认知机制尚不明确，但是实验证明，在不同的条件下，观看同样的事物可以唤起不同的神经反应。

### 3. 审美价值的特征

美，是大多数人看待"美学"的一个至关重要的方面。① 然而，美学却不止局限于美，有些艺术品的设计就意在制造煽动和干扰。最终，神经美学的综合研究将包含艺术创造的动机和对艺术的反应，这是超越快感奖励机制的情感系统。

对于美或艺术唤起的快感，我们回顾的影像学研究显示，脑眶额叶皮层、前后扣带皮层和腹侧纹状体（包括伏隔核、尾状核和杏仁核）都参与了美或艺术品的情感反应调节。这些结构在功能上可能有所不同，所以我们需要进一步探索这些结构的活跃分布是如何增强整体的情感审美的。②

进化论的观点在论述美的重要性时，经常强调其在择偶方面的价值。择偶有一个功利的目标，它的准则是我们所谓的理想伴侣一定要符合我们所认定的"美"的特征。这个功利主义的目标与18世纪康德提出的观点相左，即审美态度是"无私的兴趣"。康德认为，审美对象给予快感而不唤起额外的欲望。换而言之，是什么将神经反应与起促进作用的审美经验区分开来？神经科学有助于解释"无私的兴趣"吗？

贝里奇（Berridge）和科林格巴赫（Kringelbach）以及韦维尔（Wyvell）将"喜欢"和"需要"做了区分。③ "喜欢"可能是由伏隔核壳部和腹侧苍白球调节，而腹侧苍白球则需通过阿片样物质和 γ-氨基丁酸神经递质调节。相较而言，"需要"则通过中脑边缘多巴胺系统（包括伏隔核在内）起调节作用。皮层结构，如扣带皮层和眶额叶皮层，可能会有意识地深入推进"喜欢"和"需要"体验。这种喜欢/需要的区分是在一个啮齿动物实验模型中进行的，实验使用

---

① Jacobsen, T., Buchta, K., Kohler, M., & Schroger, E. (2004).The primacy of beauty in judging the aesthetics of objects.*Psychological Reports*, 94, 1253-1260.

② Biederman, I., & Vessel, E. A. (2006). Perceptual pleasure and the brain. *American Scientist*, 94, 247-253.

③ （1）Berridge, K., & Kringelbach, M. (2008). Affective neuroscience of pleasure: Reward in humans and animals. *Psychopharmacology*, 199, 457-480. (2) Wyvell, C., & Berridge, K. (2000). Intra-accumbens amphetamine increases the conditioned incentive salience of sucrose reward: Enhancement of reward 'wantin' without enhanced 'liking' or response reinforcement. *Journal of Neuroscience*, 20, 8122-8130.

甜味和苦味作为刺激。但是将这种区分推广到人类或视觉刺激的研究仍有待观察。当然，人们也可以去检验这样一个假设，即人脑中存在一个独立的奖励机制，它形成了审美，是"无私的兴趣"的基础。

## 四、神经美学的挑战

神经美学仍处于早期阶段。在这个如此年轻的领域，任何方面的发展都将是一种进步。然而，我希望神经美学的实践者能面对接踵而至的挑战：规避还原论的风险、区分大脑研究和美学研究，以及神经科学视角下对美学的新认识。

1. 规避还原论的风险

实验神经美学需要符合任何实验科学的约束条件。也就是说，实验需要由普遍的框架来驱动，并验证其可证伪的假设。这样的实验工作需要解析广泛的美学领域的具体组成部分，并通过实验控制的方式简化该领域的研究需求。研究语言、情感和决策的认知神经科学，就是这种方法模型。此外，虽然定性分析可以提供重要的经验信息，但是定量分析更容易提供严谨的验证假设的方法。

分解和量化的风险在于它弱化了研究中我们最感兴趣的东西。以审美对美的反应为例，实验美学通常通过获取被试的偏好来解决这个问题。有人可能会问方法论上的问题，即强迫选择法和李克特量表法是否能更稳定地衡量人们的偏好；也有人可能会问，对趣味性的判断是否和对偏好的判断一样；或者有人会探索复杂性与偏好或兴趣之间的关系。这些都是合理且重要的问题，但是对这些问题的追问很容易掩盖偏好和审美体验相关的基本问题。偏好不是真正的审美体验？或者，与那些在实验室里评估的偏好相比，深层次的审美体验有着本质的不同？神经科学家对"崇高"的概念又有什么看法？崇高是美学中经常提及的情感体验，但是迄今为止，它在神经美学中的吸引力却微乎其微。将美学的成分减少到可定量分析为止，就如在灯光下寻找掉落的硬币一样冒险，因为众所周知，即使硬币掉落在其他地方，灯光下依然是事物可视的区域。这一问题对于一般的实验美学来说都是合理的，而不仅仅是神经美学。

## 2. 大脑研究和美学研究的区分

艺术可以用来探测大脑的特性。由于专注于审美的大脑系统是复杂且层次化的，加工艺术可能为各个子系统的相互作用提供了一个独特的窗口。例如，抽象画可以作为一个探测器来探究大脑如何处理不确定的视觉刺激，并尽量搞清楚其视觉的意义。[①]这不同于那些使用神经科学的方法来验证美学本质假设的研究。

一个半世纪前，费克纳（Fechner）将外部心理物理学和内部心理物理学做了区分。外部心理物理学研究的是心理与刺激的物理性质之间的关系。从那以后，该研究就一直是实证美学的助力。内部心理物理学则研究心理与大脑物理（或生理）特性之间的关系。费克纳意识到，内部心理物理学研究最终会成为可能，因为神经科学技术，诸如功能性磁共振成像（fMRI）、事件相关电位（ERPs）和经颅磁刺激技术，为内部心理物理学研究提供了现成的方法。[②]

我们应该明确地表述心理学、外部物理学和内部物理学之间的三角关系的本质。在不直接求助于心理学的情况下，直接探究外部物理学和内部物理学的关系是可能的。在此，物体的属性（可能是审美对象的属性）将被用来探测大脑的属性。在这些试验中，精细表征的刺激与神经元的时空反应特性息息相关。因此，我们可能会发现，外侧枕骨复合体对物体的某些物理性质（其本身的重要信息）进行参数化反应。但这个悬而未决的心理物理问题依然存在：外侧枕骨复合体神经元是只具有分类功能——区分物体与其他视觉刺激（如区分面部与场所），还是也具有评价功能——权衡事物的表型是否具有吸引力（如在静物画的丰富传统中权衡其表征）？要回答这个问题，我们要用大脑来探测审美之心理，而不是用美的事物去探测大脑的属性。

研究内在心理和外在物理之间的关系是实验设计的一大难题，因为这是在没有调查相关行为的情况下对潜在心理的推论。在认知神经科学领域，这一普

---

[①]（1）Fairhall, S. L., & Ishai, A. (2008). Neural correlates of object indeterminacy in art compositions. *Consciousness and Cognition*, 17, 923-932. (2) Wiesmann, M., & Ishai, A. (2008). Recollection- and familiarity-based decisions reflect memory strength. *Frontiers in Systems Neuroscience*, 2, 1-9. (3) Yago, E., & Ishai, A. (2006). *Recognition memory is modulated by visual similarity. Neuroimage*, 31, 807-817.

[②] Fechner, G. (1860). *Elements of psychophysics* (H. Adler, Trans.). New York: Holt, Rinehart and Winston, Inc.

遍问题被认为是逆向推理问题，通过神经激活的位置推断潜在心理的加工就是其一。① 如果这一区域仅涉及一个心理加工，则此推断就是有效的。遗憾的是，在大脑中，神经激活和心理过程的一一对应关系是十分罕见的，特定刺激的特定激活区域的发现，更多的只是形成某种心理加工的假设，而不是确证这些假设。

3. 神经科学视角下的美学新认识

在我看来，如何增加神经科学之于美学的价值，是神经美学最严峻的挑战。如果研究的目标是理解审美（而不是理解大脑），那么神经美学到底提供了什么？神经美学究竟什么时候能为我们的美学知识提供更深层次的、本质性的描述，以及更多的权威性解释？知道欣赏一幅美的作品的乐趣与眶额叶皮层或伏隔核的活动有关，这能够增加我们在审美体验中对神经系统奖赏机制的理解的生物学认识。但我们对这种奖赏的心理本质的理解，还知之甚少。

神经科学要想对美学做出重要贡献，就必须对内部心理物理学之可能有足够的期待，即大脑之生理属性与审美之心理是如何联系在一起的？或更具体地说，神经科学何时可增加对审美之心理的解释？而这是仅仅通过行为研究无法得知的。

这还是神经美学的初期阶段。这里所提及的挑战不应被曲解为"悲观主义的借口"，它们同样适用于任何复杂领域的认知神经科学。然而，随着神经美学的日臻成熟，这些挑战也许可以依托更成熟的研究经验（比如记忆、语言和情感的认知神经科学）而转化为神经美学发展的新机遇。

# 致　谢

在此，我对丽莎·桑特（Lisa Santer）女士表示最诚挚的感谢，感谢她对本文初始版本的评阅。

---

① Poldrack, R. A. (2006). Can cognitive processes be inferred from neuroimaging data? *Trends in Cognitive Sciences*, 10, 59-63.

# 中国当代艺术：城市化与全球化的挑战

[美]柯蒂斯·L.卡特 著 安静 译

## 引 言

当代中国社会正在经历的剧烈变化，在中国耕耘的艺术家面临着它所带来的诸多挑战。引起这些挑战的两大主要来源是城市化和全球化。城市化是其主导作用的内生性因素，而全球化则聚焦于中国与外部世界的相互关系。这些挑战部分来源于社会结构为了经济扩张而吸纳资本的调整。社会作为一个整体发展所带来的后果依然处在变动之中，遑论那些寻求参与变革的艺术家们。伴随着城市化和全球化而来的，是日益丰富的消费产品，重商主义的高涨与严厉管控相伴生，社会阶级分化加剧和私有财产的发展相伴生，金钱观念转变指向新的文化物质主义，社会、地理的流动性，西方及其他东方文化对当代中国文化的影响等。① 在中国社会，人们对艺术的态度正在发生变化，艺术家的创作方法也在不断改进。这些变化导致了人们思想与行为的碰撞。在这些引人注目的变化中，引起艺术史学家米切尔·苏立文（Michael Sullivan）注意的是，那种"艺术的目的在于表达人与自然之间的和谐理念、维持传统、予人愉悦"② 的观点，正在受到当代艺术家们的质疑或者摒弃。并非所有中国艺术家或理论家都认为中国艺术对传统追求的摒弃是一种进步，在何种变化可能最有益于中国社会或艺术家自身等问题上莫衷一是。现存的可能选择如下：参与旨在政府荣誉的官方艺术，聚焦技术和美学成就的学院派艺术，迎合都市流行口味的艺术，着眼国际市场的艺术，追求社会变革的艺术，或与忽略社会或经济考量的

---

① Matthieu Borysevicz, *Learning From Hangzhou*（Hong Kong: Time Zone 8 Limited, 2009）.
② Michael Sullivan, *Art and Artists of Twentieth Century China*（Berkeley and London: Unviersity of California Press, 1966）, 26.

纯粹科学研究类似,寻求推动艺术、思想进步的独立试验艺术。①

## 一、城市化与当代中国艺术

离开当代中国社会正在发生的城市化大潮,我们无法理解任何艺术的发展。例如,在近年来发展起来的艺术区,如今北京和其他中心城市的中国艺术家,就面临着房地产市场扩张的挤压,城市艺术区发展的形势,特别是在北京,一度被认为无论是在经济收入还是艺术自身发展方面均有益于中国当代艺术家们的成长,这种观念在最近两年里已经发生巨变。例如,据两年多前我对中国艺术区和画室的访问来看,"798"以及宋庄等艺术区俨然是画廊和艺术家个人工作室的繁荣中心。最近关于"798"过度商业化的观察则传递了变化的信号,政府和开发商更倾向于拆除艺术家们的工作场所。这些变化对于艺术家和艺术自身价值来说似乎不是一个好兆头。

然而,值得注意的是,艺术家空间正在遭受的一切并非仅仅指向艺术家。现在如火如荼的拆毁和重建运动更确切地说是城市化的结果,它的中心点在于"时下中国城市的富庶商业愿景"②,1978年以来,这种发展已经带来了大约500座城市的诞生。如同大规模拆迁重建的老城(如北京),大多数新城市人口拥挤,充斥着令人眼花缭乱的商业广告牌。据北京环保部门统计,仅北京一处,在2005—2007年就有大约750万平方米房产被拆除③,并且这不全是北京2008年举办奥运会之前遍及全城的拆建所致。高耸的商铺、居民楼和购物中心已经取代了附有商店和住所的低矮街巷。

《杭州城的教训》(*Learning from Hangzhou*)一书中,所谈及的中国工人盛建华的故事,有助于了解艺术家们同样面临的问题。④盛建华于1962年出生,与父母共同居住在一栋30平方米的水泥公有平房,与一家劳工组织相邻。这是盛六个居住地的第一个,他在那里可以与家人一起居住;随后房子被拆迁,

---

① 对中国实验艺术的观念进行深入思考,可以参考 Wu Hu, *Transcience: Chinese Experimental Art and the End of the Twentieth Century* ( Chicago: David Smart Museum of Art, 1999 ) 13-16.
② Borysevicz, *Learning from Hangzhu*, 9.
③ Pan Jiahua, "Building a Frugal Society," *China Dialogue*, 5 November 2007. Cited in Borysevicz, *Learning from Hangzhu*, 35.
④ Borysevicz, *Learning from Hangzhu*, 11-13.

代之而来的是一栋六层公寓和盛与朋友、邻居的隔离。他住进了一个40平方米的新公寓房,这部分得益于中国领导人邓小平倡导的经济社会改革。第三次搬迁是在1993年,这一次他住进了亲戚100平方米的农家房屋,房子下面是一家饭馆,之后也被拆迁。这次是让位于城市化进程中的道路扩建,盛没有得到任何赔偿。到了2004年,经济状况有所改善,盛动用积蓄并借了些钱,建了一座拥有13个房间的四层楼房,其中几间被出租,一层是成衣厂,二层供工人住宿,他全家在最上两层居住。当这一切刚刚就绪时,杭州又将此处规划为未来的商务中心,这导致了仅仅四年以后盛的房产不得不让位于未来而再度被拆。150万元人民币的补偿款,可以让他在一个将于2012年完工的新豪华高层建筑中买到了一个50平方米的空间。他期待着第六个住处,希望这是最后一个。他在当地丝绸厂的工作也换成了自由卡车司机,在新房建成之前还可以额外得到每月800元的补偿金。经济状况有所改善,但最初的邻里关系消失,代之而来的是不确定性,甚至连邻居是谁都一无所知,孤立取代了亲密的社会信任。

这对中国当代艺术家的未来意味着什么?艺术家应该如何应对这些变化?或者说,艺术家在社会变迁中发挥着什么样的作用?艺术家应该承载哪些古老的功能?为了维持整个社会的活力和艺术自身的繁荣,艺术的哪些新兴功能应该被引入?艺术的角色是不是应该像从前一样参与政治之中而为政治服务?艺术家是否应该为了像自由与公平等价值而承担起反对不公的角色?艺术家是否应该通过干预性手段来参与社会,比如紧迫的土地使用问题?问题被干预之后,通常会造成问题双方关系的紧张而南辕北辙,不仅不能解决实际问题,反而造成彼此的多疑。

威胁与机会并存,让我们借此契机反思一下,在新的城市化进程中,是否有可替代的策略供艺术家选择呢? 例如,像在王春辰在他信息丰富以及洞见深刻的专著《艺术介入社会:一种新的艺术关系》中所提出的工程艺术( project art ),的确是一种更具建设性的方法。"基于工程的艺术与社会之间的关系相对平衡得较好,它以积极的答案解决了问题,并使之向前推进。"[①]

朝着工程艺术的努力是积极的一步。但这并不意味着,通过创建更大规模的

---

① Wang Chunchen, *Art Intervenes in Society* ( Beijing: Chinese Contemporary Art Awards-Critic's Award 2009 ), 70.

机构组织以保持艺术作为在复杂的当代艺术中基石地位是必不可少的。博物馆从传统上承担着这个角色。面对城市化进程,博物馆作为充满活力的文化机构的地位必须被重新定位,它与当代很多更加脆弱的艺术区域面临着同样的语境。至今为止,尽管城市化建设并没有强行要求博物馆拆迁,但值得商榷的是,博物馆日益远离人们的生活。简言之,艺术博物馆为了确保它们在新的城市化社会中的地位,必须重新估价自身的宗旨。艺术博物馆尽管保持了传统的艺术形式,但是,一直以来,它的主要功能却是帮助城市维持着它们的旅游业。这显然不足以发挥艺术博物馆的功能。相对于当代艺术,旅游业更占上风,博物馆所面临的问题变得更加严峻。在随后与全球化相关的内容讨论中,我将再次回到这个问题上来。

当代艺术中有一个与观众相关的问题。答案并不唯一,但我们思考一下这个问题是大有裨益的。艺术界的目标观众是这样一些类型吗:艺术家、批评家、博物馆策展人和艺术学习者?规划在文化部门的政府艺术官僚机构中有责任吗?那么国际博物馆、画廊、收藏机构、艺术市场、公众呢?这些群体之间存在着重大的差距。例如,当代艺术似乎并没有关注那些城市建筑工人,他们在建筑工地上日夜拼命,自己却只能暂居在临时搭建的简陋不堪的窝棚里面,他们与遍及各地的城市化进程极不协调;城市化的发展越来越诱导着成千上万的年轻人远离家乡去城市闯荡,当代艺术似乎也与其没有任何关系。以上从城市化的视角仅仅陈述了今天的中国艺术家所面临的一些问题。解决之道不能仅凭艺术家。他们必须团结政界、市民以及其他参与的社团机构。

## 二、全球化与当代中国艺术

中国当代艺术在受到国内发展影响的同时,也受到来自世界范围的全球化的影响。因此,中国艺术除了面对中国本身的挑战,现在和未来的中国当代艺术还要同样承载国际上其他一系列因素的影响。从这个方面来说,艺术批评家王春辰的洞察颇有说服力,"对塑造20世纪的中国文化最大的影响因素,是中国与世界关系之间的变动,引发了中国如何能够完成她的现代化,以及如何成为繁荣富强国家的问题"。[1]不言而喻,与全球化相关的中国当代艺术的未来

---

[1] Wang Chunchen, *Art Intervenes in Society*, 22.

必须在这个语境下进行理解。因此，本文剩余的部分将集中论述全球化及其对中国艺术现在和未来发展的启示。

从广义上来讲，"全球的"（global）这个词意味着世界范围、普遍的、包罗万象的、完整的、详尽的。① "全球化艺术"（global art）要求一个狭义的理解框架，而不是"全球的"的广义含义。随着全球化艺术对具体国家、地区和文化的超越，它的相关内容也成为全球范围的，而且它暗示出艺术意义的普适性理解的可能性。然而，全球化艺术既不能囊括一切，也不能尽善尽美，因为世界上还有许多艺术形式（如业余艺术、商业艺术、地方工艺以及只见于具体的宗教实践中的艺术）并没有参与到全球化的艺术中来。

其他一些词汇也许能够胜任我们所指称的对"全球化艺术"过程的描述。例如哲学家诺尔·卡罗尔（Nöel Carroll）所提出的以"跨国艺术"（transnational art）取代"全球化艺术"。② "跨国的"意味着超越国家界限或单纯的国家利益。相比而言，我自己更倾向于使用"全球化艺术"这个概念，其中有两个重要的原因。在其他重要的文化领域像经济、政治领域中，当人们在讨论世界范围的话题时，都会使用"全球化"这个词。更进一步讲，在地理政治划分与国家界限具有更大的流动性的今天，全球化更适合于表述发生在多民族国家如中国、印度，或融合多样化文化的美国的当代艺术实践的性质。鉴于此，"跨国的"就不如"全球化"更加符合国内外的艺术发展动态。此外，还有"世界艺术"（world art），之前它用于描述全球艺术博物馆尤其是民族志艺术博物馆收藏的特点，但也不能揭示自 20 世纪 80 年代以来世界艺术的变化。③

---

① 从宽泛的意义上来理解，当代艺术的全球主义是与如下一系列事件相伴而生的：不断繁盛的世界贸易、文化交流、全球旅行、通讯运输设施的不断更新，以及地方文化融入后殖民时代的文化觉醒和需要中发展起来的。根据安东尼·吉登斯在他 1999 年的 "里斯讲座"（Reith Lectures）中所提到的那样，尽管全球化不是历史的一个新阶段，但在 1980 年以前，在学术文献或日常用语中都没有出现 "全球化" 这一词汇。参见 Nru Ratnam, "Art and Globalization," in Gill Perry and Paul wood, eds., *Themes in Contemporary Art* ( Yale University Press, and the Open University, 2004 ), 281.

② Nöel Carroll, "Art and Globalization: Then and Now," in Susan L. Feagin, ed., *Global Theories of the Arts and Aesthetics*, 131-143.

③ 关于世界艺术与全球化艺术之间的关系，参见 Hans Belting, "Contemporary Art as Global Art," in: Audiences, *Markets and Museums* eds. Hans Belting and Andrea Buddensieg, ( Hatje/Kantz, 2009 ), 41-45.

# 三、全球化艺术的机构

当代全球化艺术的机构包括遍及世界各地的艺术家工作室、双年展、艺术博览会、画廊、拍卖行，当然也包括博物馆。这里所说的艺术家主要是指这样一些艺术家：他们试图通过美学或观念理解达成共识，而且其艺术作品确实具有艺术造诣并对文化做出一定贡献。这里并不包括仅为个人表现或仅为商业目的而创作的业余艺术家的作品。在某些文化中，艺术产品也有不同的层次：政府资助的艺术家，作为地方和国家艺术协会成员的艺术家，学术界和大学艺术院系的人才，自由职业艺术家等。其中自由职业艺术家群体在当今全球化艺术界中是最有名望的群体，因为他们的作品最有可能成为经典，并引起博物馆及其他文化机构关注的兴趣。若不计眼前得失而从长计议，此类艺术家的作品都会成为艺术市场的宠儿。这些独立的全球化艺术家通常会在世界各地拥有自己的工作室。例如，中国当代艺术家徐冰就在北京和纽约工作，谷文达在纽约，而秦风在北京、柏林和波士顿都有自己的工作室。来自印度的艺术家阿尼什·卡普尔（Anish Kapoor）的工作室则在伦敦。

当代全球化艺术得以高度展现自身的平台是艺术双年展，目前全球大概有60个双年展。双年展是国际性非商业性的盛会，每两年在重要的城市举行一次，展出的大都是有希望跻身名家的艺术家的作品。艺术家受到组织机构的要求，他们的作品只供展出，不能买卖。每次双年展都应有一个代表性的主题，而且主办国拥有优先展现本国艺术家作品的权利。[1] 威尼斯双年展创办于1895年。威尼斯是意大利最为古老和最为重要的城市之一。其他已经制度化的双年展，还有如纽约的惠特尼双年展、巴西的圣保罗双年展、澳大利亚的悉尼双年展、韩国的光州双年展、中国的上海双年展等。（每五年在德国举行的卡塞尔文献展，其功能类似于上述的艺术双年展。）

这样的国际展览对中国当代艺术的全球化有重要的推动作用。1999年，在第48届威尼斯双年展中，哈罗德·塞曼（Harold Zeeman）邀请了19位中国艺术家参展。2005年，在51届威尼斯双年展中，中国文化部创建了第一个

---

[1] Shelly Esaak, *Art History Guide*, internet, March, 17. 2010.

官方的中国馆，在蔡国强的组织下，策划了一场主题为"处女花园——浮现"（Virgin Garden Emersion）的展览。从那以后，中国当代艺术家更加积极地参与到威尼斯双年展的活动中。在此后相继而来的2007年和2009年的双年展中，中国艺术家的身份更加显赫。未来双年展的主办方已经提议，中国馆应该为下一次2011年的威尼斯双年展搬到更具传统味道的展区，这无疑充分确定了中国当代艺术作为全球化艺术界领军力量的地位。①

双年展的巡回不但推进了艺术全球化的进程，而且还塑造了全球化艺术类似游牧的特征。双年展艺术家在组织城市指定的国际策展人的带领下，穿梭于一个又一个不同的城市，展出自己的艺术作品。策展人可能最初在博物馆收藏和展览中工作，或者作为艺术批评家，同样得跟随着展会巡展的路径，不断辗转流徙于各个城市，过着游牧式生活。类似地，双年展的游牧式的特征也影响了艺术媒介的变迁，曾经备受青睐的绘画和雕塑逐渐被摄影、视频和数码艺术等媒介代替。从实践的角度来看，这些艺术媒介比绘画和雕塑更易携带，在运输途中也不易受损。

国际艺术博览会的组织旨在展览和销售艺术品，也代表了艺术全球化的重要手段。巴塞尔艺术博览会、荷兰马斯特里赫特艺术博览会、迈阿密艺术博览会、芝加哥艺术博览会、迪拜艺术博览会、伦敦艺术博览会、马德里艺术博览会、上海亚太当代艺术博览会和韩国首尔国际艺术博览会对全球艺术市场的运转而言都是主要动力。艺术交易商、收藏家和博物馆代表经常为他们各自的艺术机构在这些博览会上挑选艺术品。事实上，国际艺术博览会除了是商业交换行为的动力之外，还为艺术理念的互通和全球艺术的赞助者提供了交流合作的平台。恰恰如同艺术是全球化的一样，艺术博览会的参与者们当然也具有同样的思维方式。

坐落于世界各大都市的私人画廊和艺术拍卖行也为艺术的全球化做出了实质性贡献。例如，在北京"798"艺术区，我们除了得见中国艺术家的作品之

---

① "Asia Expands Biennial," *Art Radar Asia*, posted July 9, 2009. 在2007年的双年展中，四位中国女艺术家是曹斐、阚宣、沈远和尹秀珍。在第53届威尼斯双年展的中国馆中，七位中国当代艺术家展示了他们的作品，分别是：何晋渭、刘鼎、何森、方力钧、曾梵志、邱志杰、曾浩。同年，他们和其他参展的艺术家如陈箴、储云、黄永砅、王田田和徐坦的作品都入选年度主题展"构造词汇"（Making Words）。来源：*Art Pension Trust*, On Line, 10/01/2009.

外,也可以看到来自美国、欧洲等世界各地的艺术珍品。同样,在纽约的切尔西艺术区或巴黎、柏林、伦敦的各大艺术区也常常见到中国、印度、日本等其他国家和地区的作品。

另外,对全球化艺术市场的销售体系起着重要作用的是国际拍卖行,比如佳士得、苏富比。这些拍卖行的总部位于伦敦或纽约,但它们的办事处遍布全球。例如,佳士得办事处遍布全球30多个国家,除了在纽约、伦敦以及其他欧亚城市举办过艺术拍卖会之外,它们曾多次在北京、迪拜、莫斯科、孟买举办大规模的拍卖会。苏富比也通过它的办事处在美国各州、布宜诺斯艾利斯、加拉加斯、里约热内卢以及亚洲各大城市提供拍卖服务。画廊和拍卖行并不局限于当代艺术,与许多艺术博览会、双年展一样,它们为全球艺术更大范围的流通提供了重要的动力。据说,2003—2007年,世界拍卖总销售额增长了八倍。[①]当代艺术拍卖行日益增长的重要地位再次证明了全球化艺术的影响越来越重要。

博物馆也为艺术全球化的发展起到了重要作用,博物馆为来自世界各国和地域的艺术作品提供了展览之所。从历史上来讲,博物馆藏品包含来自其他文化中的艺术品。这是艺术全球化历史的一部分。近来,博物馆也为试图反映当代艺术全球化现状提供展位。1999年4月28日,一场名为"全球观念主义:原发点"的展览在布鲁克林博物馆开幕,之后分别在明尼阿波利斯沃克艺术中心、迈阿密艺术博物馆进行巡展,至2000年11月6日结束。此次展览得到了来自亚、欧、非及澳大利亚、新西兰的概念艺术家的支持,一致认同的四个核心主题是:(1)观念艺术是在地方氛围中出现的,而并非是国际艺术中心单向传播的结果。(2)语言比视觉意象具优越性。(3)艺术评判体制。(4)去物质化的艺术能够专注于理念。在策展人路易斯·卡姆尼茨(Louis Camnitzer)、简·菲芙勒(Jane Ferver)、蕾切尔·魏斯(Rachel Weiss)的领导下,此次全球化艺术项目的策展团队同样具有全球化的性质,包括来自非洲的奥克维·恩威佐(Okwui Enwezor)、中国的高名潞(Gao Minglu)和拉丁美洲的卡门·拉米雷斯(Carmen Ramírez)等艺术家。[②]

---

① Bloomberg.com,据2009年12月的艺术品价格数据库计算。由于艺术市场依赖整个经济的发展,2008—2010年,艺术品销售出现了周期性下降。
② Luis Camnitzer, Jane Ferver, Rachel Weiss, Project Directors, *Global Conceptualism*: *Points of Origin*(New York Queens Museum of Art, 1999).

2003年2月9日至5月4日，位于明尼阿波利斯沃克艺术中心举办了一次题为"形式如何变化：全球化时代的艺术"的展览，旨在探索当代艺术在全球化语境下如何发展。其中颇受关注的问题是：全球变迁如何影响艺术，学科界限的日渐模糊，全球化理念如何拥有物质形象。在沃克艺术中心为期一年的展览项目，囊括了视觉艺术、新媒介艺术、影视艺术和行为艺术等多种艺术形式，这是由来自世界各地的学者和策展人组成的团队历经四年研究和策划的成果。2007年3月23日至7月1日，由迈拉·莱利（Myra Reilly）和琳达·诺克林（Linda Nochlin）共同策划的"全球化女性主义"展览在布鲁克林博物馆举办。此次展览展出了来自全球88位女性艺术家的作品，囊括了全部的艺术媒介——绘画、雕塑、摄影、电影、视频、装置及行为艺术。这次展会在全球化视角下，以生活圈子中的问题、女性身份和女性情感呈现出艺术家对女性主义的理解。[1] 以上三次展览的主题显示了一种变化的过程，最初对全球化艺术的宽泛关注转变为全球化艺术在具体主题中的应用，再到对女性艺术家的关注。

## 四、全球化艺术在中国

中国的全球化艺术包含了通过文化交流或商业往来而参与到国际艺术界的各种艺术类型：除了观念艺术、装置艺术和行为艺术之外，还包括绘画、雕塑、摄影、电影、视频艺术、数字网络艺术。为探讨中国当代艺术，让我们回顾一下它的发展历程。1985年，随着罗伯特·劳申伯格（Robert Rauschenberg）的海外文化交流项目一道，中国艺术全球化的进程启动了，这次交流将当代西方的绘画、装置艺术、混合媒介艺术连同现成品都带到了中国国家美术馆。这次对西方艺术的探索的结果之一是，年轻的中国艺术家遵循劳申伯格对这些新的艺术进程的介绍，也开始涉足装置艺术。与此同时，中国政府为了推进创新，将全球艺术呈现给中国观众，与西方艺术机构联袂创办艺术期刊，像池社（Pool Society）创办的《85新空间》，隶属于文化部的中国国家画院创办的《中国美术报》。[2] 因此，中国艺术的全球化进程，除了始于向学生介绍西方艺术之

---

[1] Myra Reilly and Linda Nochlin, eds., *Global Feminism: New Directions in Contemporary Art* (New York: Merell, 2007).

[2] Andrews, "Black Cat White Cat," 24, 25.

外,还包括建立对艺术全球化的支撑体系。

由全球化应运而生的交流并不是单向输入。相反,多元积极的动力促成彼此双赢互惠,提升彼此的艺术交流。特别是在1989年以后,在日本和其他一些亚洲国家和地区以外,随着中国艺术家移居西方,全球化开始从中国涌向西方,他们的作品也被带入欧美。对那些担忧西方艺术会破坏中国传统艺术地位的艺术家来说,这样的发展让人欣喜,而在那些对意识形态敏感的政府官员看来,全球化就意味着文化向外输出而非将西方艺术引入中国。

同时,有着良好传统教养的西方艺术家,包括前卫艺术家约翰·凯奇(John Cage)、罗伯特·劳申伯格以及其他一些美国的艺术家,转而向东方艺术和哲学寻找灵感。古根海姆博物馆在2009年的展览"第三种思想:美国艺术家对亚洲1860—1989年艺术的思索"中,展出110位艺术家的作品,为这样的发展提供了绝好的例证。[1] 中国当代艺术也为全球化提供了相应的文化资源,除了欧洲和北美等大家更为熟悉的艺术中心之外,还包括来自亚洲、拉美和非洲的艺术。

与殖民时代的状况不同,20世纪的现代艺术中,当代文化的交互影响也不再是霸权主义的了。这意味着当前主流的影响不再是从占主导地位的艺术繁荣区域,如巴黎或纽约向其他地域进行灌输,或者对其他地区的艺术形成压倒性的影响。相反,全球化艺术中心遍及世界,如北京和新德里,现在作为艺术创新的源泉,足可与欧美艺术中心相媲美。当今,艺术家在思维和行动上都不再是文化帝国主义者的心理,更愿意将他们的艺术作品、策略以及艺术理念与其他文化领域中的艺术家分享。

谈到中国当代艺术,很重要的一点是,尽管中国通过全球化的进程对西方的经济、艺术和文化保持开放,但中国艺术却并没有屈从于西方艺术的霸权地位。相反,当代大部分中国艺术家都能够从西方艺术实践中学习,用来提升他们自己的艺术,而没有放弃他们自己的中国艺术身份。之所以能够如此的一部分原因是中国艺术传统源远流长,另外则是艺术家为艺术创新通过旅行及媒介交流,在全球获得了源源不竭的新动力。[2]

---

[1] Alexandria Munroe, *the Third Mind*: *American Artists Contemplate Asia*, *1860-1989*(New York: The Solomon R. Guggenheim Foundation, 2009).

[2] 关于中国当代艺术霸权的进一步讨论,参见Curtis L. Carter, "Globalization, Hegemony, and the Influences of Western Art in China," 2009.

## 五、全球化艺术的影响：争议与问题

在经济全球化和相关政治议题之后，艺术全球化成为近来备受关注的对象。艺术全球化和中国的城市化进程所引发的一系列问题对人们理解中国与世界未来的艺术都非常重要。通过关注全球整体的艺术产品，包括各个地方艺术的变化，全球化主要关注艺术的多样性，因为日新月异的艺术在各个文化中发挥着不同的功能。对多样性和变化的认同增强了对艺术广义定义认同和包容性理解。

全球化艺术不会屈从于任何特定的美学理念或特定的美学特征。这意味着，当我们以任何定义或理论对艺术进行哲学理解时，必须保持开放而不是封闭。因此，当我们对随时而变的艺术的多样性进行考查时，任何成果丰硕的艺术定义必须对各种艺术实践寻求回应，而不是追求固定的规范。变化和多样性对采纳一个开放的艺术定义提供了重要的理由。开放的概念并不是要在多样的艺术实践中排除找寻艺术的共通点和普遍要素，因为毕竟所有的艺术都必须满足人类的需求和兴趣。

与此同时，由于受到全球化的邀请、比较和评价影响，各艺术传统间的联系日益紧密，这为艺术的创作与实践提供了新的理念。这个过程除了造就艺术方法的全部革新之外，也会带来与其他艺术文化的相互鉴赏和现存艺术实践的变迁。

当今，与这些变化一道吸引我们注意的是，越来越多来自世界各地的游牧艺术家，他们似乎有永远参加不完的双年展和艺术博览会。这样的发展使诺尔·卡罗尔提出，我们正在见证一个整一的国际艺术界的出现，"……它是一个专门的、整合的、世界主义的艺术机构，以这种跨国界的方式组织起来，参与者或聚集，或遵循相同的传统惯例，或同时联袂创作，或组织展览，发行他们在国际合作机构的艺术作品"。[①] 卡罗尔还在这样的发展中发现了成为通识的主题，像"后殖民主义、女性主义、同性恋自由主义、全球化及全球性的不平等、对自由表达和其他人权的压制、身份政治等"。与通识主题相伴随的是艺

---

① Carroll, "Art and Globalization: Then and Now," 136-141.

术家、从艺者和观众共同认同的有意义的实践策略。据卡罗尔的观点，这些策略可能包括"提升这些主题的形式装备动力，包括激进对比、陌生化、对象的去语境化以及使形象脱离它们习惯环境"。①

这些发展代表了艺术全球化的某些方面。但是，卡罗尔所提到的艺术家的主题及其实践策略都只是当代全球化艺术实践中极细微的部分。这些艺术家的兴趣似乎仅仅局限在艺术界特定的一部分，甚至是在众多艺术领域中一个更加狭隘的部分。因此，我们不能仅依据这一个艺术案例来估量全球化艺术的影响。更进一步讲，卡罗尔提出，当代艺术正日益联合为整一的国际艺术机构，这个说法似乎与20世纪80年代以来当代世界艺术的多元化相抵触。即便是有利于媒介艺术的潮流也不断地受到持续的挑战，这些挑战除了来自绘画、雕塑的复兴，还来自地方和区域特色艺术对全球化艺术的抵抗，也来自对艺术边界的拷问。

汉斯·贝尔廷（Hans Belting）和其他学者合编了一系列与全球化艺术相关问题的会议演讲和论文。②在这些关于21世纪当代艺术全球化的研究论文中，贝尔廷就全球化艺术生产和消费所造成的影响提出了一些重要的问题。如同贝尔廷所注意到的，鉴于全球化艺术近年的发展，我们有必要考虑这样一些问题：新一轮艺术全球化在什么程度上促进了主流艺术理念的批判性重估？对衡量文化身份晴雨表的艺术博物馆而言，艺术全球化发展的结果如何影响它未来的角色呢？

全球化对艺术博物馆未来的影响是一个非常重要的问题。从全世界来看，当代地方或国家博物馆对其所在地而言，除了作为文化成就和城市文明的标准和旗帜之外，也为该地的文化身份提供着度量。至少在西方的传统中，博物馆被奉为公众接近艺术的主要渠道。特别是在西方，博物馆是将全世界的艺术带给当地民众的主要源泉，当然也不排除例外。如同贝尔廷所注意到的，全球化艺术市场和国际艺术收藏机构的立场与博物馆的立场截然不同。例如，前者在全球行动，而后者只在地方区域的框架内服务于各种观众，展现不同文化的多

---

① Carroll, "Art and Globalization: Then and Now," 140.
② Hans Belting, *Contemporary Art and the Museum* (Ostenfildern: Hatje-Cantz, 2007). Hans Belting and Andrea Buddensieg, Eds., *the Global Art World: Audiences, Markets, Museums* (Ostfildern: Hatje-Cantz, 2009).

样性。对绝大多数博物馆而言，事实依然如此，即便是在艺术博物馆面对当代潮流试图融入全球化艺术的今天。最好的结果是这样一种情况，当具有全球化品位的艺术在展出地的语境中不带有地域色彩。①这是由还没能进入主流文化的双年展所引发的一个问题。

相对而言，全球化艺术之于当代艺术和艺术体制的探讨比后殖民关于这些问题的讨论更进一步。在贝尔廷看来，艺术全球化在激进的地方主义和跨国艺术这两种力量之间造成了一种紧张关系，"激进的地方主义将文化作为他者的标记和防护的盾牌，而跨国艺术则对地理、历史、身份漠然视之"。②后者追求普遍性，而前者立足于地方传统，即便接纳全球化艺术也要求其植根于地方或民族传统，未来全球艺术依然是一种转型的状态。因此，现在不可能对未来的艺术做出预言。

据此，艺术全球化的飞速发展带来了复杂的文化和心理问题。每天沉浸在相同的视觉环境和从事着特定的艺术实践的人们，是否会适应艺术的激变而放弃地方文化还有待观察。尽管现代艺术至今已一个世纪，但还是有很多人很难接受它们的创新。在神经科学的新近研究中，詹姆斯·埃尔金斯（James Elkins）提出，人持续地暴露在某种形式的视觉环境中，其认知类型会产生变化，这足以支持这样一种可能性，即地方艺术也有可能在生产和鉴赏过程中改变。③不过其他因素，包括来自经济和政治利益的压力可能会影响到人们对艺术实践变化的接受。无论如何，艺术中的地方和全球之间的矛盾所造成的紧张会一直持续，这对未来全球化艺术的塑造将会是非常重要的。

## 六、结　论

艺术全球化的历史表明，它的发展并不是一帆风顺的。在全球化进程中，地方艺术面临着被践踏或被摧毁的危险。另一个问题是，当一件艺术作品被视

---

① Hans Belting and Andrea Buddensieg, Eds., *the Global Art World: Audiences, Markets, Museums* (Ostfildern: Hatje-Cantz, 2009), 54.

② Hans Belting, Preface to Conference Program, *the Interplay of Art and Globalization: Consequences for Museums*, Research Center for Cultural Studies, Viena, Austria, January 25-27, 2007.

③ See James Elkins, *Is Art History Global?* (Routledge Taylor & Francis Group, 2007), 96-105.

为国宝时，它就应该好好地保留在其文化起源地。拍卖行和博物馆经常会发现它们自己身处艺术品跨国转运的国际争端中，因为艺术品的所有权发生了争议，它或被认为是掠夺的，或被认为是偷盗的，或是被不恰当地从文化起源地移出的。这些争论可以说是冰冻三尺而非一日之寒。直到今天，希腊人还在争论着19世纪晚期雅典将埃尔金大理石雕像转让给大英博物馆这件事情。最近的一件事使佳士得拍卖行受到中国政府的谴责，据说佳士得涉嫌非法买卖文物，因为被拍卖的两尊兽首铜像是150多年前圆明园的藏品。①这样的例子还有许多。近来，世界上最负盛名之一的艺术机构——盖蒂博物馆（Getty Museum）正与意大利政府打一场官司，因为在他们在运往盖蒂收藏部的途中发现了非法偷窃的藏品。②

当代艺术的全球化接下来还会带来怎样的问题，至今尚不明朗。但有一个领域值得关注，它的新发展会给那些从事管理和为子孙后代进行文化保存的博物馆和其他文化机构带来什么样的影响。在绝大多数情况下，全球化艺术将日益关注当代艺术，这一点在东西方艺术博物馆的激增和相对繁荣的国际艺术市场中体现了出来。另外一个值得关注的领域是，全球化艺术的发展给地方艺术文化带来怎样的影响，也是悬而未决的。对于由地方艺术文化的地位所引发的长期存在的问题来说，它到底是推动力量还是阻碍因素，我们拭目以待。

然而，有一点是明确的，当代全球化艺术为国际艺术市场赋予新的生机，并为艺术家和文化机构之间的创新合作扩大了机遇。从积极面来看，全球化艺术增强了艺术理念和跨文化艺术的交流，增进了不同文化人群之间的相互理解。全球化也使单个艺术家获得了更广泛的创作资源，可以使用与特定的文化和地理起源无关的艺术理念、视觉形式、物质材料。这就意味着，艺术家拥有世界范围内正在进化的艺术语言与艺术资源，为他们与来自其他文化的艺术家进行合作带来更多意义深远的机会。如此一来，艺术家在他们的创作事业中，

---

① Hugh Eakin, "The Affair of the Chinese Bronze Heads," *The New York Review of Books*, Vol. 56, No. 8, May 14, 2009. 处于争议中的两尊青铜器在全球化艺术的讨论中非常令人感兴趣。它们是18世纪中期的一位耶稣会艺术家献给乾隆皇帝的艺术品。后来这两尊青铜器被埃尔金爵士率领的英法联军从圆明园中掳走。无独有偶，这位爵士的父亲曾从帕台农神庙带走了埃尔金大理石雕像。

② Martin Lufkin, "Greek Bronze Will Stay in the Getty Villa," *The Art Newspaper*, No. 212, April 2010: 18.

除了充分借鉴本土文化传统之外，也会捕捉到来自其他文化的创新。类似地，观众也会在全球化所带来的日益丰富的艺术多样性中受益。艺术和文化在当今全球化经济和对外政策中扮演着越来越重要的角色，因而全球化艺术的前景将变得更好。

毋庸置疑，中国当代艺术在未来全球化中将发挥重要的作用。如何解决其他主流因素所带来的问题，如城市化，也将深刻地影响其在全球化艺术中的地位。

# 稿 约

《中国美学研究》是以研究中国古代美学为主,兼及心理美学、西方美学等著译的学术集刊,每年出版2期,分别于每年6月、12月由商务印书馆出版,国内外公开发行。

本刊欢迎名家和中青年学者赐稿,对于青年硕博士生乃至民间高手的优秀论文,也同样欢迎。来稿请注明单位和联系方式。

论文注释请一律使用脚注。注文按照作者、文章篇名、文章发表的期刊名、期刊出版年份及期号、页码顺序撰写,如:李扬:《论艺术的现代性》,《文艺研究》2008年第3期。如引文为著作,注文则按作者、译者、著作名、著作出版机构名、出版年、页码撰写,如:[美]门罗·C.比厄斯利著,高建平译:《西方美学简史》,北京出版社2006年版,第35页。

来稿可直接发送至《中国美学研究》电子邮箱:zgmxyj@163.com。